Das Maschinenwesen der Preussisch-hessischen Staatseisenbahnen

Im Auftrage Sr. Exzellenz des Herrn Ministers
der Öffentlichen Arbeiten in Berlin
nach amtlichen Quellen bearbeitet
von

C. Guillery
kgl. Baurat

Erstes Heft

Neuere Wasserversorgungsanlagen

Springer-Verlag Berlin Heidelberg GmbH 1914

Neuere Wasserversorgungsanlagen der Preussisch-hessischen Staatseisenbahnen

von

C. Guillery
kgl. Baurat

Mit 95 Textabbildungen und 2 Tafeln

Springer-Verlag Berlin Heidelberg GmbH 1914

ISBN 978-3-662-23244-6 ISBN 978-3-662-25266-6 (eBook)
DOI 10.1007/978-3-662-25266-6

Additional material to this book can be downloaded from http://extras.springer.com

Vorwort des Bearbeiters.

Das unter der Bezeichnung „Das Maschinenwesen der preußisch-hessischen Staatseisenbahnen" herauszugebende Sammelwerk, dessen erstes Heft hiermit der Öffentlichkeit übergeben wird, ist in erster Linie für den Dienstgebrauch bestimmt. Das erste, die neuern Wasserversorgungsanlagen umfassende Heft soll ein zuverlässiges Nachschlagwerk über mustergültige Anlagen sein und einen Anhalt bei der Aufstellung und Beurteilung neuer Entwürfe bieten. Außerdem ist aber auch darauf Rücksicht genommen, daß das Werk im Buchhandel erscheinen soll. Der Sammlung von Beschreibungen ausgeführter neuerer Wasserversorgungsanlagen ist deshalb eine Zusammenstellung der wichtigsten allgemein gültigen Grundsätze und amtlichen Bestimmungen für den Bau von Wasserversorgungsanlagen vorausgeschickt. Besonders eingehend sind die bei Bahnwasserwerken, infolge der besondern Gebundenheit an örtliche Verhältnisse, vielfach besonders schwierigen Wassergewinnungs-(Brunnen-)anlagen und die Enthärtungsanlagen behandelt. Bei der großen Bedeutung, welche die Güte des Speisewassers der Lokomotiven für deren Leistungsfähigkeit und Betriebssicherheit hat, ist auch dieser Punkt von besonderer Wichtigkeit. Weniger Gewicht ist auf ausführliche Behandlung der Einzelheiten der Pumpen und der Betriebsmaschinen gelegt, da kein Mangel an guten Lehrbüchern und Nachschlagwerken über solche Maschinenanlagen besteht.

Der Wert des Buches dürfte vor allem einerseits darin bestehen, daß die Abbildungen durchweg mit großer Sorgfalt durch Umzeichnung nach den Plänen wirklich ausgeführter und im Betriebe bewährter Anlagen gewonnen sind, während andrerseits in dem Buche die Erfahrungen einer großen und wohlgeordneten Verwaltung im Bau und Betriebe von Bahnwasserwerken niedergelegt sind.

Pasing (Oberbayern), im Januar 1914.

C. Guillery, kgl. Baurat.

Inhaltsverzeichnis.

*) bedeutet: mit Abbildungen.

Seite

B. Wassergewinnung aus Flüssen und Bächen.

C. Wasserentnahme aus städtischen Leitungen.

2. Wasserreinigung.

A. Enteisenungsanlagen.

B. Enthärtungsanlagen.

C. Filteranlagen.

3. Aufspeicherung und Verteilung des Wassers.

A. Wassertürme und Behälter.

1. Wassertürme mit eisernem Behälter.

2. Betonbehälter.

B. Wasserkräne.

Seite

I. Allgemeines über Wasser und Wasserversorgung. Bauregeln.

1. Beschaffenheit des Wassers[1]).

Das in Bahnwasserwerken geförderte Wasser dient vornehmlich zur Speisung der Lokomotivkessel, sowie von ortsfesten Dampfkesseln. Trinkwasser wird meist aus besonderen kleinen Brunnenanlagen gewonnen.

Kesselspeisewasser soll vor allem weich, d. h. frei von Kesselsteinbildnern, also möglichst frei von festen Verdampfungsrückständen, insbesondere frei von Kalk- und Magnesiasalzen sein. Als weich gilt im allgemeinen noch ein Wasser mit 10 bis höchstens 15° deutsche Härte[2]), d. h. mit einem Gehalt an Kalk (CaO) von 10 bis höchstens 15 Teilen in 100000 Teilen Rohwasser. Die starke Anstrengung der Lokomotivkessel und die gerade während der Zeit der stärksten Inanspruchnahme nicht immer sehr bequeme Gelegenheit zum gründlichen Auswaschen der Kessel bieten gerechtfertigten Anlaß, die an Lokomotivspeisewasser zu stellenden Anforderungen gegenüber den Anforderungen an Speisewasser für andere Kessel noch etwas zu verschärfen. Auch können Lokomotivkessel nicht während des Betriebes abgeblasen werden und Speisewasservorwärmung, bei der schon Kesselstein ausgeschieden werden kann, wird einstweilen wenig angewendet. Jede kleine Störung im Betriebe wiegt hier besonders schwer, ein kleiner Schaden, der zum Aufenthalt an ungeeigneter Stelle

[1]) Vgl. E. u. F. Wehrenfennig, Über die Untersuchung und das Weichmachen des Kesselspeisewassers. 2. Aufl. Wiesbaden 1905; Dr. F. Fischer, Das Wasser, seine Verwendung und Reinigung. 3. Aufl. Berlin 1902; Prof. Dr. J. König, Die Verunreinigung der Gewässer, deren schädliche Folgen, sowie die Reinigung von Trink- u. Schmutzwasser. 2. Aufl. Berlin 1899, 3. Aufl. in Vorbereitung; W. Rottmann, Untersuchung und Verbesserung des Wassers. Hann. 1907; Dr. O. Kröhnke, Die Reinigung des Wassers, Stuttgart 1900, Sammlung chemischer u. chemisch-technischer Vorträge, Heft 3—5; Friedr. König, Die Verteilung des Wassers über, auf und in der Erde und die Entstehung des Grundwassers und seiner Quellen, Jena 1901; Nösselt, Die Reinigung des Kesselspeisewassers, Z. Ver. deutsch. Ing. 1895, S. 991/96; Rottmann, Die mechanische Klärung und Filterung in Wasserreinigern, Z. Ver. deutsch. Ing. 1906, S. 1947/51.

[2]) Der französische Härtegrad wird nach Teilen kohlensaurer Kalk ($CaCO_3$) in 100000 Teilen Wasser, der englische desgl. auf 70000 Teile Wasser berechnet. Das Wertverhältnis der drei Härtegrade ist demnach

1,00 deutsch. Härtegr. = 1,25 engl. = 1,79 franz.
0,80 „ „ = 1,00 „ = 1,43 „
0,56 „ „ = 0,70 „ = 1,00 „

führt, kann unbequeme und unangenehme, selbst verhängnisvolle Folgen haben. Unbedingte Zuverlässigkeit für den Betrieb kommt hier in allererster Reihe in Betracht, alles andere folgt in weitem Abstande hinterher.

Aber nicht Kalk allein rechnet zu den Kesselsteinbildnern, die andern, insbesondere die mit Recht sehr gefürchtete, zum Glück nur verhältnismäßig seltenere Magnesia werden nach dem Verhältnis der Molekulargewichte auf Kalk als Einheit bezogen, so daß 1 Teil Magnesia (MgO) als gleichwertig mit 1,4 Teilen Kalk (CaO) zu setzen ist. Nächst der Magnesia bildet der schwefelsaure Kalk (Gips) den festesten Kesselstein, während die Niederschläge von kohlensaurem Kalk für sich allein nicht so fest werden. Der Gehalt des Wassers an Magnesia darf dagegen nicht mehr als 4, höchstens 5^0 deutsche Härte betragen, sonst ist das Wasser schon aus diesem Grunde allein als Kesselspeisewasser ungeeignet. Der ebenfalls weniger häufig und dann meist in geringeren Mengen vorkommende salpetersaure Kalk bildet für sich allein keinen festen Kesselstein. Ein Mittel zu seiner Ausfällung gibt es auch nicht, so lange er für sich allein im Wasser vorhanden ist. Bei gleichzeitiger Anwesenheit von schwefelsaurem Kalk beteiligt sich der salpetersaure Kalk an der Kesselsteinbildung, läßt sich alsdann aber auch in kohlensauren Kalk überführen und ausfällen (s. unten). Andere Verdampfungsrückstände scheiden zunächst nur als Schlamm aus dem Wasser aus und lassen sich leicht beizeiten entfernen, solange der Schlamm noch nicht festgebrannt ist.

In der Regel ist es schon wirtschaftlich, ein Wasser von mehr als 10^0 deutscher Härte vor der Verwendung zur Kesselspeisung bis auf etwa 5^0 zu enthärten.

Durch Kochen verringert sich die Härte des Wassers, indem dadurch schon ein Teil der nach der Verdampfung zurückbleibenden Kesselsteinbildner ausgefällt wird. Hiernach unterscheidet man die (nach dem Kochen) „bleibende“ und die dabei verschwindende oder „vorübergehende“ Härte. Im allgemeinen pflegt man den durch Sulfate gelieferten Beitrag zur Härte als „bleibende“, den durch Karbonate gelieferten als „vorübergehende“ zu rechnen. Richtiger ist es jedoch wohl, nach Prof. Bunte, den Anteil des Magnesiumkarbonats ebenfalls zur „bleibenden Härte“ zu rechnen, weil dieses auch durch längeres Kochen nicht aus dem Wasser ausgeschieden wird. Infolge dieser Eigenschaft läßt sich die kohlensaure Magnesia durch Vorwärmung des Speisewassers nicht entfernen.

Trinkwasser soll vor allem möglichst keimfrei sein und muß deshalb aus einer gewissen Tiefe, durchweg mindestens etwa 4 m unter der Erdoberfläche gewonnen werden. Als gesundheitsschädlich gilt im allgemeinen ein Trinkwasser mit mehr als 100 bis höchstens 200 Bakterienkeimen auf 1 ccm Wasser. Von Bedeutung ist auch die Art der Keime. Insbesondere ist ein Wasser mit vielerlei verschiedenen Keimen zum Trinken nicht empfehlenswert, weil alsdann Verseuchung der Quelle anzunehmen ist.

2. Gewinnung des Wassers[1]).

Für die Versorgung der Bahnhöfe kommt vor allem die Wassergewinnung aus Brunnen und aus offenen Wasserläufen, oder auch aus Teichen und

[1]) S. Taschenbuch des Vereins „Hütte“, Wasserversorgung; v. Stockert, Handbuch des Eisenbahnmaschinenwesens. Berlin 1908. II. Bd.; Eisenbahntechnik der Gegenwart. Wiesbaden. II. Bd., 3. Abschn.

Seen in Frage. Aus großen Flüssen ist in der Regel eher weiches Wasser zu gewinnen als aus Brunnen. Bei letzteren ist zu beachten, daß das Wasser im Laufe der Zeit leicht allmählich härter wird, wenn ein Brunnen mit weichem Wasser in der Nähe weniger günstiger Stellen erbohrt ist. Bei schiffbaren Flüssen empfiehlt sich die Wasserfassung mittelst einer Brunnenstube (vgl. die Wasserversorgung der Bahnhöfe in Cöln, S. 67) oder auch von dem Pfeiler einer neuerrichteten Brücke aus.

In wasserarmen Gegenden, wie in afrikanischen Kolonien, sind mit Erfolg Untergrundsperren in Verbindung mit Brunnen zur Hebung des Grundwasserspiegels angewendet worden[1]).

Brunnen werden entweder mit weitem Schacht aus Mauerwerk, Stampfbeton, Eisen, oder als Rohrbrunnen hergestellt. Schachtbrunnen aus Mauerwerk oder Beton werden in herkömmlicher Weise auf einen hölzernen oder eisernen Brunnenkranz aufgebaut und durch Baggerarbeit bis unter den Grundwasserspiegel gesenkt. Eingelegte eiserne, durch Zuganker miteinander verbundene Ringe sichern gegen Abreißen des unteren Teiles beim Absenken. Bei größerer Tiefe des Brunnenschachtes, durchweg etwa von 10 m an, wird dieser zweckmäßig aus gußeisernen Ringen zusammengebaut. Der Brunnenkranz wird alsdann durch eine Schneide an der unteren Kante des Bodenringes ersetzt. Eiserne Schachtbrunnen bieten den Vorteil geringerer Baggerarbeit und großer Festigkeit. Durch Anordnung zahlreicher Schlitze innerhalb des Grundwassers läßt sich ferner leicht ein beliebig großer Zuflußquerschnitt schaffen.

Schachtbrunnen bieten den Vorteil, daß die Pumpen sich innerhalb derselben nahe dem Grundwasserspiegel aufstellen lassen, außerdem sind sie angezeigt, wenn bei geringem Wasserzufluß nur zeitweilig gepumpt werden soll und das Wasser sich erst in den Betriebspausen ansammeln muß. Gemauerte Schachtbrunnen bieten schließlich die Bequemlichkeit, daß sie mittels der allenthalben leicht zur Verfügung stehenden Hilfsmittel und Arbeitskräfte herzustellen sind. Zwei oder mehrere Schachtbrunnen von geringer Ergiebigkeit können durch Heberleitungen miteinander verbunden werden, ebenso eine am Flußufer errichtete Brunnenstube mit dem Sammelbrunnen des Maschinenhauses (S. 67).

Rohrbrunnen sind mit Vorteil zu verwenden: 1. als Tiefbrunnen, um unter Druck stehendes Grundwasser aus großer Tiefe, bis zu 100 m und darüber, heraufzubefördern (S. 19); 2. auch bei geringerer Tiefe zur Abfassung eines breiten Grundwasserstromes, in dessen Querrichtung sie alsdann in größerer Zahl angeordnet und durch Heberleitungen miteinander verbunden werden, S. 27/49; 3. kann es bei gutem Wasserzufluß zweckmäßig sein, einen Rohrbrunnen von der Sohle eines Pumpenschachtes aus anzulegen, um die großen Kosten der Absenkung des Schachtes unter den Grundwasserspiegel zu ersparen. Die Rohrbrunnen werden durch Bohrung unter gleichzeitiger, oder bei festem Boden nachträglicher, Verrohrung ausgeführt. Das Eindringen von Sand in das Bohrrohr und in das bei einfacher Brunnenanlage darin eingebaute Saugrohr der Pumpe ist durch ein Filterrohr aus Kupfer- oder Messingdrahtnetz zu verhüten.

Rohrbrunnen einfachster Art, die zu kleinen Trinkwasserversorgungen, sowie zur Voruntersuchung der Grundwasserverhältnisse für größere

[1]) Technik und Wirtschaft, Berlin 1912, S. 552, nach J. König im Journ. für Gas- u. Wasservers. 1912, Nr. 23.

Wasserversorgungsanlagen Verwendung finden, sind die sogenannten amerikanischen Rohrbrunnen (Nortonbrunnen oder Abessynierbrunnen). Das Bohr- oder Futterrohr fällt hier fort, das nur etwa 25 bis 75 mm weite Saugrohr der Pumpe wird unmittelbar in den Boden eingerammt, bei geringer Tiefe eingedreht.

3. Förderung des Wassers.

a) Leistungsfähigkeit der Wasserversorgungsanlagen[1]).

Bei der Neuanlage ist eine Wasserstation so einzurichten, daß der tägliche Bedarf für 24 Stunden innerhalb 8 bis 10 Stunden gedeckt werden kann. Bei außergewöhnlichem Bedarf, zu Truppenbeförderungen u. drgl., ist durch Nachtbetrieb auszuhelfen. Bei selbsttätiger elektrischer Einrichtung empfiehlt sich 24-stündiger Betrieb. Pulsometer sollen nur aushilfsweise verwendet werden.

Die Entfernung der Wasserstationen hängt von der Art des Betriebes und des Verkehrs und von den Neigungsverhältnissen der Strecke ab. Im allgemeinen kann angenommen werden, daß die Ergänzung des von den Lokomotiven mitgeführten Wasservorrats erforderlich wird:

bei vollbelasteten Schnellzügen nach einer Fahrt von 90 bis 180 km,
bei Personenzügen nach 60 bis 120 km,
bei Güterlokomotiven mit Schlepptender nach 30 bis 60 km und
bei Tenderlokomotiven nach 20 bis 40 km.

Im Mittel beträgt der Abstand der Wasserstationen etwa 25 bis 30 km, bei Gebirgsbahnen mit starken Neigungen und mit geringen Wasservorräten der Lokomotiven sinkt er bis auf 5 km herab.

Die längste ohne Aufenthalt durchfahrene Strecke ist zurzeit in Deutschland die Teilstrecke Nürnberg-Halle (314 km) für Schnellzüge der Strecke München-Berlin. Bei so langen Fahrten steigt der Wasserverbrauch auf den Endstationen entsprechend. Die Ramsbottomsche Einrichtung zum Wasserschöpfen während der Fahrt aus einer zwischen den Fahrschienen liegenden Rinne[2]), die in dem mildern britischen Seeklima gut verwendbar ist, empfiehlt sich für das rauhere, frostreiche mitteleuropäische Winterklima nicht. Die Tenderfüllungen der Schnellzuglokomotiven betragen infolge solcher und anderer ähnlich langer Fahrten ohne Aufenthalt bis zu 30 cbm und darüber. Der Wasserverbrauch kann für Flachlandstrecken im großen Durchschnitt zu 0,06 bis 0,20 cbm auf 1 Kilometer Fahrt angenommen werden.

In allen Fällen ist die allgemeine Vorschrift der Eis.-Bau- u. B.-O. aufs sorgfältigste zu beachten (§ 15[2]), daß „Wasserstationen in solchen Abständen usw. anzulegen sind, daß der . . . . . Bedarf an Speisewasser jederzeit reichlich gedeckt werden kann“.

---

[1]) Vgl. Grundzüge für die Errichtung von Bahnwasserwerken und Vorschriften für die Wasseruntersuchung (Minister. d. Öffentl. Arbeit.) v. 27. III. 1907; — Taschenbuch d. Ver. „Hütte“, Abt. III, Eisenbahnwesen, Bahnhofsanlagen, Wasserstationen.

[2]) Eisenbahntechnik der Gegenwart: Lokomotiven. 2. Aufl. 1903. S. 494; Konvers.-Lex. Meyer u. Brockhaus, Lokomotive; v. Stockert, Handb. d. Eisenbahnmaschinenwes. Bd. II, S. 452/59; Organ f. d. Fortschr. d. Eisenbahnw. 1911, Heft 21, S. 375 m. Abb. auf Taf. XLVIII.

b) Anordnung der Maschinenanlage.

Auch für große Fördermengen kommen heute in erster Linie unmittelbar elektrisch angetriebene ein- oder mehrstufige Kreiselpumpen (S. 28) in Frage. Gegenüber elektrisch angetriebenen schnell laufenden Kolbenpumpen (Riedler; Klein, Schanzlin & Becker, S. 16) haben Kreiselpumpen wohl ein etwas geringeres Güteverhältnis, sie bedürfen aber im allgemeinen keiner Kraft verbrauchenden Riemenübertragung für den Antrieb und haben ferner den Vorteil geringeren Raumbedarfs, leichterer Aufstellbarkeit innerhalb eines Schachtes und der Ersparnis an Bau- und Beschaffungskosten.

Elektrischer Antrieb bietet den Vorteil leichter Wartung durch Ermöglichung ganz oder teilweise selbsttätigen Betriebes.

In zweiter Linie kommen stehende oder liegende Kolbenpumpen mit Betrieb durch Verbrennungskraftmaschinen in Betracht. Für kleinere Betriebe empfiehlt sich alsdann die Verwendung des in den Fettgasanstalten gewonnenen Kohlenwasserstoffes. Für größere Anlagen ist ihrer zunehmenden Betriebssicherheit und Wirtschaftlichkeit entsprechend zunächst auf die Verwendung von Dieselmaschinen (S. 38) Rücksicht zu nehmen. Selbsttätige Abstellung des Antriebes ist auch bei Verbrennungskraftmaschinen leicht in zuverlässiger Weise auszuführen (S. 55).

Dampfkraft wird für Bahnwasserwerke, abgesehen von Pulsometern für Hilfsstationen, nurmehr in Ausnahmefällen und dann nur bei sehr großen Anlagen mit ununterbrochenem Betriebe zu wählen sein, indem die Kosten für die Beschaffung der Maschinen und der Kessel, für den Bau der Maschinen- und Kesselhäuser und für die Wartung und Unterhaltung der Anlage meist höher sein werden als bei anderer Betriebsart.

Wenn tunlich, wird die ganze Maschinenanlage in einem besonderen Gebäude über Tage, gegebenenfalls unmittelbar oberhalb des Brunnenschachtes aufgestellt. Die Saughöhe soll bei Kreiselpumpen nicht über 3 bis höchstens 5 m, bei Kolbenpumpen möglichst nicht über 5 m, jedenfalls nicht mehr als 6 bis 7 m, einschließlich der Widerstandshöhe betragen. Läßt sich dies auch durch Tieflegen der Sohle des Maschinenhauses nicht mehr erreichen, so werden die Pumpen innerhalb des entsprechend weiten Brunnens oder in einem damit in Verbindung stehenden besonderen Schachte eingebaut. Zu berücksichtigen ist bei der Bemessung der Höhenlage der Pumpen, ob nicht in absehbarer Zeit eine Senkung des Grundwasserspiegels durch andere neu zu errichtende oder zu erweiternde Pumpbetriebe zu gewärtigen ist.

Lange Saugleitungen sind zu vermeiden. Läßt sich die Pumpenanlage nicht in unmittelbarer Nähe der Wasserentnahmestelle ausführen, so ist die Anordnung einer Heberleitung in Betracht zu ziehen, namentlich wenn für die Saugleitung außerdem kostspielige oder schwierige Erdarbeiten erforderlich würden.

Bei sehr tiefem Stande der Grundwasserschicht sowie bei der sich ergebenden Notwendigkeit, Wasser aus mehreren weit voneinander entfernten Bohrlöchern zu benutzen[1]), kann die Verwendung von Mammut-

---

[1]) Organ f. d. Fortschr. d. Eisenbahnwesens. 1907, S. 241; Annalen f. Gewerbe und Bauwesen (Berlin, Glaser) Nr. 662, Bd. 56, 1905, S. 21/27, Fortschr. im Bau von Mammutpumpen.

pumpen (S. 23) angezeigt sein. Anlage, Wartung und Unterhaltung sind einfach und billig, die Luftpumpe (Kompressor) kann stets unter guter Aufsicht über Tage aufgestellt werden und innerhalb der Brunnenrohre befinden sich nur die Leitungen für Druckluft und Wasser. Auch für mechanisch, durch darin gelösten Ton, stark verunreinigtes Wasser (s. Wasserwerk in Dirschau) können Mammutpumpen besser geeignet sein als Kolbenpumpen.

4. Enthärtung und Reinigung des Wassers[1]).

Enthärtung und Reinigung des Wassers sind auseinanderzuhalten, indem bei der Enthärtung häufig fremde Stoffe in das Wasser gelangen[2]). Auf dem üblichen kalten Wege läßt sich eine Enthärtung bis auf etwa 5^0 deutsche Härte erreichen. Bei starker Vorwärmung des Rohwassers ist eine Enthärtung bis auf etwa 2^0 deutsche Härte erzielbar. Für Eisenbahnzwecke ist die Vorwärmung nicht zu empfehlen, da das so vorbereitete Speisewasser nicht sofort verwendet, sondern erst aufgespeichert wird. Die aufgewandte Wärme geht also zum großen Teil wieder verloren. Auch müßte bei der Anlage der Leitungen auf die Erwärmung Rücksicht genommen werden. Häufig wird sich auch der zur Vorwärmung des Wassers erforderliche Abdampf an sich anderweit, zu Heizzwecken oder sonstwie, insbesondere auch zum Betriebe von Abdampfturbinen, lohnender verwenden lassen.

Am verbreitetsten ist für Eisenbahnzwecke das Verfahren von Hans Reisert in Köln (Desrumaux in Frankreich), bei dem die Enthärtung mittels Zuschlags von Kalk und Soda, gegebenenfalls auch von Kalk allein (S. 93), zum Rohwasser erfolgt.

Durch den Zusatz von Kalk (CaO) werden in dem Wasser gelöst enthaltene doppelkohlensaure Kalk- und Magnesiasalze in schwer lösliche einfach kohlensaure Verbindungen übergeführt, die sich dann zum großen Teil in den Klärbehältern als Schlamm niederschlagen. Der Rest wird durch ein Kiesfilter ausgefällt. Die dem Wasser zugesetzte Soda (kohlensaures Natrium oder Natriumkarbonat) setzt sich gleichzeitig mit dem im Wasser gelöst enthaltenen Gips (schwefelsaurer Kalk, $CaSO_4$), zu einfach kohlensaurem Kalk und Glaubersalz (schwefelsaurem Natrium oder Natriumsulfat, Na_2SO_4) um. Der kohlensaure Kalk wird wieder ausgefällt, während das schwefelsaure Natrium in dem Wasser gelöst verbleibt, aber ziemlich unschädlich ist, vor allem, weil es nicht zu den Kesselsteinbildnern gehört. Die Umsetzung der Soda mit dem schwefelsauren Kalk beansprucht eine gewisse Zeit, so daß sie sich nicht vollständig während des Durchflusses des Wassers durch die Fällgefäße vollziehen kann, wenn nicht deren ohnehin recht beträchtliche Abmessungen in ungebührlicher Weise vergrößert werden sollen. Es finden deshalb Ausfällungen auch späterhin noch, in den Behältern und in den Rohrleitungen statt, die namentlich in letztern recht lästig werden können. Auch für die Reinwasser-Hochbehälter ist eine Einrichtung zur Beseitigung des in diesen abgesetzten Schlammes zu treffen. Wenn eine kräftige und ausgiebige Rückspülung

---

[1]) Literatur s. unter 1. „Beschaffenheit des Wassers“.

[2]) Chemiker-Zeitung (Cöthen, Anh.) 1912, Nr. 81, S. 769 u. ff.

von einem andern Hochbehälter desselben Leitungsnetzes tunlich ist, so kann der Schlamm in die Falleitung geworfen und aus dieser herausgespült werden. Es wird alsdann ein Rohrstutzen lose in die Mündung der Falleitung eingesetzt, um zu verhindern, daß während des regelmäßigen Betriebes Schlamm in die Leitungen gelangt. Soll der Schlamm beseitigt werden, so wird der Behälter abgelassen, der Rohrstutzen aus der Falleitung entfernt und der Schlamm in die Falleitung geworfen, aus der er dann durch Spülen entfernt wird. Zur Lagerung und Fortschaffung des gewonnenen Schlammes sind bei größeren Enthärtungsanlagen entsprechende Einrichtungen, am besten zwei nebeneinander angeordnete Gruben, die wechselweise benutzt werden, nebst den erforderlichen Hebevorrichtungen vorzusehen. Der Kalkschlamm ist zu nichts mehr zu gebrauchen, anscheinend nicht einmal zum Düngen. Die Abfuhr ist also mit bei den Betriebskosten zu verrechnen.

Bei nicht sehr hohem Gehalt des Wassers an schwefelsaurem Kalk kann es sich empfehlen auf den Sodazusatz ganz zu verzichten (vgl. S. 6) und sich mit dem Zusatz von gelöschtem Kalk als Fällmittel zu begnügen (S. 93). Gleichzeitig mit den Kalkverbindungen wird auch Magnesia und Eisen aus dem Wasser ausgefällt. Letzteres ist als Eisenvitriol namentlich in manchen Gegenden Norddeutschlands vielfach in dem Brunnenwasser bis zu Beträgen von mehreren Hunderttausendteilen vorhanden. Die Ausfällung des Eisens kann für sich allein, aus Trinkwasser, mittels Durchlüftung (Rieselanlage nach Östen[1])) usw. bewirkt werden. Etwa in dem Wasser gelöstes Mangan wird dann in der Regel mit ausgefällt, jedoch ist dies nicht zuverlässig der Fall. Bei der Enthärtung des Wassers wird die gleichzeitige Ausscheidung des Eisens mittels guter Durchlüftung begünstigt, die bei dem offenen Verfahren (S. 94) in einfachster Weise auszuführen ist.

Im **Trinkwasser** ist Kalk erwünscht, sowohl des bessern Geschmacks des Wassers als der größern gesundheitlichen Zuträglichkeit halber. Eisen, das durch Oxydation von Eisenkiesen entsteht und namentlich in verwitternden Ton- und Kohlenschiefern auftritt, gibt dem Trinkwasser eine unerfreuliche bräunliche Färbung, befördert das Wachstum von Bakterien und ist der Gesundheit nicht zuträglich.

Die Formeln für die chemischen Vorgänge der Enthärtung und Enteisenung sind folgende:

1. kohlens. Kalk: $CaH_2(CO_3)_2 + Ca(OH)_2 = 2\,CaCO_3 + 2\,H_2O$,
2. schwefels. Kalk: $CaSO_4 + Na_2CO_3 = CaCO_3 + Na_2SO_4$,
3. kohlens. Magnes.: $MgH_2(CO_3)_2 + 2\,Ca(OH_2) = Mg(OH)_2 + 2\,CaCO_3 + 2\,H_2O$,
4. salpetersaurer Kalk in Gegenwart von schwefelsaurem Kalk:
$$Ca(NO_3)_2 + Na_2CO_3 = CaCO_3 + 2\,NaNO_3,$$
5. schwefelsaures Eisenoxydul (Eisenvitriol, Ferrum sulfuricum oder Ferrosulfat): $FeSO_4 + 7\,H_2O$, wird durch Oxydierung zum Teil in Ferrisulfat (Eisenoxydsulfat, schwefelsaures Eisenoxyd): $Fe_2(SO_4)_3$ übergeführt. Infolge der Gegenwart von Kalk geht das Eisenvitriol weiterhin in Eisenhydroxydul und schließlich in Eisenhydroxyd (Eisenrost) über, der ausgefällt wird.
6. für Eisenkarbonate ist der Vorgang:[2])
$$6\,FeCO_3 + 3\,H_2O + 3\,O = Fe_2(OH)_6 + 2\,Fe_2(CO_3)_3,$$
$$2\,Fe_2(CO_3)_3 + 6\,H_2O = 2\,Fe \cdot Fe_2 \cdot (OH)_6 + 6\,CO_2.$$

[1]) Vgl. die Anlagen in Giflitz, S. 90, u. Lehrte, S. 91; Bauart Schäfer, S. 92; ferner: Z. Ver. deutsch. Ing. 1890, S. 1343; 1906, S. 1114.

[2]) Nach Schmidt u. Bunte, Journ. f. Gasbeleucht. u. Wasserversorg. 1903, S. 481.

Weniger verbreitet als das Kalk-Soda-Verfahren ist das weit teurere Barytverfahren von Hans Reisert (S. 113)[1]. Das Verfahren hat den Vorzug, daß alle fremden Bestandteile ausgefällt werden und keine Salze gelöst in dem Wasser verbleiben. Die Ausfällung feiner im Wasser gelöster Schlammteile kann dabei durch Zusatz von schwefelsaurer Tonerde (Aluminiumsulfat) zum Rohwasser befördert werden). Während zur Beseitigung des einen deutschen Härtegrad erzeugenden Gipsbetrages aus dem Wasser nur 18,9 g Soda (12 Pf/kg) erforderlich sind, bedarf es dazu 35,7 g kohlensauren Baryts, der 9 Pf/kg kostet. Bei dem Sodaverfahren kostet demnach 1 Härtegrad 0,227 Pf, bei dem Barytverfahren 0,321 Pf oder 42 $^0/_0$ mehr. Das Vorkommen von Chlorverbindungen in dem Rohwasser ist dem Barytverfahren hinderlich. Kohlensaurer Baryt ist giftig. Die Filtergeschwindigkeit darf deshalb nicht zu groß sein, damit das gesundheitsschädliche Fällmittel nicht mit durch die Filter geht.

In der gesamten Bauart der Enthärtungsanlagen nach Reisertschem und ähnlichen Verfahren ist vor allem das Arbeiten mit offenen oder mit geschlossenen Misch- und Klärbehältern zu unterscheiden. Das in neuerer Zeit mit Erfolg angewandte geschlossene Verfahren (S. 102), hat den Vorzug, daß ohne weiteres eine einzige Betriebspumpe genügt, die dann das gesamte Wasser in drei Teilleitungen durch die verschiedenen Behälter drückt. Auf stoßfreien Gang der Pumpe ist alsdann besonderer Wert zu zu legen. Soll auch bei dem offenen Verfahren eine Betriebspumpe ausreichen, so muß, wie auf dem Bahnhof Cöln (Eifeltor), der Wasserspiegel des Einlaufs der Misch- und Klärbehälter nebst den Wasserzuflüssen für Kalk und Soda um etwa 2 m höher gelegt werden als der höchste Wasserspiegel des Reinwasserbehälters, damit das Wasser im freien Fluß die Widerstände des Filters überwinden kann. Hierdurch werden die Baukosten erheblich gesteigert, und der Einbau der Enthärtungsanlage in den Wasserturm, der sonst bei kleineren Leistungen wohl möglich sein kann, ist nicht ausführbar, der Vorteil einer einzigen, größeren und wirtschaftich arbeitenden Betriebspumpe bleibt aber bestehen. Werden zwei Betriebspumpen, eine für Rohwasser, die andere für enthärtetes Wasser, bei der offenen Bauart verwendet, so sind beide Pumpen, auch bei Betrieb durch Dampf- oder Verbrennungsmaschinen mittels Einwirkung von Schwimmervorrichtungen auf die Steuerung der Betriebsmaschinen, gegebenenfalls bei Verbrennungsmaschinen auch auf den Kühlwasserzufluß, so voneinander in Abhängigkeit zu bringen, daß ihre Fördermengen in Einklang bleiben. Die Anordnung selbsttätiger Zugregler bei Dampfbetrieb und bei Betrieb mittels Sauggases ist in Erwägung zu ziehen.

---

[1] Deutsche Straßen- u. Kleinbahnztg. 1907, S. 375. Die chemischen Umsetzungen gehen nach folgenden Formeln vor sich:

$$BaCO_3 + CaSO_4 = BaSO_4 + CaCO_3$$
$$BaCO_3 + MgSO_4 = BaSO_4 + MgCO_3.$$

Das nach der zweiten Gleichung entstehende, innerhalb gewisser Grenzen lösliche Magnesiumkarbonat wird durch Ätzkalk, in Form von gesättigtem Kalkwasser, nach folgender Angabe in unlösliches Calciumkarbonat (einfach kohlensauren Kalk) und in ebenfalls unlösliches Magnesiumhydrat übergeführt:

$$MgCO_3 + Ca(OH)_2 = Mg(OH)_2 + CaCO_3.$$

(Zeitschr. f. Dampfkessel u. Maschinenbetr., XVII. Jahrg. 1904, Nr. 34, S. 327/28, Nr. 37, S. 363/64).

Der bei dem offenen Verfahren erforderliche Zwischenbehälter, aus dem die Reinwasserpumpe schöpft, ist zur Vermeidung von Gefälleverlusten möglichst hoch, mit dem Wasserspiegel etwa 2 m unter dem Oberwasserspiegel der Misch- und Klärbehälter, anzuordnen. Die offene Bauart empfiehlt sich bei starkem Eisengehalt des Wassers, indem dabei eine der Ausfällung des Eisens durch Bindung an Sauerstoff dienliche gute Entlüftung leicht zu bewirken ist, während bei dem geschlossenen Verfahren hierzu die Verwendung teurer Druckluft erforderlich wird. Eisen vermehrt aber immerhin die Schlammassen in den Dampfkesseln und brennt auf die Dauer doch fest, wenn es auch an sich keinen stark anhaftenden Kesselstein bildet. Schließlich ist eine nach der offenen Bauart eingerichtete Anlage im allgemeinen wohl leichter zu überwachen, indem jede Störung in dem innern Betrieb der Anlage sich bald bemerkbar machen muß. Indessen hat auch hier die Erfahrung gelehrt, daß eine sachgemäße Bauausführung und eine aufmerksame Betriebsleitung durchweg für die gute Wirkung der Enthärtungs- und Reinigeranlagen ausschlaggebend ist.

Die Zumessung der Fällmittel, insbesondere der Soda, zu dem Rohwasser und die Einrichtung und Aufstellung der Misch- und Klärbehälter nebst Zubehör wird verschiedenartig ausgeführt und ist wesentlich davon abhängig, ob die offene oder die geschlossene Bauart für die Reiniger gewählt wird. Bei letzterer ist ohne zu große Verwickelung der Anordnung die Bemessung des Zusatzverhältnisses für die Sodalösung nur mittels genau eingestellter Hähne oder Ventile möglich, wie dies auch für die Bedienung des Kalksättigers allgemein üblich ist. Bei dem offenen Verfahren wird die Sodalösung entweder mittels einer durch Schwimmer bedienten Heberleitung (S. 93), mittels eines kleinen durch den Wasserstrom betriebenen Schöpfwerkes (S. 107) oder mittels einer Kippschale (S. 108) zugemessen, wodurch leicht eine genaue und unmittelbare Regelung der Zuschlagmengen nach der Menge des von den Pumpen geförderten und durch die Enthärtungsanlage fließenden Wassers zu erreichen ist. Alle diese Einrichtungen können zur Zufriedenheit arbeiten, der Schwerpunkt liegt neben sachgemäßer Ausführung, in der sorgfältigen Überwachung der Anlage, namentlich bei stark schwankender Zusammensetzung des Rohwassers, die durch Veränderlichkeit des Grundwasserstroms, durch Aufstau in der Nähe von Flußläufen, oder durch Mischnng des Grundwassers mit atmosphärischen Niederschlägen veranlaßt sein kann.

Die Untersuchung des Wassers im Betriebe erfolgt durch Schütteln einer bestimmten Menge Wasser, etwa 100 ccm, mit alkoholischer Seifenlösung, die solange nach und nach zugesetzt wird, bis beim Schütteln Schaumbildung beginnt. Nach der Menge zugesetzter Seifenlösung wird dann aus einer Zahlentafel der Härtegrad abgelesen. In Cöln (Eifeltor) entsprach die Mischung von 100 ccm Wasser mit 45 ccm Seifenlösung, bis zu beginnender Schaumbildung, 12 deutschen Härtegraden.[1])

Überschüsse von Soda im Reinwasser sind durchaus zu vermeiden, weil dadurch die Ausrüstungsteile der Kessel angegriffen werden und das Kesselwasser unruhig wird, so daß die Lokomotiven zum Spucken neigen oder Wasser in die Überhitzer gelangen und deren Wirkung beeinträchtigen kann.

[1]) Vgl. wegen der chem. Vorgänge: Zeitschr. f. Analyt. Chemie (Wiesbaden), 1913, 3. u. 4. Heft, S. 200 u. f.; wegen Überwachung der Enthärtungsanlage: Zeitschr. f. angewandte Chemie (Leipzig) 1913, Nr. 19, S. 140 u. f.; (für beides: Bayer. Industrie- u. Gewerbebl. — Polyt. Verein München — 1913, Nr. 22, S. 217.)

Ein noch nicht genügend aufgeklärter, aber von verschiedenen Seiten auf Grund sorgfältiger Beobachtung bestätigter Vorgang ist der, daß Wasser nach dem Überleiten über Aluminiumblech, unter gleichzeitiger Belichtung, den Kesselstein nicht mehr in fester Form, sondern nurmehr als losen Schlamm absetzt.[1])

5. Aufspeicherung und Verteilung des Wassers.

Die schon alte, äußerlich noch zu Recht bestehende Vorschrift der Eisenbahn-Bau- und Betriebsordnung von 1904/05, mit Änderungen vom 24. Juni 07 u. 18. Nov. 12, nach der ein zur Speisung der Lokomotiven fahrplanmäßiger Züge dienender Wasserkran mindestens 1 cbm Wasser/min liefern können muß, genügt für den heutigen Zugverkehr und die Leistung großer Lokomotiven, namentlich der Schnellzuglokomotiven, nicht mehr. Die große, durch Überhitzung des Kesseldampfes der Lokomotiven erzielte Wasserersparnis ist durch die stete und starke Zunahme des Gewichtes, der Anzahl und der Fahrgeschwindigkeit der Züge in den Industrieländern längst wieder ausgeglichen. Im Zugverkehr von Hauptbahnen ist deshalb heute eine Mindestleistung der Wasserkräne von 3 bis 5 cbm/min zu beanspruchen.[2]) Selbst auf großen Verschiebebahnhöfen ist eine schnelle Bedienung der Lokomotiven erwünscht. Ähnlich verhält es sich mit der Vorschrift, daß die Unterkante der Vorratsbehälter mindestens 10 m über der Schienenoberkante liegen soll. Es sind dies eben Mindestmaße, die unter keinen einigermaßen regelmäßigen Verhältnissen, auch bei kleinen Anlagen nicht, unterschritten werden dürfen. Bei großen Bahnwasserwerken wird die Unterkante der Behälter erheblich höher gelegt, so z. B. 32 m in Berlin-Potsd. Bhf., 35 m in Halensee, und gar 40 m in Wustermark (S. 129). In Werkstätten, deren Wasserbehälter für gewöhnliche Betriebszwecke keiner entsprechenden Höhenlage bedürfen, kann sich die Anlage eines besondern kleinen Hochbehälters für Feuerlöschzwecke empfehlen. Für entfernt liegende Wasserkräne ist im allgemeinen 1 m Druckhöhe mehr für je 200 m der 800 m übersteigenden Entfernung zu rechnen. Auch das Mindestmaß von 200 mm für die Rohrleitungen gilt nur mehr für mittelgroße Wasserversorgungsanlagen.

In jedem Falle ist der Durchmesser einer Hauptrohrleitung sorgfältig nach bekannten Tabellenwerten zu berechnen, da hierbei gemachte Fehler nur schwer wieder gut zu machen sind. Wassergeschwindigkeiten von 1 m/sek sollten in Hauptrohrleitungen niemals überschritten werden, weil bei höherer Geschwindigkeit die Druckhöhenverluste durch Reibung schnell wachsen und die Gefahr von Stößen ebenso. Auf voraussichtliche spätere Erweiterung in absehbarer Zeit ist Rücksicht zu nehmen. Bei weit ausgedehnten Leitungen sind die unterwegs durch Wasserentnahme für Hilfsbehälter und Kräne entstehenden Druckverluste zu berücksichtigen. Große Vorsicht ist bei der Verbindung von Wasserdruckanlagen für Aufzüge u. dgl. mit eigenen und fremden Wasserversorgungsanlagen zu beobachten, indem noch so große Windkessel schließlich nicht mehr helfen, wenn starke

---

[1]) Z. Ver. deutsch. Ing. 1912, S. 1522, nach Zeitschr. der Dampfkesseluntersuch. u. Versich.-Gesellsch. (Wien), Juli/August 1912.

[2]) Vgl. die „Grundzüge": Taschenbuch des Vereins „Hütte" Abt. III: bei Wasserkränen für durchgehende Personen- und Schnellzüge ohne Lokomotivwechsel nicht $<$ 5 cbm/min.

Druckschwankungen lange anhalten. Lange Druckleitungen sind durch Windkessel und Stoßventile zu schützen. Wo Gelegenheit dazu vorhanden ist, wie bei den Turmpfeilern der Rheinbrücke in Cöln (S. 68), empfiehlt sich für lange Druckleitungen die Anordnung kleiner hochliegender offener Einlaufbehälter in der Nähe der Pumpen, von denen aus das geförderte Wasser dann stoßfrei durch natürlichen Fall zu dem entlegenen Hochbehälter gelangen kann.

Bei entsprechender Gestaltung des Geländes ist die Anlage eingedeckter großer Behälter in Beton (Eisenbeton[1]) oder Mauerwerk[1])) auf einer natürlichen Anhöhe zu empfehlen (S. 132). Der Inhalt solcher verhältnismäßig billig herzustellender Behälter soll mindestens den zwei- bis dreitägigen Bedarf decken[2]), während bei den kostspieligeren, meist eisernen, auf besonderen Türmen aufzustellenden Hochbehältern ein Fassungsraum entsprechend dem Verbrauch in 20 Stunden des stärksten gewöhnlichen Bedarfs noch als ausreichend erachtet wird. Die Wasserbehälter sind tunlichst in der Nähe der Stelle der stärksten Wasserentnahme, wenn nicht anders angängig, getrennt von der Wasserförderungsanlage zu errichten. Sie sind abzustufen nach einem Fassungsraum von 25, 50, 100. 200, 300, 400 und 500 cbm (empfohlen). Für große Bahnhöfe wird sich weiterhin die Anlage von Ausgleichbehältern zur Verteilung des Druckes, namentlich bei sehr unregelmäßiger Wasserentnahme empfehlen. Wo Störungen durch Frost nicht zu befürchten sind, können besondere kleine, für eine Tenderfüllung reichende Behälter in unmittelbarer Nähe eines abgelegenen Wasserkrans, insbesondere eines Bahnsteigkrans für durchfahrende Schnell- oder Personenzüge aufgestellt werden[3]).

Für große Bahnhöfe ist auch die Anlage von Doppelbehältern in- oder übereinander in Erwägung zu ziehen (s. S. 126, Potsdamer Bahnhof und S. 129, Rummelsburg und Wustermark).

Anschlüsse an städtische Leitungen sind mit großer Vorsicht bezüglich der Sicherung ununterbrochener Wasserzufuhr zu behandeln. Da es sich indessen bei städtischen Wasserwerken vorwiegend um Trinkwasserversorgung handelt und hierfür andere Gesichtspunkte maßgebend sind, so wird sich ein solcher Anschluß in der Regel höchstens als Notanschluß empfehlen, wenn er in dieser Form geduldet wird.

Eine einmal erworbene Gerechtsame zum Bezuge weichen Flußwassers wird man ohne die allerzwingendsten Gründe niemals aufgeben. (Siehe S. 64, Wasserwerk in Cöln.)

Größte Vorsicht ist schließlich bei der etwaigen Verbindung von Wasserdruckanlagen, Gepäckaufzügen oder Ladekränen verschiedener Art mit eigenen oder fremden Wasserversorgungsanlagen wegen der zu gewärtigenden, vielleicht starken und lange anhaltenden Druckschwankungen geboten, wie oben schon angedeutet.

Eiserne Wasserbehälter[4]) auf gemauerten, oder auch, sofern keine Frostgefahr bestand, auf eisernen, gerüstartigen Türmen, sind lange Zeit, wenigstens in Norddeutschland, fast ausschließlich nach der Bauart Intze (S. 82) ausgeführt worden, bei welcher infolge der Auflagerung des Behälters auf einen engern Ring an Baukosten für den Turm gespart wird, indem dieser ebenfalls einen entsprechend kleinern Durchmesser erhält. Bei großen Behältern sind indessen die Kosten für die Beschaffung der

---

[1]) Taschenbuch des Vereins „Hütte", Abt. III, Wasserversorgung.

[2]) Grundzüge für die Errichtung von Bahnwasserwerken. (Ministerium).

[3]) Vgl. Anhang S. 143, v. Emperger.

[4]) Taschenbuch des Vereins „Hütte", Abt. III, Wasserversorgung; Eisenbahntechnik der Gegenwart. II. 3, Bahnhofsanlagen.

Behälter selbst ausschlaggebend. Aus diesem Grunde, sowie der einfacheren Form halber, werden in neuerer Zeit vielfach Behälter der Bauart Barkhausen[1]) und Schäfer[2]) bevorzugt. Die Behälter der Bauart Barkhausen bestehen aus einem zylindrischen Mantel und einem darein eingesetzten halbkugelförmigen Boden, der so in den Zylinder eingefügt ist, daß Boden und Mantel aus dem Flüssigkeitsdruck nur Zugspannungen erfahren. Der nach unten stabförmig verlängerte Mantel bildet das Auflager. Um mit den Vorzügen dieser vom Verein Deutscher Eisenbahnverwaltungen preisgekrönten Bauart auch noch den alten Vorzug der Bauart Intze hinsichtlich der Erzielung eines kleinen obern Durchmessers für den Wasserturm zu verbinden, hat Schäfer die Barkhausensche Stützung an Behältern von geschlossener Eiform (S. 128) angewandt. Der obere Abschluß des Behälters dient als Dach[3]). Durch Mannlöcher und Einsteigleitern sind die Behälter zugänglich. Von Aug. Klönne (Dortmund) sind kugelförmige Behälter mit zylindrischer Stütze ausgeführt worden (s. S. 112).

Wasserstandsfernzeiger und -fernmelder (S. 130) sind bei ausgedehnten Anlagen, insbesondere bei größerer Entfernung des Hauptwasserbehälters von der Pumpenanlage, erforderlich. Ein weit sichtbarer Zeiger eigener Bauart ist von Gewerbeinspektor Dr. Götz in München angegeben (s. S. 143). Bei elektrischem Antrieb der Pumpen ist, wie erwähnt, stets auf selbsttätiges Ein- und Ausrücken der Triebmaschinen mittels Schwimmers und selbsttätiger Schaltvorrichtungen (S. 104) Bedacht zu nehmen. Auch bei Verbrennungsmaschinen und bei Dampfmaschinen läßt sich wenigstens selbsttätiges Abstellen der Maschine oder, je nach besonderen Umständen, die selbsttätige Ausrückung der Pumpe oder deren Leerlauf bewirken. Wird eine Verbrennungsmaschine mit Einrichtung zum selbsttätigen Stillsetzen bei gefülltem Behälter versehn, so ist das Kühlwasser mit abzustellen. Selbsttätiges Ingangbringen von Verbrennungsmaschinen ließe sich auch einrichten, wenn Preßluft oder elektrischer Antrieb zur Verfügung steht. Falls der Maschinenwärter nebenher anderweitig in der Nähe beschäftigt ist, können elektrische Weckerzeichen (S. 130) ausreichend sein.

Wasserkräne von großer Leistung sind durch hinreichend geräumige Windkessel und durch andere Einrichtungen (S. 135) gegen Wasserschläge zu sichern.

---

[1]) Z. Ver. deutsch. Ing. 1900, S. 1594 u. 1681, Neuere Formen f. Flüssigkeitsbehälter

[2]) v. Stockert, Handbuch d. Eisenbahnmaschinenwesens. Bd. II, S. 427.

[3]) Wegen Berechnung ebener und gekrümmter Behälterböden im allgemeinen vgl. Prof. Ph. Forchheimer (Berlin 1894, S.-A. aus Zeitschr. f. Bauwesen.).

II. Beschreibung neuerer Bahnwasserwerke.

1. Wassergewinnung und Wasserförderung.

A. Wassergewinnung aus Brunnen.

1. Anlagen mit Röhrenbrunnen.

a) Wasserwerk in Berlin-Halensee, mit Tiefbrunnen[1]). (Abb. 1/3.)

Das Wasserwerk Halensee hat sich aus einer früheren Anlage entwickelt, die ursprünglich nur noch den Bahnhof Grunewald mit Wasser versorgte. Später ist diese Anlage so vergrößert worden, daß auch noch die Bahnhöfe Westend und Charlottenburg in die Wasserversorgung mit eingeschlossen werden konnten. Das aus Tiefbrunnen gewonnene Wasser wäre auch als Trinkwasser einwandsfrei, indessen erwies sich wegen der Härte des Wassers (10 ° deutsch) die Einrichtung einer Reinigungsanlage zur Enthärtung auf 5 bis 6° als ratsam und mußte alsdann das Trink- und Wirtschaftswasser aus der städtischen Leitung bezogen werden. Das in der neuen Anlage bei Halensee aus Tiefbrunnen gewonnene Wasser ist einschließlich der Kosten für die Enthärtung erheblich billiger als das früher für die Bahnhöfe Westend und Charlottenburg bezogene städtische Leitungswasser und auch im rohen Zustande noch etwas weicher als dieses.

Die Enthärtungsanlage (s. S. 93) ist dem Wasserwerke in Halensee erst nachträglich zugefügt worden. Zunächst umfaßte die neue Anlage nur vier Rohrbrunnen mit Heberleitung und Sammelschacht, zwei Riedler-Expreßpumpen, einen Wasserturm mit Hochbehälter von 150 cbm Inhalt und die Leitungen nach Grunewald, Charlottenburg und Westend.

Zur Wassergewinnung dienen jetzt zehn Rohrbrunnen von 43,20 bis 56,75 m Tiefe, teils mit Wellrohrfilter nach Patent v. Hoff (Bremen), teils mit Gewebefilter aus gelochtem Kupferrohr mit einer Umhüllung von Kupfergewebe. An das kupferne Filterrohr schließt sich in beiden Fällen ein fest damit verbundenes schmiedeeisernes Rohr mit oberem Bügel, mittels dessen das ganze Filter zur Reinigung herausgehoben werden kann. Das umhüllende Mantelrohr von 200 mm lichte Weite reicht von der Sohle des gemauerten Einsteigschachtes bis über das an das Filterrohr angeschlossene eiserne Rohr herab und ist gegen dieses abgedichtet, um das Eindringen von Sand zu verhindern. Sechs Brunnen sind mit solchem

[1]) Vgl. Elektr. Kraftbetr. u. Bahn. 1910, Heft 18.

Abb. 1. Wasserwerk in Berlin-Halensee.

Filterrohr, die vier übrigen, zur größeren Sicherheit gegen Zusetzen der Filter durch Eisenniederschlag aus dem Wasser, mit Wellrohrfiltern versehen. Das als Filter dienende kupferne Wellrohr hat schlitzförmige Durchlaßöffnungen und ist mit Kies umschüttet. In die Mantelrohre der Tiefbrunnen sind die gruppenweise an zwei Sammelleitungen von 250 bzw. 300 mm lichte Weite angeschlossenen Heberrohre eingeführt, mittels deren das Wasser aus den Tiefbrunnen zu einem Sammelschacht von 14 m Tiefe übergeführt wird. Die 300 mm-Leitung verjüngt sich nach den Enden zu allmählich bis auf 175 mm. Die beiden Heberleitungen werden an den innerhalb des Sammelschachtes liegenden höchsten Punkten ständig durch eine Wasserstrahlpumpe entlüftet.

Da die Reinigung des Speisewassers für Lokomotiv- und sonstige Kessel nach dem Reisertschen Verfahren in offenen Gefäßen erfolgt, so sind Rohwasser- und Reinwasserpumpen in getrennten Gruppen zur Anwendung gekommen. Zur Förderung des Rohwassers dienen die beiden von früher her vorhandenen Riedlerschen Expreß-Kolbenpumpen von je 127 cbm/st Leistung, bei 127 Umdr./min, mit einer dritten Pumpe in Bereitschaft, die bei gleicher Leistung als Hochdruckkreiselpumpe mit Lauf- und Leitrad aus Bronze ausgeführt und mit einem Elektromotor unmittelbar gekuppelt ist, während die beiden Riedlerpumpen mittels Riemen und ebenfalls elektrisch angetrieben werden. Die Betriebskraft der Elektromotoren beträgt je 20 PS bei einer manometrischen Förderhöhe von 26,5 m. Die Rohwasserpumpen entnehmen das Wasser aus dem

Abb. 2. Berlin-Halensee, Reinwasserpumpwerk.

Sammelschacht der Heberleitungen und können dasselbe entweder zu den Fällgefäßen der Reinigungsanlage oder auch, für den Fall einer Unterbrechung des Betriebes der Enthärtungsanlage, unmittelbar in die Reinwasserbehälter befördern. Die Druckleitungen der Rohwasserpumpen münden in einen gemeinsamen Windkessel mit anschließender gemeinsamer Leitung. Durch eine Schwimmervorrichtung mit elektrischer Fernschaltung wird der Gang der Rohwasserpumpen von den Fällgefäßen der Enthärtanlage aus geregelt, für den Fall des Versagens ist eine Überlaufleitung nach dem Sammelschacht angeordnet Außerdem sind Handanlasser vorgesehen.

Die Rohwasserpumpen sind innerhalb des Grundmauerwerks des eisernen Wasserturmes (Abb. 1) unter Tage aufgestellt, in dem mittleren Hauptteile des anschließenden Gebäudes befindet sich die Enthärtungsanlage, der rechte niedrigere Flügel enthält die Reinwasserpumpen und der linke die Schlammbeseitigungsanlage.

Die durch Riemen angetriebenen drei Reinwasserpumpen (Abb. 3) haben doppeltwirkende Plungerkolben. Anlassen und Abstellen geschieht selbsttätig oder auch von Hand, wie bei den Rohwasserpumpen.

Der Betrieb des ganzen Wasserwerks erfolgt durch Drehstrom von 3000 Volt Leitungsspannung, aus dem städtischen Elektrizitätswerk, der am Wasserwerk Halensee auf 225 Volt herabgespannt wird. Die Motoren der Reinwasserpumpen leisten je 40 bis 46 PS. In der Abb. 2 sind rechts noch zwei Kapselgebläse zur Reinigung der Filter der Enthärtungsanlage mittels Druckluft angegeben, außerdem ist in dem Maschinenraum ein Kompressor zum Ersatz der Luft im Hauptwindkessel aufgestellt.

Das gereinigte Wasser wird nach den vier Wassertürmen in Halensee, Grunewald, Westend und Charlottenburg verteilt. Zur Herstellung der erforderlichen Verbindungen und zur Ermöglichung der Ausnutzung des Druckes des einen oder des anderen dieser Hochbehälter sind zwischen den Reinwasserpumpen und dem Wasserturm in Halensee zwei große schmiedeeiserne Verteilungskasten mit den erforderlichen Verbindungsleitungen und Rückschlagklappen eingebaut. Über den Wasserstand in diesen vier Hochbehältern wird der Maschinenwärter in Halensee fortlaufend durch Fernmelder mit Schwimmervorrichtung unterrichtet. Den zugehörigen Strom liefert eine Batterie aus Leclanché-Elementen.

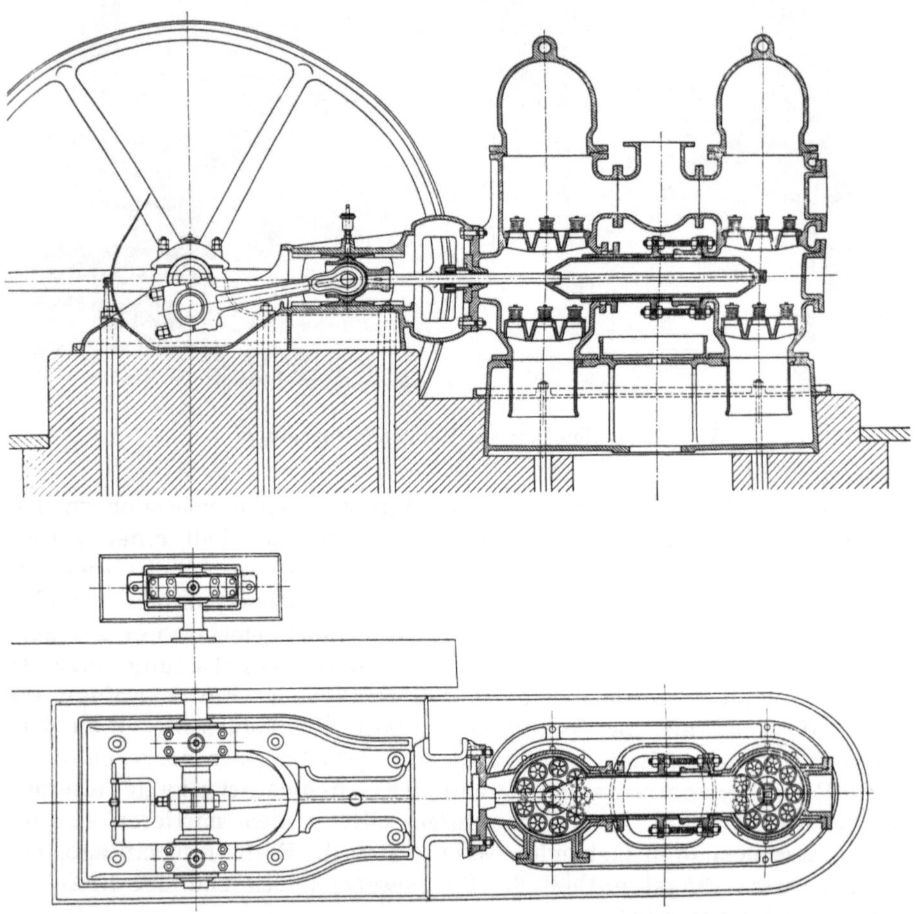

Abb. 3. Berlin Halensee, Reinwasserpumpe.

Die größte Leistungsfähigkeit der Anlage beträgt 5000 cbm gereinigtes Brauchwasser in 24 Stunden.

Baukosten. Die Baukosten des ganzen Wasserwerks einschl. der Baukosten für die Wassertürme in Halensee, Grunewald und Westend und einschl. der Kosten der Enthärtungsanlage und aller Rohrleitungen haben rund 550000 M. betragen. Diese Kosten verteilen sich wie folgt: Bauliche Anlagen: 288300 M.; Brunnen nebst Sammelschacht und Heberleitungen: 67600 M.; Rohrleitungen: 103800 M.; Maschinenanlagen: 64300 M.; Laufkran für die Reinwasserpumpen und Aufzug: 2800 M.; Elektrische Einrichtungen und Geräte: 19000 M.; Beleuchtungseinrichtung: 2000 M.;

Gleisanlage: 2200 M. Für das eigentliche Wasserwerk allein nebst dem dort errichteten Wasserturm betragen die Baukosten 362700 M.

Wird die Lebensdauer des Mauerwerks zu 60 Jahren, der eisernen Behälter und der Rohrleitungen, einer Fußgängerbrücke, der Eisenteile des Wasserturms und der Gleise zu 33 Jahren, des Kranes und Aufzuges zu 25 Jahren, der Maschinenanlagen und der elektrischen Einrichtungen zu 20, der Brunnen nebst Zubehör zu 15 und der Beleuchtungseinrichtungen zu 10 Jahren angenommen, so ergibt sich für den Betrieb des Wasserwerks einschl. der Enthärtungsanlage eine jährliche Ausgabe von:

1. Zinsen 3,5 % von 550000 M.	19250 M.
2. **Abschreibung:**	
a) für Mauerwerk 0,5 % von 184900	925 „
b) „ eiserne Behälter, Rohrleitungen, Fußgängerbrücke, Eisenteile des Wasserturms und Gleis 1,7 % von 209400 M.	3560 „
c) für Kran und Aufzug 2,6 % von 2800 M.	73 „
d) „ Maschinenanlagen und elektrische Einrichtungen 3,5 % von 83300 M.	2916 „
Brunnen und Zubehör 5,2 % von 67600 M.	3515 „
e) für Beleuchtungseinrichtungen 8,5 % von 2000 M.	170 „
(2. zus.: 11159 M.)	
3. **Unterhaltung:**	
a) für sämtliche Baulichkeiten einschl. Gleis 1 % von 290500 M.	2905 M.
b) für Kran und Aufzug 1,5 % von 2800 M.	42 „
c) für Maschinenanlagen und elektrische Einrichtungen 2 % von 83300 M.	1666 „
d) für Rohrleitungen, Brunnen und Zubehör 3 % von 171400 M.	5142 „
Beleuchtungseinrichtungen 4 % von 2000 M.	80 „
(3. zus.: 9835 M.)	
4. **Kosten für elektrischen Strom** 10 Pf. für 1 kW/st für Kraft, 11 Pf. für Licht, nebst Jahresmiete der Zähler.	
a) für die Rohwasserpumpen	15495 M.
b) „ die Reinwasserpumpen	27752 „
c) „ das Auswaschen des Filtermaterials	263 „
d) „ die Herstellung stichfesten Schlammes	1580 „
e) „ Beleuchtung	777 „
(4. zus.: 45867 M.)	
5. **Kosten der Schlammabfuhr**	900 M.
6. Gehälter und Löhne einschl. Verwaltungskosten	10840 „
7. Material	8230 „
	106081 M.

1 cbm Reinwasser bis in die Hochbehälter befördert kostet demnach bei einem Jahresverbrauch von 1466200 cbm:

$$\frac{106081 \cdot 100}{1466200} = 7{,}24 \text{ Pf.}$$

(tägliche Förderung 4017 cbm);

bei einem Jahresverbrauch von 1825000 cbm betragen die jährlichen Ausgaben 118957 M. und 1 cbm Reinwasser kostet im Hochbehälter:

$$\frac{118357 \cdot 100}{1825000} = 6{,}52 \text{ Pf.}$$

Die reine Förderhöhe beträgt dabei insgesamt bis zu 69 m und die manometrische Förderhöhe bis zu 85 m.

b) Wasserwerk in Görlitz. (Abb. 4a/c.)

Auf dem Rangierbahnhof Görlitz (Schlauroth) selbst befindet sich nur die Anlage zur Aufspeicherung und Verteilung des Wassers. Die Förderanlage mit Brunnen und Wärterwohnhaus ist in 2,6 km Entfernung in dem Dreieck zwischen der Berlin-Görlitzer Staatsbahn und der Görlitzer Kreisbahn errichtet. Das Wasser wird aus zwei Rohrbrunnen gewonnen, die durch begehbare Stollen mit einem großen Brunnenschachte in Verbindung stehen, in welchem die Damfpumpen aufgestellt sind. Jeder Brunnen ist auch für sich von oben her durch einen Einsteigeschacht zu erreichen. Die Brunnenanlage reicht aus für eine Dauerleistung von 80 cbm/st, die durchschnittliche Beanspruchung beträgt 50 cbm/st, die gesamte Förderhöhe 60 m. Die Einzelheiten sind aus dem Kostenanschlag und den Zeichnungen zu ersehen.

Kostenanschlag (auszüglich).

1.	Grunderwerb, 5500 qm Grund und Boden für die Wasserstation nebst Zufahrtweg, einschl. Entschädigungen	3300,00 M.
2.	Aufhöhung des Terrains nebst allen Regulierungsarbeiten	700,00 „
3.	Herstellung des Zufahrtweges	1000,00 „
4.	500 m Drahtzaun	1000,00 „
5.	Brunnenanlage nebst begehbarem runden Eisenblechstollen, den Brunnenköpfen und Saugleitungen	28000,00 „
6.	Kessel- und Pumpenhaus, 200 qm, mit Pappdach und mit Schaldecke im Pumpenraum	10000,00 „
7.	Schornstein, 20 m hoch; 0,70 m oben i. l. weit .	2000,00 „
8.	Wärterwohnhaus, 70 qm	4200,00 „
9.	Stallgebäude mit Abort und Senkgrube	800,00 „
10.	Zwei Einflammrohrkessel von je 30 qm Heizfläche, 8 at Dampfdruck	6800,00 „
11.	Zwei Pumpsätze für Dampfbetrieb, Leistung 60 cbm/st bei einer Förderhöhe von 60 m	12000,00 „
12.	Wasserbehälter von 5 bis 6 cbm Inhalt, im Kesselhause, mit Schwimmereinrichtung	600,00 „
13.	Anlage zur Kesselspeisung	400,00 „

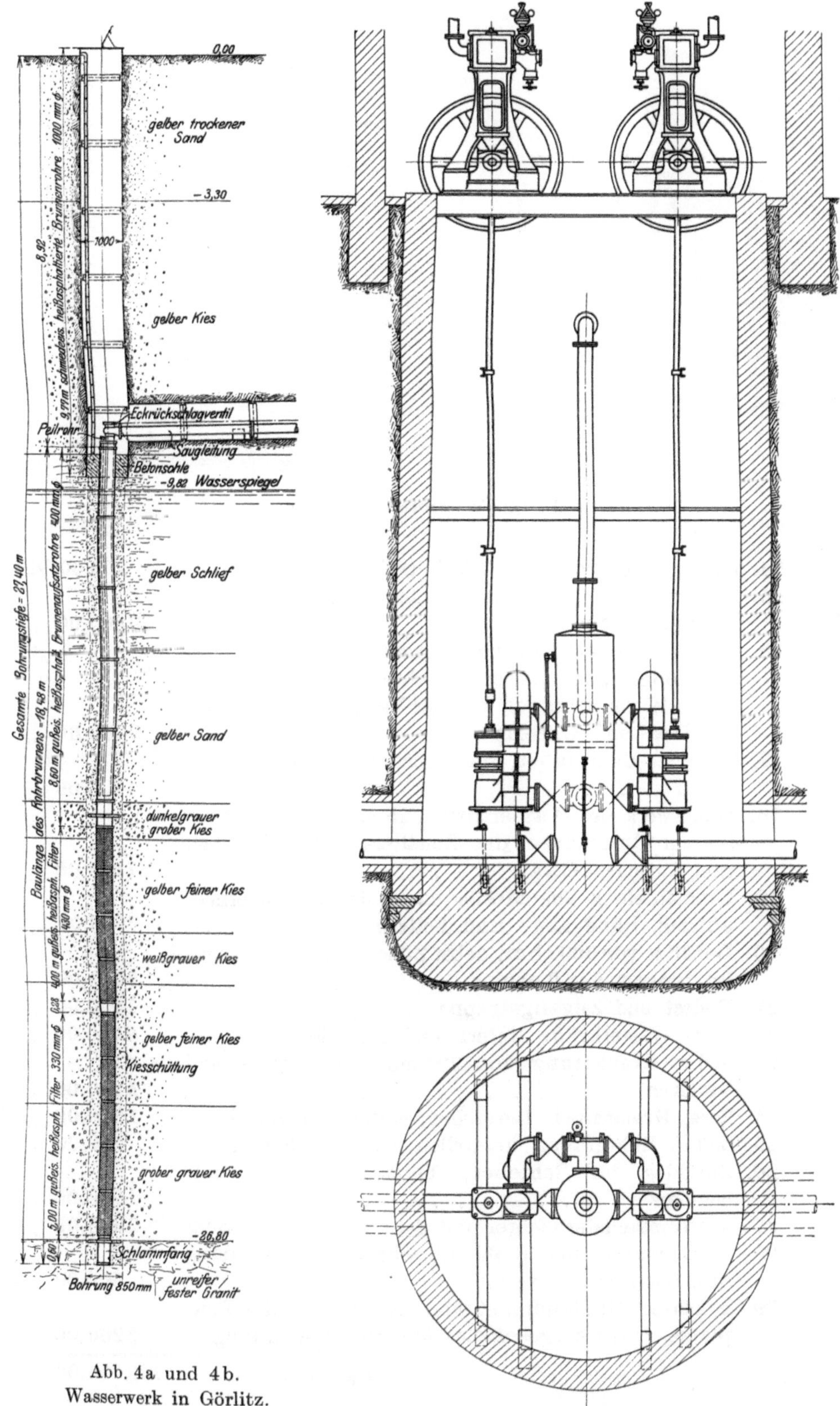

Abb. 4a und 4b.
Wasserwerk in Görlitz.

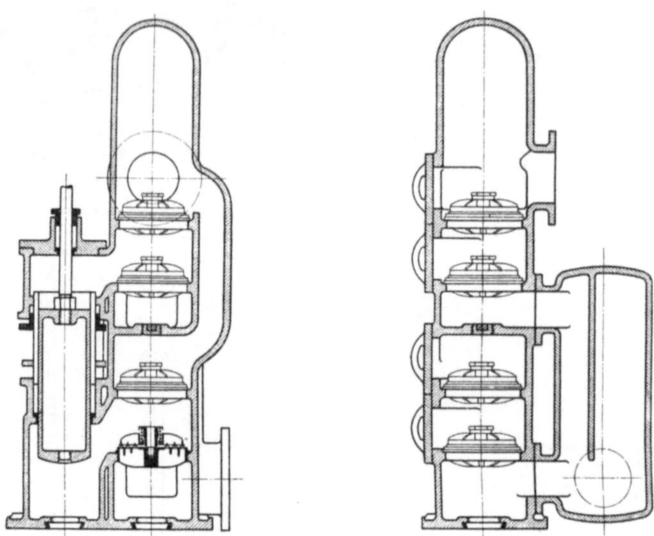

Abb. 4c. Wasserwerk in Görlitz.

14.	Inventarien (Schrank, Tisch und Schraubstock)	200,00 M.
15.	2600 m Rohrleitung von 175 mm l. W., liefern und verlegen, ausschl. Erdarbeit	20800,00 „
16.	Entlüftungs- und Entleerungsvorrichtungen, einschl. zugehöriger gemauerter Schächte und des erforderlichen Wärmeschutzes bei der Verlegung im Freien an Über- und Unterführungen	2200,00 „
17.	2600 m Rohrgraben herstellen und wieder verfüllen	2600,00 „
18.	Mauerwerk des Wasserturms, 15 m hoch von S. O. bis zur Unterkante des Behälters, ohne Treppen und Zwischendecke	7000,00 „
19.	Ummantelnng aus Moniermasse, Dach, Laternenaufsatz, Rundgänge und Leitern	7000,00 „
20.	Behälter von 300 cbm, nebst Zubehör und Leitungen im Inneren des Turmes	9000,00 „
21.	Podest und Zugangstreppe	1000,00 „
22.	Zwei Wasserkräne liefern und aufstellen	2000,00 „
23.	500 m Kranleitung von 200 mm l. W. liefern und verlegen	5000,00 „
24.	Zwei Krangruben herstellen, einschl. Material . .	1200,00 „
25.	500 m Rohrgraben herstellen und verfüllen . . .	500,00 „
26.	Zuschlag für Schieber, Formstücke und Anschlüsse	1000,00 „
27.	Wasserstandsfernzeiger mit Schwimmereinrichtung	2000,00 „
28.	Kohlenbansen und Kohlenrutsche, mit Verwendung alter eiserner Schwellen	500,00 „
29.	Frachten für Baudienstgüter, Aufräumen der Bauplätze, Unvorhergesehenes und zur Abrundung .	2200,00 „
	insgesamt	130000,00 M.

c) Wasserwerk in Gollnow (E.-D. Stettin).

Die wasserführende Schicht steht unter starkem Druck, so daß das erbohrte Wasser bis auf eine Höhe von einigen Metern über dem Gelände frei ausströmte. Es ist deshalb um das Bohrloch herum ein Behälter von 60 cbm Inhalt aus Beton angelegt und unmittelbar über dem Behälter die Maschinenanlage aufgestellt worden. Die von den Siemens-Schuckertwerken gelieferte Kapselpumpe von 45 cbm/st Leistung fördert das Wasser in einen 240 m entfernten, mit der Unterkante 10 m über S. O. liegenden Hochbehälter von 100 cbm Inhalt. Die gesamte Förderhöhe beträgt 20 m. Der Antrieb der Pumpe erfolgt durch einen Gleichstrom-Nebenschlußmotor von 7 PS Leistung bei 540 Umdr./min und 220 Volt Spannung, mit selbsttätiger An- und Abstellung durch eine Schwimmervorrichtung vom Hochbehälter aus. Ein Pulsometer zum Betrieb von einer Lokomotive aus mittels einer unterirdisch verlegten Leitung, ist in Bereitschaft.

Baukosten.

a)	für den Brunnen einschl. Bohrung nebst Pumpenhaus	7600,00 M.
b)	„ den Wasserturm	9000,00 „
c)	„ den Wasserturmbehälter nebst Zubehör	4515,00 „
d)	„ die Kapselpumpe nebst Zubehör	1180,00 „
e)	„ das Pulsometer	550,00 „
f)	„ die Druckrohrleitung	1065,00 „
g)	„ den Motor nebst Zubehör	1830,00 „
h)	„ die Schalttafel nebst Zubehör	580,00 „
i)	„ die Freileitung	1130,00 „
	zusammen	28350,00 M.

Betriebskosten:	einzeln	im ganzen
I. Zinsen und Abschreibungen:		
A. Zinsen: 4 % von 28350 M.		1134,00 M.
B. Abschreibungen:		
a) 2,5 % für die baulichen Anlagen, Brunnen und Wasserturm	415,00 M.	
b) 3 % für den Wasserbehälter, die Rohrleitungen und die elektrischen Leitungen	228,00 „	
c) 5 % für Maschinen und Schalttafel .	207,00 „	850,00 „
		1984,00 M.
II. Reine Betriebskosten:		
A. Unterhaltung:		
a) 2 % für die baulichen Anlagen . . .	332,00 M.	
b) 2 % für den Wasserbehälter, die Rohrleitungen und die elektrischen Leitungen	152,00 „	
c) 5 % für Maschinen und Schalttafel .	207,00 „	691,00 „
B. Bedienung: täglich eine Stunde: $\frac{360 \cdot 2,50}{10}$		90,00 M.

	einzeln	im ganzen
C. Stromkosten:		
Täglicher Wasserbedarf 80 cbm, Leistungsfähigkeit der Pumpe 45 cbm, Betriebszeit 1,8 Std. Stündlicher Verbrauch des Elektromotors: 5,8 kW oder täglich 10,4 kW. Strompreis: 0,24 M./kW/st, mithin jährliche Stromkosten:		
10,3 · 365 · 0,24 = ...		912,00 M.
D. Schmier- und Putzmaterial: für 650 Std.		29,00 „
Zusammen: Reine Betriebskosten: . . .		1722,00 M.
dazu für Zinsen und Abschreibungen: .		1984,00 „
Mithin gesamte jährliche Ausgabe: . .		3706,00 M.

Mithin Preis für 1 cbm Wasser: 12,5 Pf. einschl. Zinsen und Abschreibungen.

d) Mammutpumpwerk in Groschowitz (E.-D. Kattowitz).
(Abb. 5/8.)

Es sind drei Rohrbrunnen von 253 mm l. W. und 69 m Tiefe vorhanden; die beiden äußeren sind 70 bezw. 85 m von dem mittleren entfernt. Die Einrichtung der Mammutpumpen (vgl. Org. f. d. Fortschr. d. Eisenbahnw. 1907) besteht bekanntlich darin, daß gepreßte Luft unter

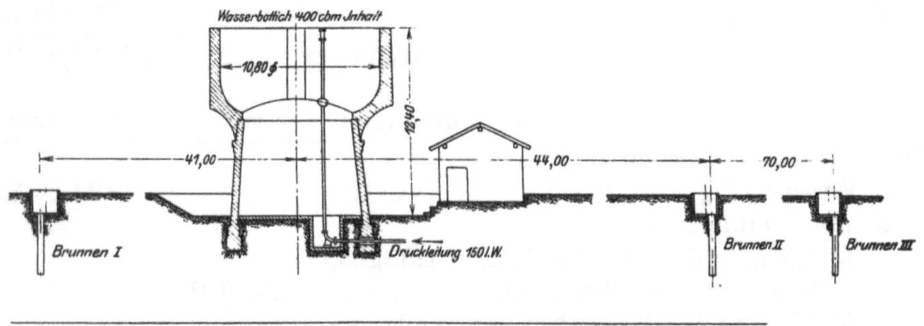

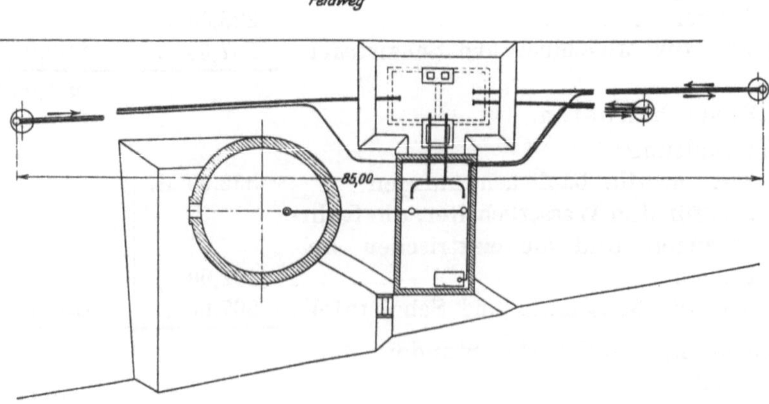

Abb. 5. Wasserwerk in Groschowitz (Mammut), Lageplan.

das in den Rohrbrunnen abgesenkte Steigrohr geführt wird und beim Aufsteigen das Wasser mitreißt. Je nach der natürlichen Tiefenlage des Grundwasserspiegels und der Absenkung, die letzterer beim Pumpbetrieb erfährt, kann es erforderlich oder doch wirtschaftlich sein, die Druckluft an zwei Stellen, in verschiedener Höhe, in das Steigrohr einzuführen. Das letztere ist in Groschowitz der Fall. Die gesamte Leistung der Pumpenanlage ist auf 45 cbm/st bemessen, für die zunächst zwei Brunnen ausreichen sollen. Bei der Entnahme von $\frac{45}{2} = 22{,}5$ cbm/st aus einem Brunnen sinkt der Wasserspiegel von 15 bis auf etwa 27,5 m unter der Erdoberfläche. Je nach der Stärke der Absenkung des Wasserspiegels wird die obere oder die untere Einlaßstelle für die Druckluft benutzt. Das aus den Brunnen geförderte Wasser gelangt durch frostfrei verlegte Leitungen in einen Sammelbehälter in Geländehöhe und wird von hier aus durch eine mit dem Kompressor für Druckluft unmittelbar gekuppelte Differential-Plungerpumpe in den Hochbehälter gedrückt. Diese Art des Betriebes ist wirtschaftlicher als die unmittelbare Beförderung des Wassers aus den Rohrbrunnen in den Hochbehälter mittels Druckluft.

Von den beiden vorhandenen Maschinensätzen dient einer zur Aushilfe. Die mit dem Luftkompressor durch gemeinsame Kolbenstange gekuppelte Plunger-Druckpumpe wird mittels Riemenübertragung von einem 25 PS-Drehstrommotor aus (215 Volt, 50Per./sek) angetrieben. Die von dem Kompressor erzeugte Druckluft wird zunächst in einen Windkessel befördert, der zugleich als Filter und zur Rückkühlung der Luft durch eingebaute wassergekühlte Rohrschlangen dient, und von da durch sechs abstellbare Zuleitungen zu den einzelnen Einlaßstellen (Fußstücken) der Steigrohre der Brunnen. Die Schaltung der Pumpenanlage ist in Abhängigkeit von der Höhe des Wasserspiegels im Hochbehälter gebracht. Beim Sinken desselben um 1,5 m tritt der erste und bei weiterem Sinken um 0,5 m auch der zweite Maschinensatz in Tätigkeit. Bei unbeabsichtigtem Stromloswerden der Motore ertönt in der Zentrale eine Alarmglocke.

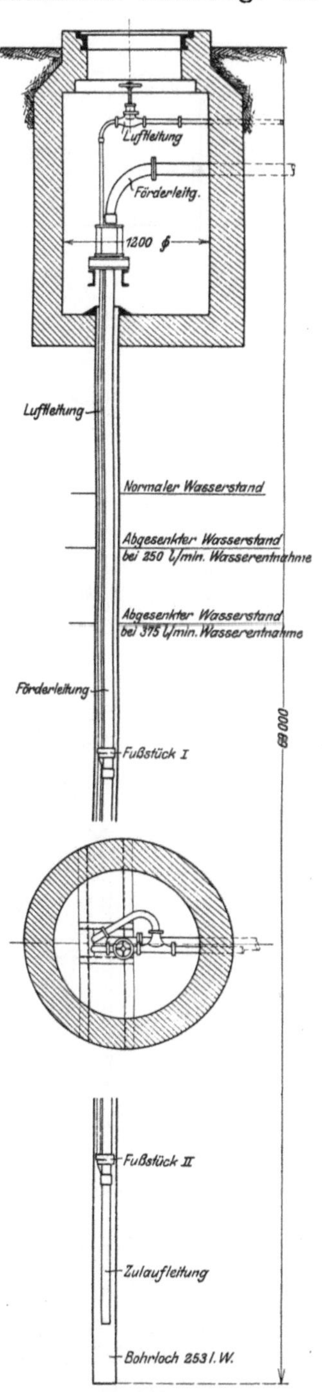

Abb. 6. Wasserwerk in Groschowitz (Mammut), Förderrohr.

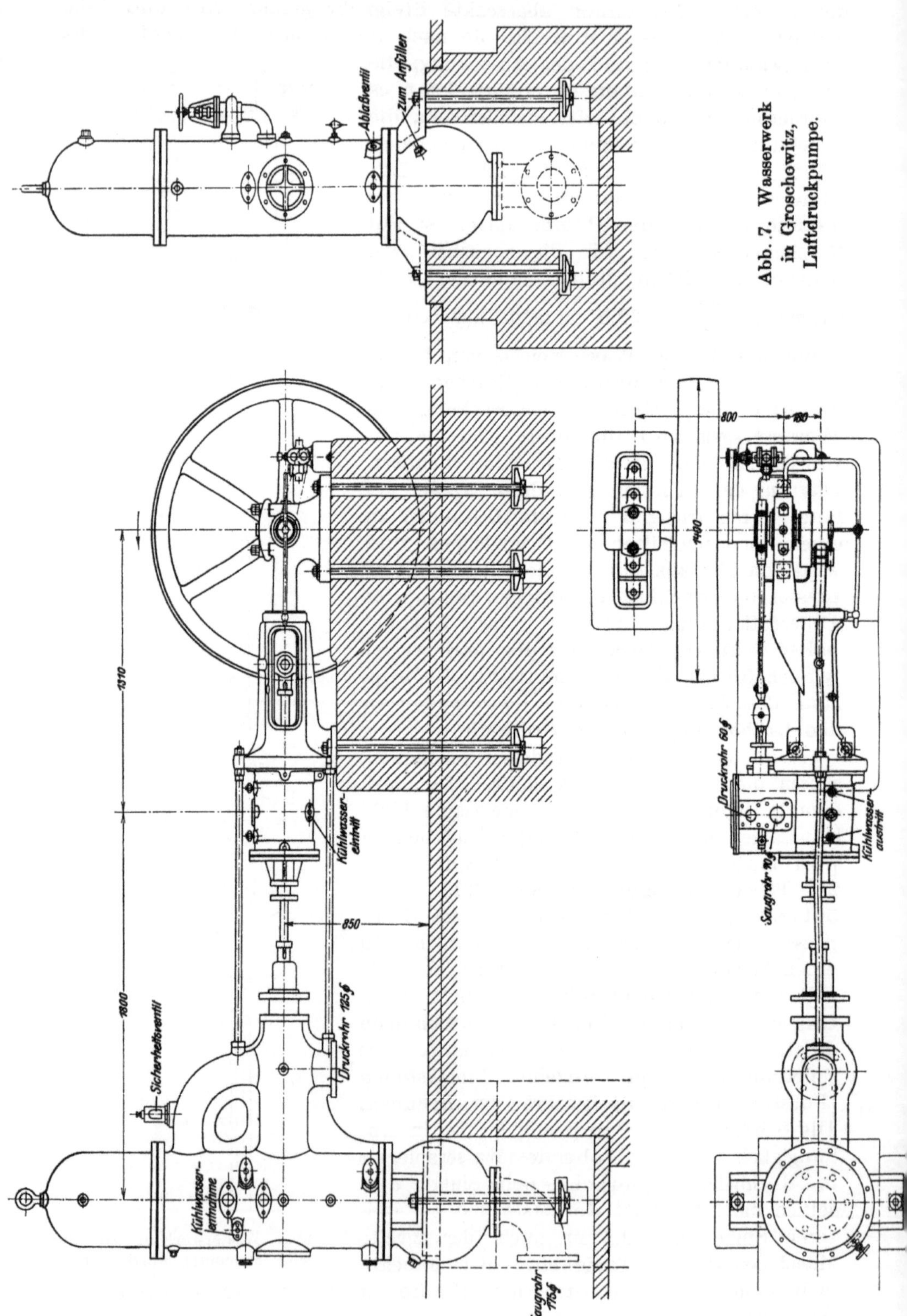

Abb. 7. Wasserwerk in Groschowitz, Luftdruckpumpe.

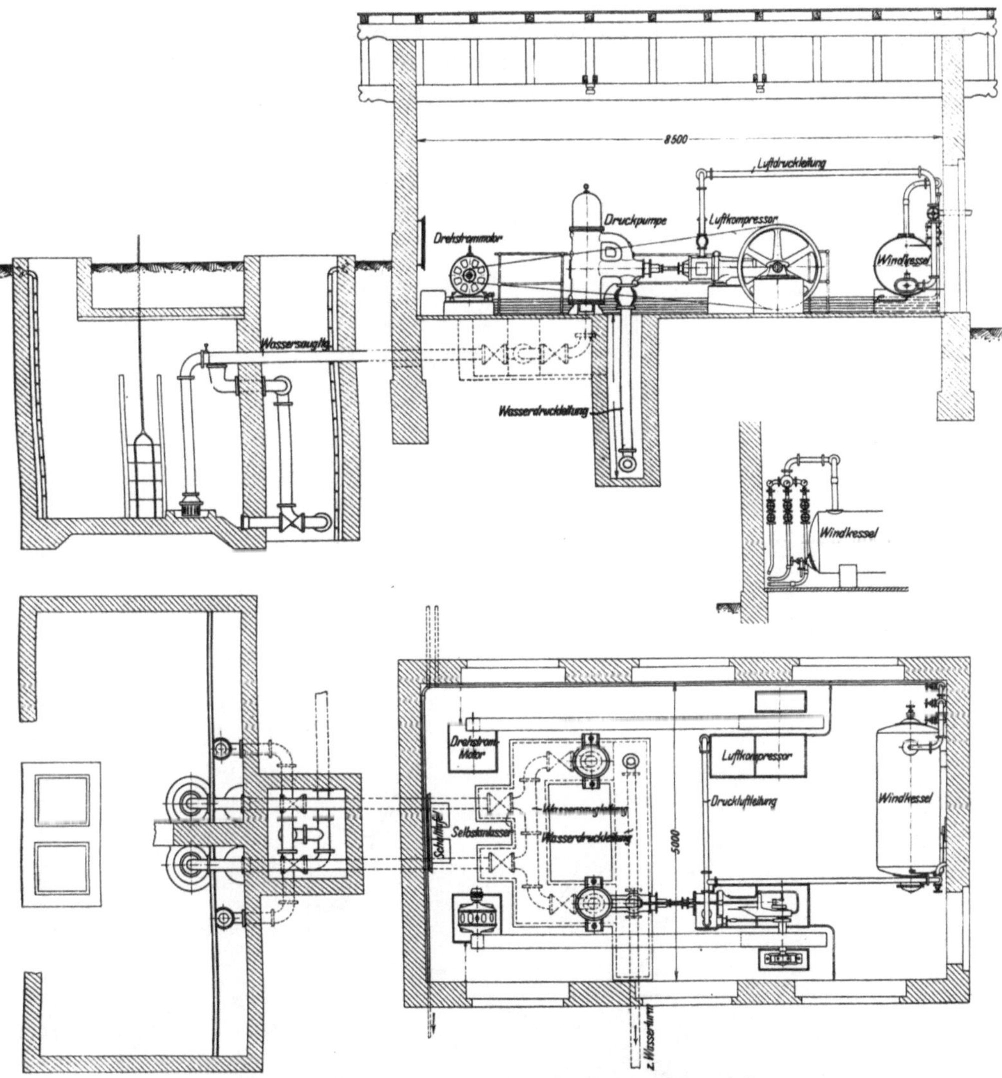

Abb. 8. Wasserwerk in Groschowitz, Maschinenanlage.

e) Wasserwerk in Hagen i. W. (Abb. 9/16.)

Das Wasser wird mittels sieben Stück, je etwa 7 m tiefer Rohrbrunnen gewonnen, die aus dem Grundwasserstrom in unmittelbarer Nähe der Ruhr schöpfen und nur mit je 50 bis 60 cbm/st beansprucht werden, während ihre größte Leistungsfähigkeit etwa je 120 cbm/st beträgt. An Stelle der sonst vielfach verwendeten Brunnenrohre aus kupfernem Drahtnetz oder aus geschlitztem Eisen- oder Kupferblech sind solche aus Steingut (Abb. 13a) nach dem Patent von Heinrch Scheven in Düsseldorf benutzt worden, indem von diesen eine größere Haltbarkeit erwartet wird. Bei dem Bau der Rohrbrunnen sind zunächst 800 mm weite Mantelrohre durch die wasserführende Kiesschicht hindurch bis auf den darunter liegenden Fels und zum Teil noch bis in diesen hinein niedergebracht worden. Zentrisch zu den Mantelrohren sind alsdann die geschlitzten Muffenrohre aus Steingut, von je 1 m Baulänge und einer lichten Weite von 300 mm, mit den

Muffen nach unten abgesenkt worden. Die Fugen zwischen den einzelnen Rohren sind nicht gedichtet, das oberste Rohr und ein unteres, etwa 500 mm langes Stück, sind vollwandig ausgeführt. Zum unteren Auflager

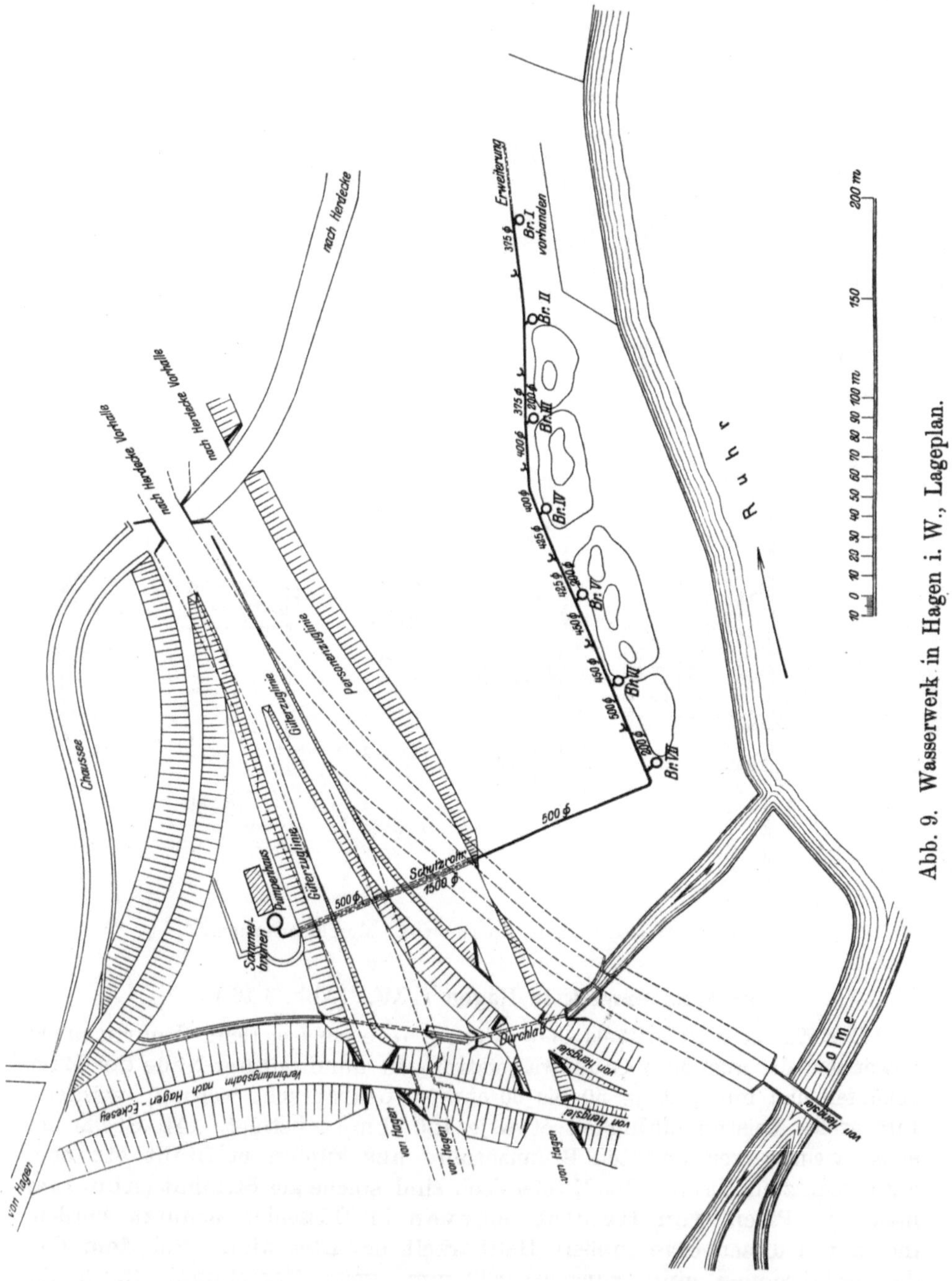

Abb. 9. Wasserwerk in Hagen i. W., Lageplan.

dient eine vorher in das Mantelrohr eingebrachte ringförmige Platte aus Beton. Der Zwischenraum zwischen den Steingut-(Filter-)rohren und den Mantelrohren ist alsdann mit gesiebtem Kies ausgefüllt worden, worauf die Mantelrohre wieder entfernt wurden.

In die Steinzeugrohre sind die 200 mm weiten Saugeschenkel der gußeisernen Heberleitung eingeführt und zentrisch zu diesen wiederum 50 mm weite, oben durch eine Verschraubung verschließbare Rohre angebracht, mittels deren die Beobachtung des Wasserstandes in den Brunnen während des Betriebes derselben möglich ist. Am oberen Ende sind die Steinzeugfilterrohre durch Vergießen mit Asphalt gegen Eindringen von Tagewasser abgedichtet.

Von den einzelnen, in Abständen von 47 bis 50 m von einander angelegten Rohrbrunnen führt eine gemeinsame Leitung zum Sammelbrunnen. Die lichte Weite der Heberleitung ist auf 375 bis 500 mm bemessen, um erforderlichenfalls späterhin neue Brunnen anschließen zu können. Zu gleichem Zwecke sind zwischen den einzelnen Brunnen Abzweigstücke vorgesehen. Die Heberleitung ist aus gußeisernen, mit Strick und Blei gedichteten Muffenrohren ausgeführt und 1,50 m tief unter dem Erdboden verlegt. Unter den Eisenbahndämmen ist die Heberleitung mit einem befahrbaren, 1,50 m weiten Schutzstollen, umgeben. Von der höchsten, im Sammelbrunnen liegenden Stelle der Heberleitung aus wird die von dem Wasser ausgeschiedene Luft durch Differential-Kolbenpumpen abgesaugt.

Der Sammelbrunnen ist so tief geführt, daß die Rohrbrunnen in ihrer ganzen Tiefe, bis auf den Grund der wasserführenden Schicht, ausgenutzt werden können. Bei Erreichung des niedrigsten zulässigen Wasserstandes

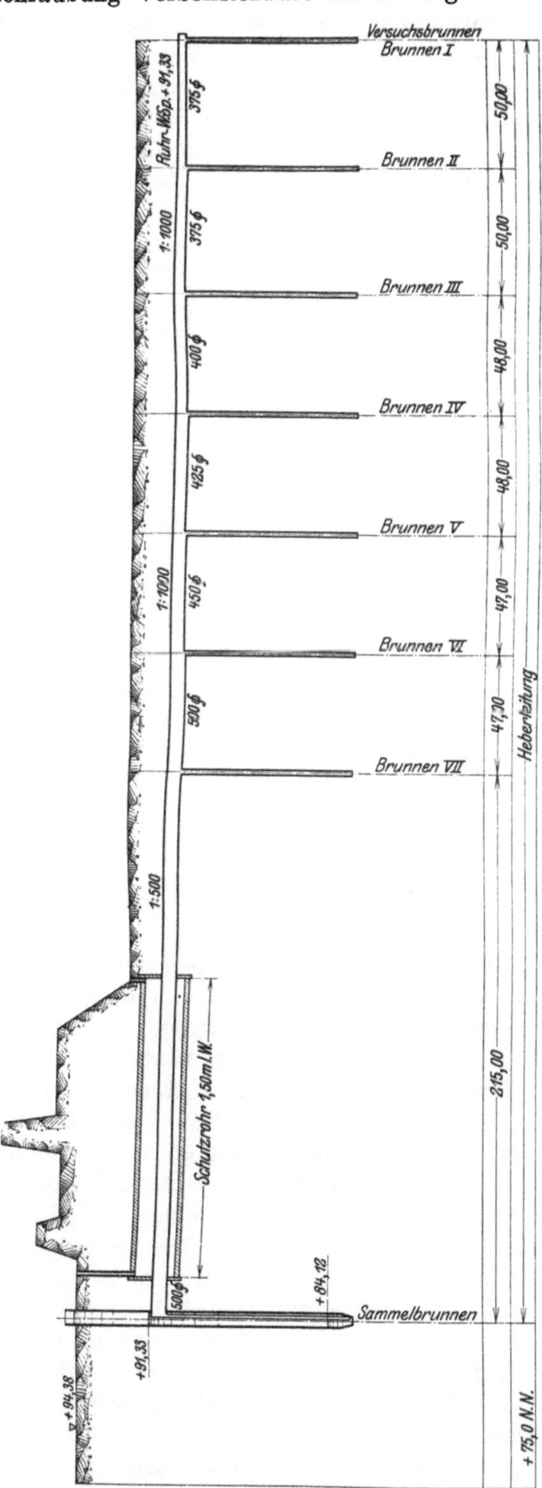

Abb. 10. Brunnenanlage in Hagen i. W., Längsschnitt.

im Sammelbrunnen werden die Elektromotoren der Pumpen selbsttätig abgeschaltet. Der in Aussicht genommene Anschluß der Entlüftungsleitung an den höchsten Punkt des Saugraums der Kreiselpumpen hat sich nicht als erforderlich herausgestellt. Die aus der Heberleitung abgesaugte Luft wird durch ein selbsttätiges Ventil aus der Druckleitung der Entlüftungspumpen ausgeschieden, das nach Absaugung der angesammelten Luft aus der Heberleitung angesaugte Wasser wird durch die Entlüftungspumpen in die Druckleitung der Wasserförderpumpen übergeführt. Ständiger Betrieb der Entlüftungspumpen ist nicht erforderlich.

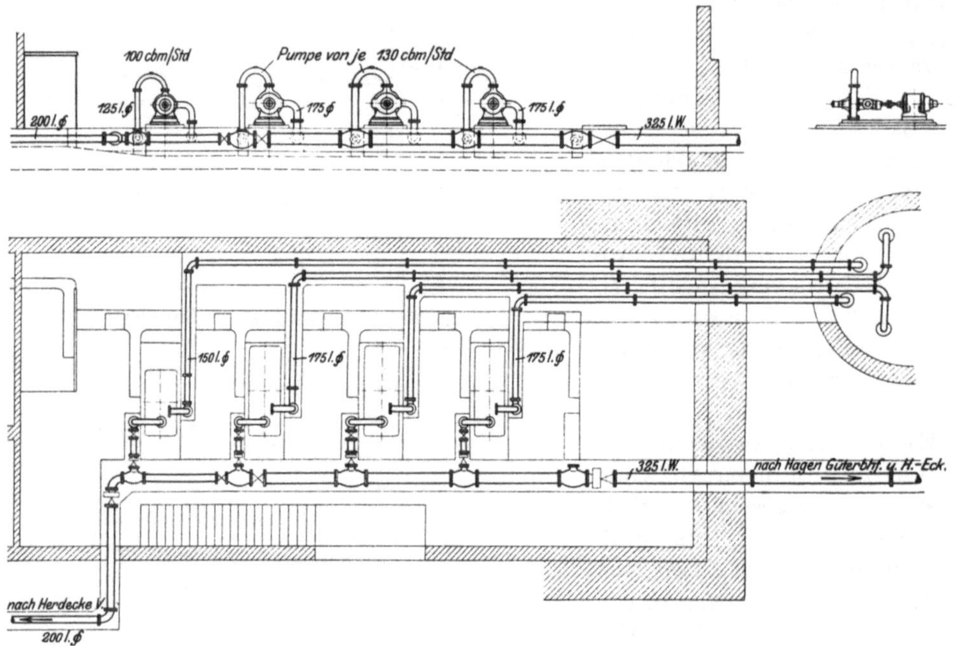

Abb. 11. Pumpanlage in Hagen i. W.

Um für die Kreiselpumpen mit Sicherheit eine Saughöhe von nicht mehr als 3 m zu erreichen, mußte das Maschinenhaus etwa 1 m tief in das Grundwasser gelegt werden. Die erforderliche Dichtung des Fußbodens und der Umfassungswände ist durch eine 3 mm starke Schicht von Bleipappe bewirkt. Bei einem anderen in der Nähe gelegenen Bauwerk hat sich unter ähnlichen Verhältnissen eine Abdichtung durch drei Lagen Teerpappe mit kräftigem Teeranstrich zwischen je zwei Lagen bewährt. Die Durchführung der Saugleitungen der Pumpen durch die Wand des Maschinenhauses mittels eines besonderen, die sämtlichen vier Rohre in sich vereinigenden Gußstückes zeigt Abb. 14. Die isolierende Bleipappe ist zwischen einen Flantsch dieses Gußstückes und einen aufgeschraubten losen Rahmen geklemmt. Ähnlich ist die Durchführung der beiden Druckrohre angeordnet. Das Maschinenhaus liegt im Überschwemmungsgebiet der Ruhr und mußte deshalb eine Anhöhung des Geländes stattfinden, um das Haus hochwasserfrei zu legen, indem der höchste beobachtete Wasserstand der Ruhr 94,27 m über N. N., das Baugelände auf 92 m und die Sohle des Maschinenhauses auf 90 m liegt.

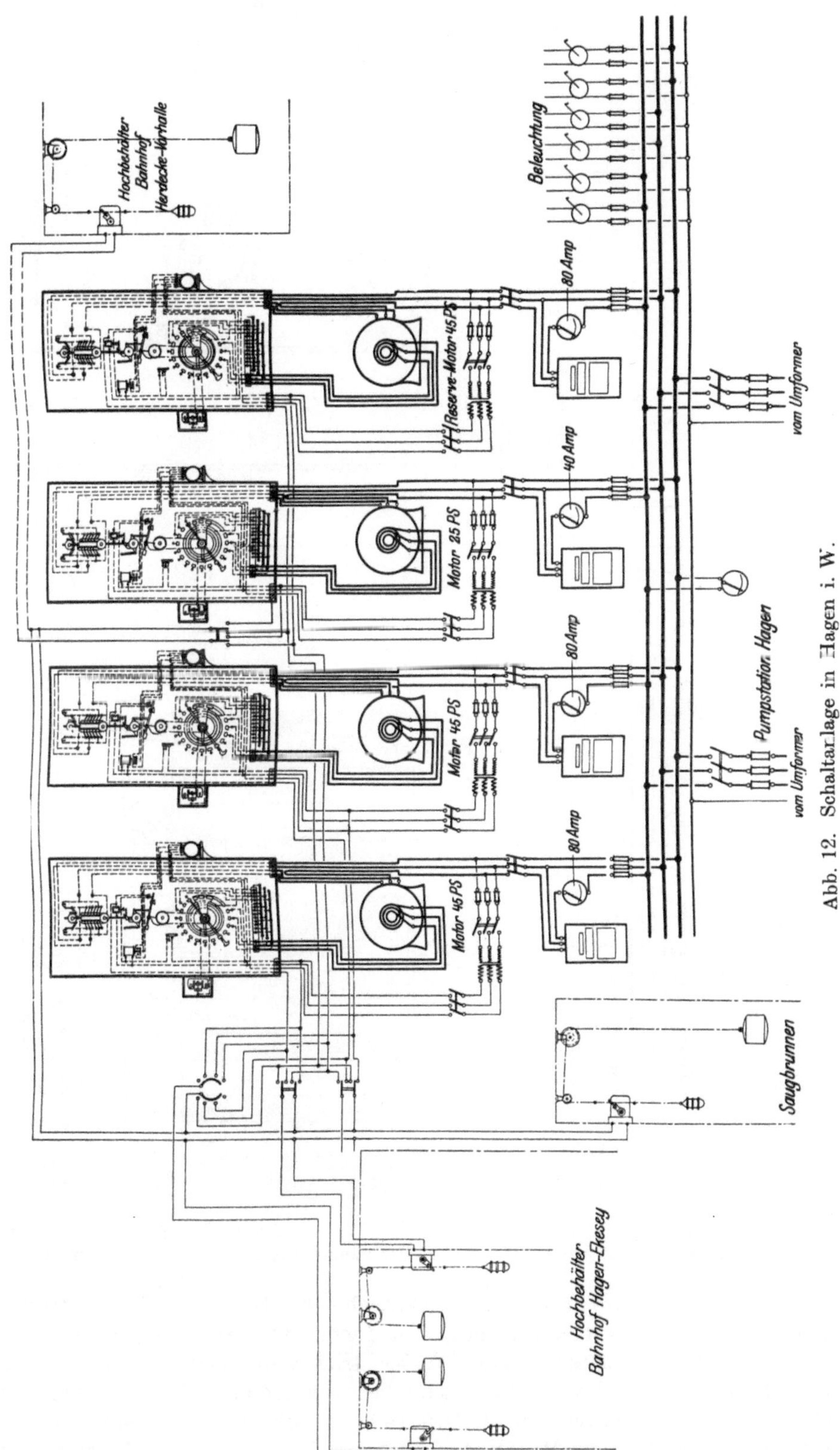

Abb. 12. Schaltanlage in Hagen i. W.

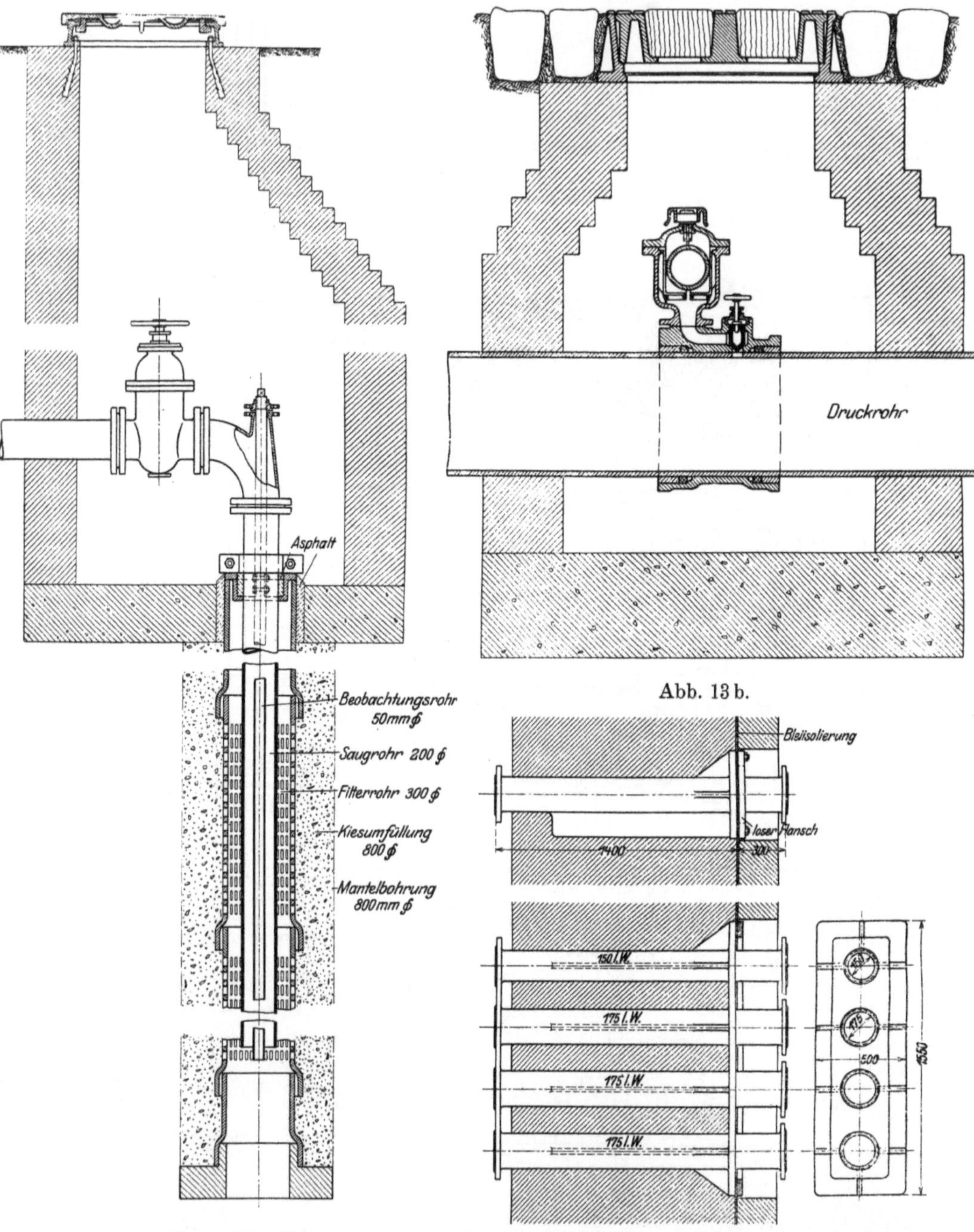

Abb. 13b.

Abb. 13a u. 13b. Wasserwerk in Hagen i.W., Bohrbrunnen.

Abb. 14. Wasserwerk in Hagen i. W., Einführung der Saugleitungen in das Maschinenhaus.

Die Pumpenanlage umfaßt vier elektrisch betriebene, von Weise & Monski gelieferte Hochdruckkreiselpumpen, von denen drei Stück je 130 und die vierte 100 cbm/st leistet. Das Wasser tritt von beiden Seiten in das Laufrad ein, so daß die Welle vollständig vom Achsialschub entlastet ist. Die Stopfbüchsen werden durch Druckwasser gekühlt und gedichtet, die Lager der aus Siemens-Martinstahl hergestellten Laufradwelle sind mit

Ringschmierung versehen. Das Laufrad und die Leitvorrichtung sind aus Phosphorbronze. Der Antrieb der Pumpen erfolgt durch je einen ventiliert gekapselten Drehstrommotor mit Schleifringanker, unter Zwischenschaltung einer elastischen Lederbandkuppelung. Die Umdrehungszahl beträgt 1460/min.

Die Pumpen von 130 cbm Leistung dienen zur Versorgung der Güterbahnhöfe Hagen und Hagen-Eckesey, während die Pumpe von 100 cbm Leistung in den Hochbehälter des Bahnhofs Herdecke-Vorhalle fördert. Die Leistungsfähigkeit der Motoren ist reichlich bemessen mit Rücksicht auf den für später in Aussicht genommenen Dauerbetrieb von 20 Stunden und beträgt 45 bzw. 25 PS unter Anrechnung des Unterschieds in der manometrischen Förderhöhe.

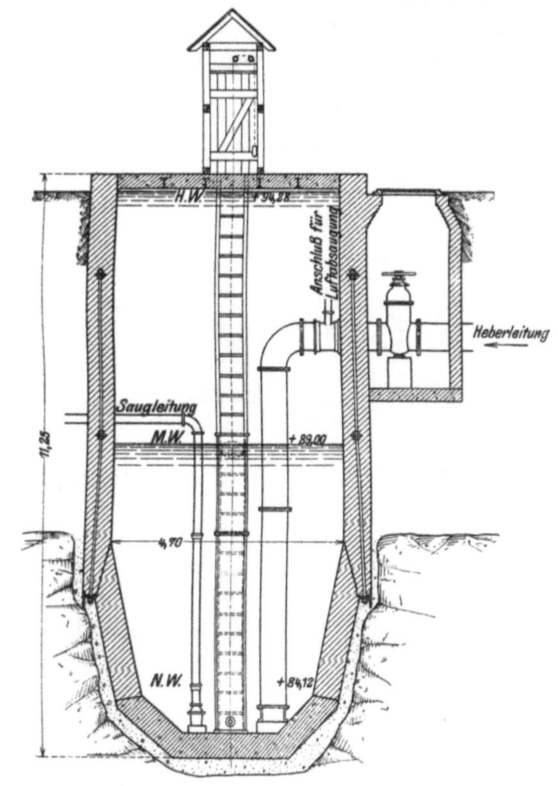

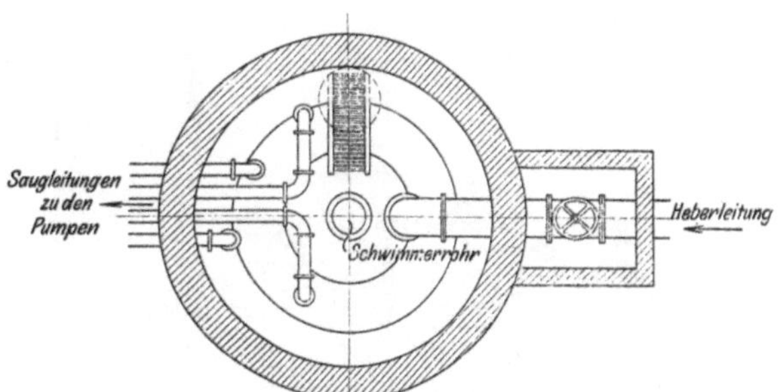

Abb. 15. Wasserwerk in Hagen i. W., Sammelbrunnen.

Die Spannung des Betriebsstroms beträgt 400 Volt, bei einer Periodenzahl von 50/sek. Ein- und Ausschalten der Motoren erfolgt durch Selbstanlasser mit Hilfsmotoren, Funkenlöschern und zwangläufig betätigtem Primärschalter, die mit elektrischen, von Schwimmervorrichtungen der Hochbehälter in Hagen, Hagen-Eckesey und Herdecke-Vorhalle abhängigen Fernschaltern verbunden sind. Auch bei plötzlicher Unterbrechung des Betriebsstroms werden die Pumpmotoren ordnungsgemäß abgeschaltet. Für die Hilfsmotoren der Anlasser wird der Betriebsstrom von 400 auf 230 Volt herabgespannt. Die Fernschalter werden abwechselnd zwischen je zwei Phasen der zum Betriebe der Hilfsmotoren der Anlasser dienenden kleinen Umformer geschaltet und so mit einphasigem Wechselstrom betrieben. Der für die Hilfsmotoren der Anlasser verwendete Drehstrom ist von 400 auf 230 Volt herabgespannt.

Der Hochbehälter in Hagen-Eckesey wird für gewöhnlich nur mittelbar, von dem Hochbehälter des Güterbahnhofs Hagen aus (S. 133) aufgefüllt. Der während der Zeit des Baues des letzteren Behälters benutzte Schwimmerkontakt in Hagen-Eckesey soll deshalb nur mehr in

Ausnahmefällen, bei notwendig werdender Ausschaltung des Behälters in Hagen, verwendet werden. Mittels eines auf der Schalttafel des Pumpenhauses angebrachten Umschalters läßt sich der Anlasser der Bereitschaftspumpe nach Belieben mit jedem der drei Fernschalter verbinden. Die Schwimmervorrichtungen der beiden Pumpen für den Güterbahnhof Hagen sind so eingestellt, daß die Pumpen nur eine nach der anderen und zwar in einem Abstande von mindestens zwei Stunden in Gang gebracht werden

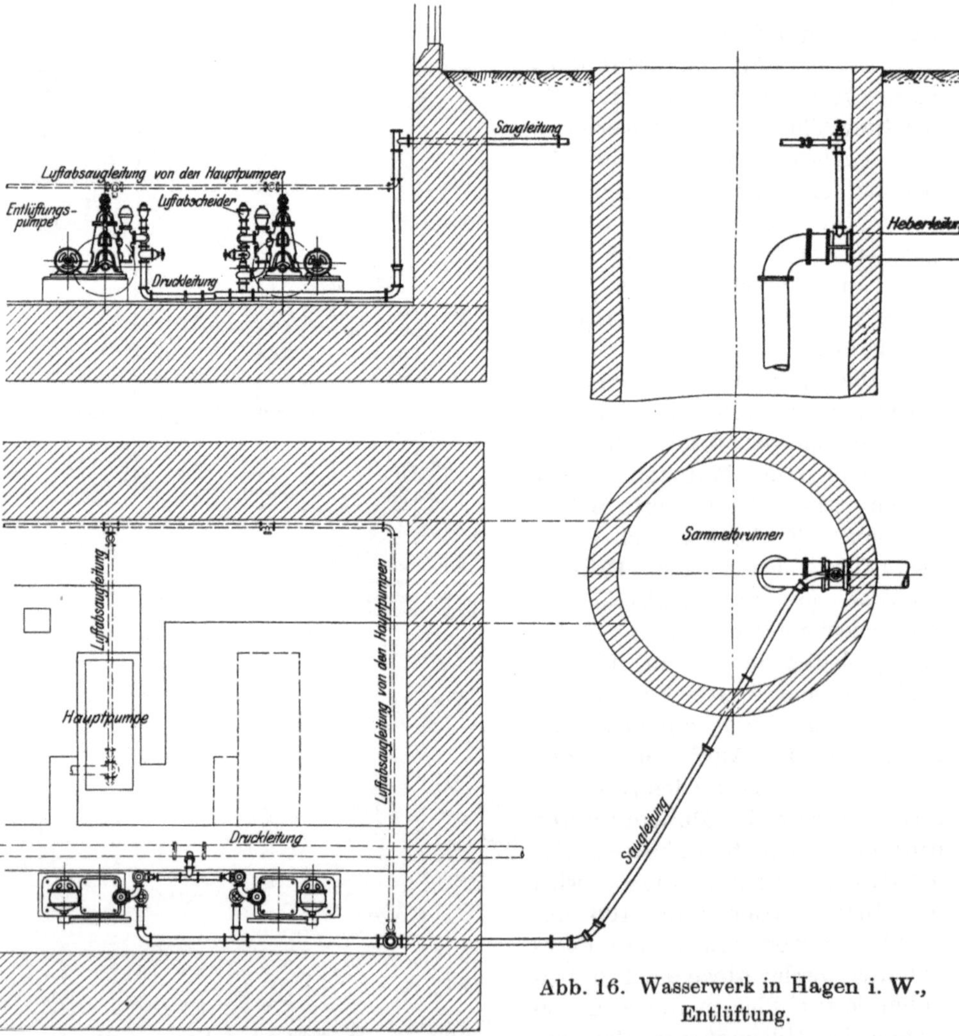

Abb. 16. Wasserwerk in Hagen i. W., Entlüftung.

können, weil die Heberleitung nach einer längeren Betriebspause nur allmählich ihre volle Leistungsfähigkeit erreicht. Außer den allgemein üblichen Ausschaltern, Sicherungen und Meßvorrichtungen ist für jeden Pumpenmotor ein aufzeichnender Wattmesser vorgesehen. Der Betrieb der Pumpenanlage erfolgt ganz selbsttätig ohne ständige Aufsicht, ein- bis zweimal täglicher Besuch der Anlage genügt vollständig zur Sicherung eines ordnungsmäßigen Betriebes.

Der erforderliche elektrische Strom wird aus dem Hochspannungsnetz des Elektrizitätswerks „Mark" mit einer Spannung von 10000 Volt entnommen und in einem Umformer von 95 kW Leistung auf 400 Volt herabgespannt. Ein zweiter gleicher Umformer steht in Bereitschaft, beide sind in einem Nebenraum des Pumpenhauses aufgestellt. Hochspannungsölschalter mit selbsttätiger Auslösung für den Fall der Überschreitung der zulässigen Stromstärke sind vorgesehen.

Von dem Pumpenhause führt eine 325 mm weite Druckleitung zu dem Hochbehälter im Güterbahnhof Hagen (S. 133) und von dort zu dem von früher her vorhandenen, 400 cbm fassenden Behälter in Hagen-Eckesey, während eine 200 mm weite Druckleitung zu dem Wasserturm des Bahnhofs Herdecke-Vorhalle angelegt ist. Rückschlagklappen verhindern die Entleerung der Druckleitungen nach dem Maschinenraum hin für den Fall eines Rohrbruchs in diesem. Mittels einer Umlaufvorrichtung können die Kreiselpumpen aus der Druckleitung aufgefüllt werden. Die reine Druckhöhe, ohne Widerstandshöhe, beträgt für die Hagener Leitung 41,5 m und für die Leitung nach Herdecke-Vorhalle 31,5 m, die manometrische Gesamtförderhöhe ist für die erstere Leitung 54 m (Saughöhe, Druckhöhe und Reibungswiderstand).

Für die vorgesehene höchste Leistung des Pumpwerkes von 5100 cbm täglich, ist zwanzigstündiger Betrieb in Aussicht genommen. Der Selbstkostenpreis für ein Kubikmeter Wasser an der Einmündung in die Hochbehälter des Güterbahnhofs Herdecke-Vorhalle beträgt nur 2,8 Pf. einschließlich des Betrages für Verzinsung und Tilgung der Bausumme, bei einem Preise von 5 Pf. für 1 kW/st und unter Annahme eines Jahresverbrauchs von 1640000 cbm oder von 4500 cbm täglich.

f) Wasserwerk Halensee s. Berlin-Halensee, S. 13.

g) Wasserwerk in Lehrte. (Abb. 17.)

Die neue kleine Anlage in Lehrte mit Rohrbrunnen und selbsttätig elektrisch angetriebenen Kreiselpumpen zeigt Abb. 17. Die beiden Kreisel- oder Turbopumpen von je 40 cbm/st Leistung sind mit senkrechter Drehungsachse in einem Schacht zwischen den beiden Rohrbrunnen aufgestellt, während die antreibenden Gleichstrommotoren für 270/280 Volt Spannung und 7 PS Dauerleistung bei einer Gesamtförderhöhe von 23 m, in einem kleinen Hause mit der Schalttafel und zwei Anlassern über Tage Aufstellung gefunden haben. Die Rohrbrunnen sind durch Einsteigeschächte zugänglich.

Die Pumpen stehen in der Höhe des Grundwasserspiegels, der beim Betriebe um etwa 4 m sinkt. Das geförderte Wasser wird durch eine geschlossene Enteisenungsanlage hindurch (s. S. 91) in die Hochbehälter gedrückt.

h) Wasserwerk in Leipzig s. Wahren, S. 44.

i) Wasserwerk in Magdeburg s. Wolmirstedt, S. 49 u. Salbke, S. 81.

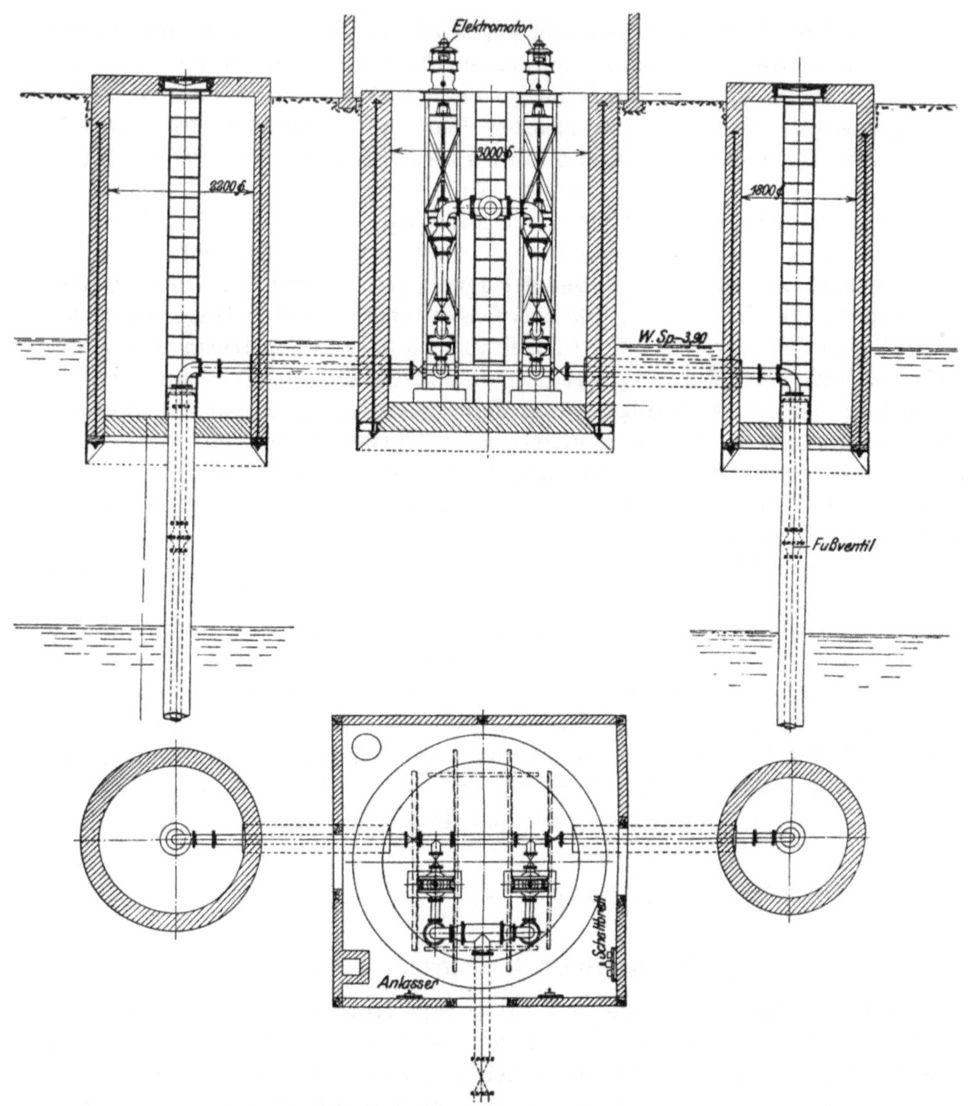

Abb. 17. Wasserwerk in Lehrte.

k) Wasserwerk in Plathe.

Das dem Betrieb der Nebeneisenbahn von Regenwalde nach Wietstock dienende Wasserwerk in Plathe ist ähnlich angelegt wie das vorstehend beschriebene Wasserwerk in Gollnow, nur in kleineren Abmessungen, entsprechend der täglichen Förderung von rund 50 cbm. Der Behälter um den Rohrbrunnen hat 35 cbm Inhalt, der mit der Oberkante 13,33 m über S. O. liegende Hochbehälter einen solchen von 50 cbm. Die Kapselpumpe leistet 13 cbm/st bei 830 Umdr./min, die Leistung des treibenden Nebenschlußmotors beträgt 2,5 PS, die Spannung 220 Volt, die Gesamtförderhöhe 24,6 m. Der Pumpenmotor wird durch den Stationsbeamten mittels eines im Dienstraum angebrachten Anlassers in Gang gesetzt und mittels einer Schwimmervorrichtung im Hochbehälter selbsttätig ausgeschaltet. Der Brunnen ist 360 m vom Wasserturm entfernt. In Bereitschaft ist eine mit einem Benzinmotor unmittelbar gekuppelte Pumpe der Maschinenfabrik Monski in Eilenburg.

Baukosten:

a)	Für den Brunnen nebst Pumpenhaus	5000 M.
b)	„ „ Wasserturm	7000 „
c)	„ „ Wasserbehälter mit Zubehör	5956 „
d)	„ die Druckrohrleitung	2580 „
e)	„ „ Kapselpumpe nebst Elektromotor	1145 „
f)	„ „ Schalttafel nebst Leitungen	829 „
g)	„ „ Bereitschaftspumpe nebst Benzinmotor .	2305 „
	zusammen:	24815 M.

Betriebskosten:

I. Zinsen und Abschreibungen	1746 M.
II. Reine Betriebskosten:	
A) Unterhaltung	599 „
B) Bedienung	90 „
C) Stromkosten bei einem Strompreise von 25 Pf. (tägliche Betriebszeit der Pumpe 4 Std., Kraftbedarf des Elektromotors 2,5 PS — 1,93 kW) . . .	705 „
D) Schmier- und Putzmaterial	35 „
zusammen: Reine Betriebskosten:	1429 M.
Zinsen und Abschreibungen:	1746 „
insgesamt: Jährliche Ausgabe:	3175 M.

Mithin Preis für 1 cbm Wasser: 17,40 Pf. einschließlich Zinsen und Abschreibungen.

l) Wasserwerk in Sommerfeld (Abb. 18a/d).

Die Anlage dient zur Ergänzung des vorhandenen Wasserwerks und besteht aus zwei Rohrbrunnen und dem Kessel- und Maschinenhaus nebst dem Wohnhaus für den Wärter. Die Leistung beträgt 80 cbm/st bei einer Förderhöhe von 50 m, der Kraftbedarf der Pumpen 20 PS.

Die Förderhöhe setzt sich zusammen wie folgt:

1. Saughöhe bis zu	8,00 m.
2. Druckhöhe:	
a) vom Druckventil bis S. O.	12,75 „
b) von S. O. bis zum Ausfluß	17,00 „
c) Widerstand in der Leitung von 1300 m Länge; 0,6 m auf 100 m Länge	7,80 „
d) 25 % auf Krümmer und Abzweigungen	1,95 „
zus.	47,50 m.

oder rd. 50 m.

Die Einzelheiten der Anlage sind aus den Zeichnungen und dem Kostenanschlage zu ersehen.

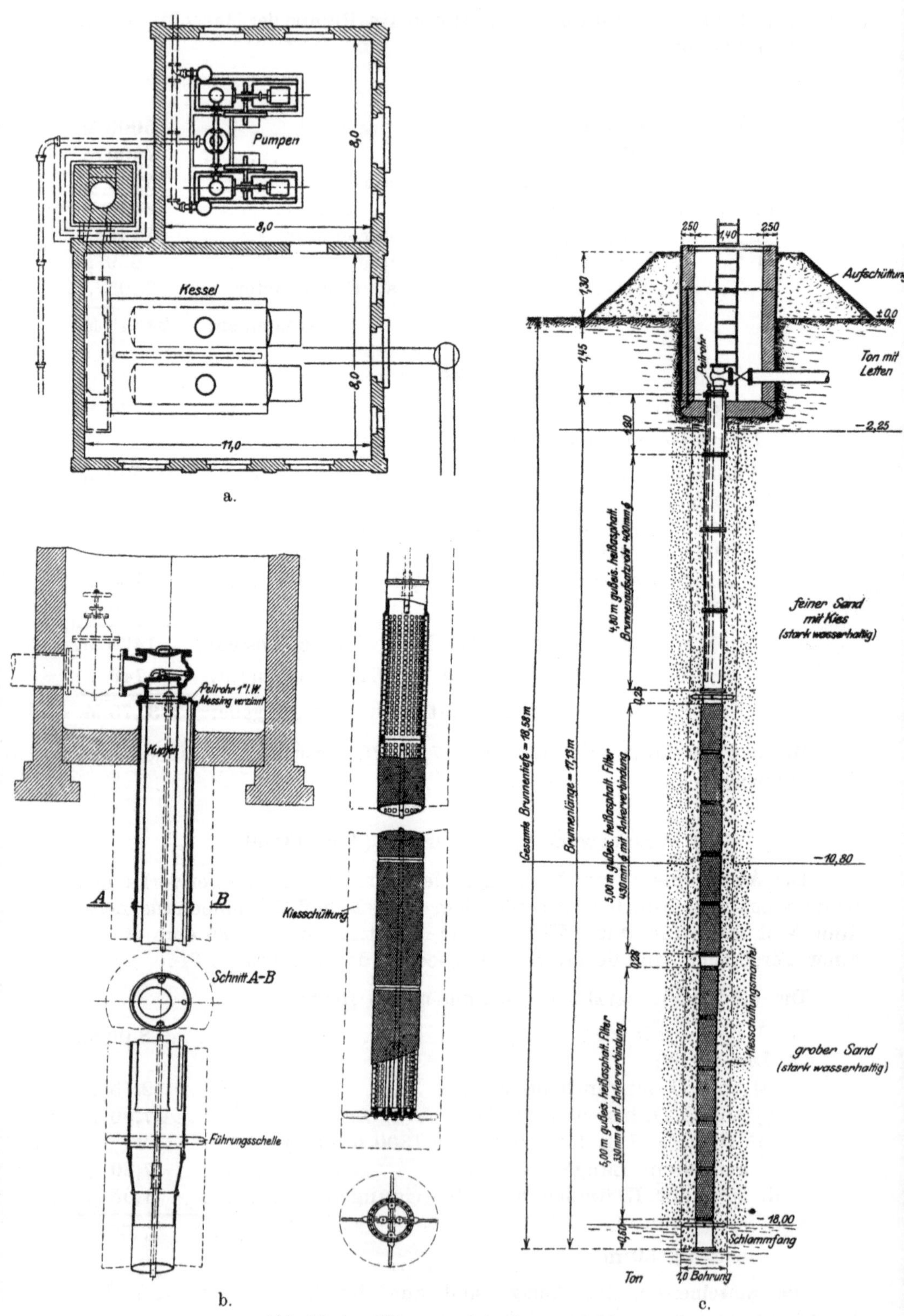

Abb. 18a/c. Wasserwerk in Sommerfeld.

Kostenanschlag (auszüglich):

Nr.	Gegenstand	Betrag
1.	Grunderwerb, Einebnung und Einzäunung mit allen Nebenarbeiten, für 5400 qm	5400,00 M.
2.	Kessel- und Pumpenhaus, 190 qm bebaute Fläche (ausschl. Grundmauerwerk für Kessel und Maschinen)	9500,00 „
3.	Schornstein nebst Fuchs	2500,00 „
4.	Wärterwohnhaus, 80 qm	5600,00 „
5.	Brunnenanlage	4000,00 „
6.	Kohlenbansen, 60 qm, aus eichenen Schwellen mit Eisenbeschlag, mit verschließbaren Deckeln	600,00 „
7.	Feldbahngleis zur Beförderung der Kohlen vom Bansen in das Kesselhaus, 40 lfd. m	150,00 „
8.	Zwei Drehscheiben dazu	100,00 „
9.	Zwei Kohlenwagen desgl.	220,00 „
10.	Zwei Einflammrohrkessel von je 30 qm Heizfläche, 8 at	8000,00 „
11.	Zwei Dampfpumpen für 80 cbm/st Leistung bei 50 m Förderhöhe	12000,00 „
12.	Grundmauerwerk für Kessel und Pumpen nebst Verankerungen	800,00 „
13.	Saugleitung, 20 m lang, 200 mm i. l. weit, nebst Absperrschiebern, Saugkorb und Fußventil, Riffelblechabdeckung des Kanals, Unterlags und Befestigungseisen	800,00 „
14.	Druckwindkessel nebst Zubehör und Anschlußstücken	700,00 „
15.	1300 m Druckrohrleitung, 175 mm i. l. weit, liefern und verlegen, ausschl. Erdarbeit	11700,00 „
16.	Herstellung des Rohrgrabens, 1,5 m tief	1300,00 „
17.	Elektrischer Wasserstandsfernmelder, unter teilweiser Benutzung des vorhandenen Telegraphengestänges	800,00 „
18.	Kleiner Speisewasserbehälter für das Kesselhaus	500,00 „
19.	Für Nebenarbeiten und Unvorhergesehenes	330,00 „
	zus.	65000,00 M.

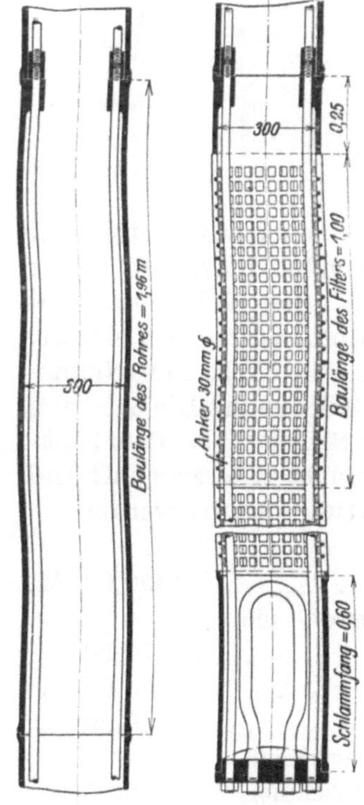

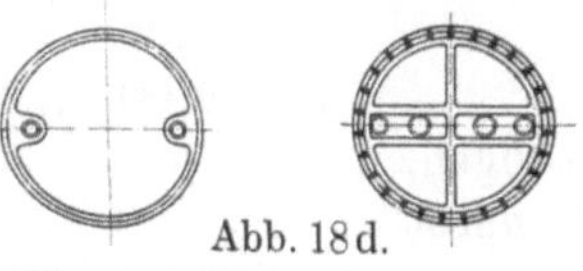

Abb. 18d. Wasserwerk in Sommerfeld.

m) Mammutpumpwerk in Stargard i. P. (Abb. 19/20.)

Die wasserführende Schicht liegt in einer Tiefe von 28 bis 45 m, der Wasserspiegel steigt durch natürlichen Druck bis auf etwa 15 m unter S. O. und wird durch den Pumpbetrieb in dem 241 mm weiten Bohrrohr nur um etwa 2 m abgesenkt. Das Wasser wird zunächst in einen Zwischenbehälter befördert, dessen Oberkante 5,7 m über S. O., also 22,7 m höher als der abgesenkte Wasserspiegel des

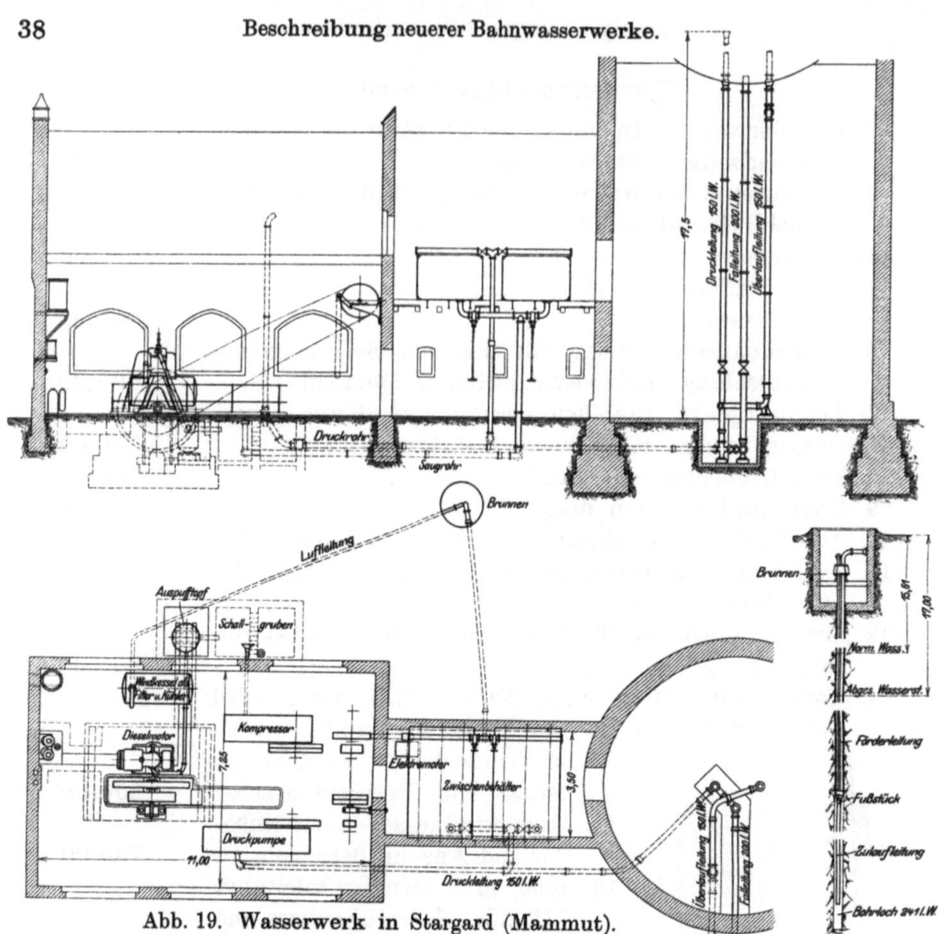

Abb. 19. Wasserwerk in Stargard (Mammut).

Bohrloches liegt, und fließt von hier aus einer doppelt wirkenden Kolbenpumpe zu, die das Wasser weiterschafft in den Hochbehälter von 300 cbm Inhalt, dessen Oberkante 17,5 m über S.O. liegt. Der Luftkompressor und die Druckpumpe werden mittels Riemenvorgeleges durch einen Dieselmotor von 30 PS Leistung bei 195 Umdr./min angetrieben. Zur Aushilfe dient ein Gleichstrom-Nebenschluß-Elektromotor von gleicher Leistung, bei 440 Volt Spannung. Die Leistung des Pumpwerks beträgt 60 cbm/st und zurzeit 750 cbm täglich. Außer dem Elektromotor ist noch ein Pulsometerpumpwerk nebst Brunnen in Bereitschaft und weiterhin kann in Notfällen die städtische Wasserleitung benutzt werden.

Baukosten:

a)	für den Rohrbrunnen	4300,00 M.
b)	„ die Mammutpumpe, den Luftkompressor, die Druckpumpe und Zubehör	12370,00 „
c)	„ den Dieselmotor	13964,00 „
d)	„ den Elektromotor	3770,00 „
e)	„ das Pumphaus nebst dem Anbau für die Zwischenbehälter und dem Grundmauerwerk der Maschinen	10300,00 „
f)	Wasserbehälter von 300 cbm nebst Zubehör . . .	9900,00 „
g)	Wasserturm nebst innerer Ausrüstung	15100,00 „
h)	Vorgelege, Träger mit Laufkatze, Rohrleitungen, Zwischenbehälter, Behälter für Motorenöl nebst Einmauerung und andere Nebenausgaben	7300,00 „
	zus.	77004,00 M.

Betriebskosten:

I. Zinsen und Abschreibungen:	i. einzeln. M.	i. ganz. M.
A. Zinsen: 4 % von 77004 M.		3080,00
B. Abschreibungen:		
a) 2,5 % der Kosten der baulichen Anlagen, Brunnen, Pumpenhaus und Wasserturm . .	743,00	
b) 3 % der Kosten des Wasserbehälters, der Rohrleitungen, des Vorgeleges usw.	516,00	
c) 5 % der Kosten der Maschinen und Zubehörteile	1505,00	
zus. Zinsen und Abschreibungen		5844,00

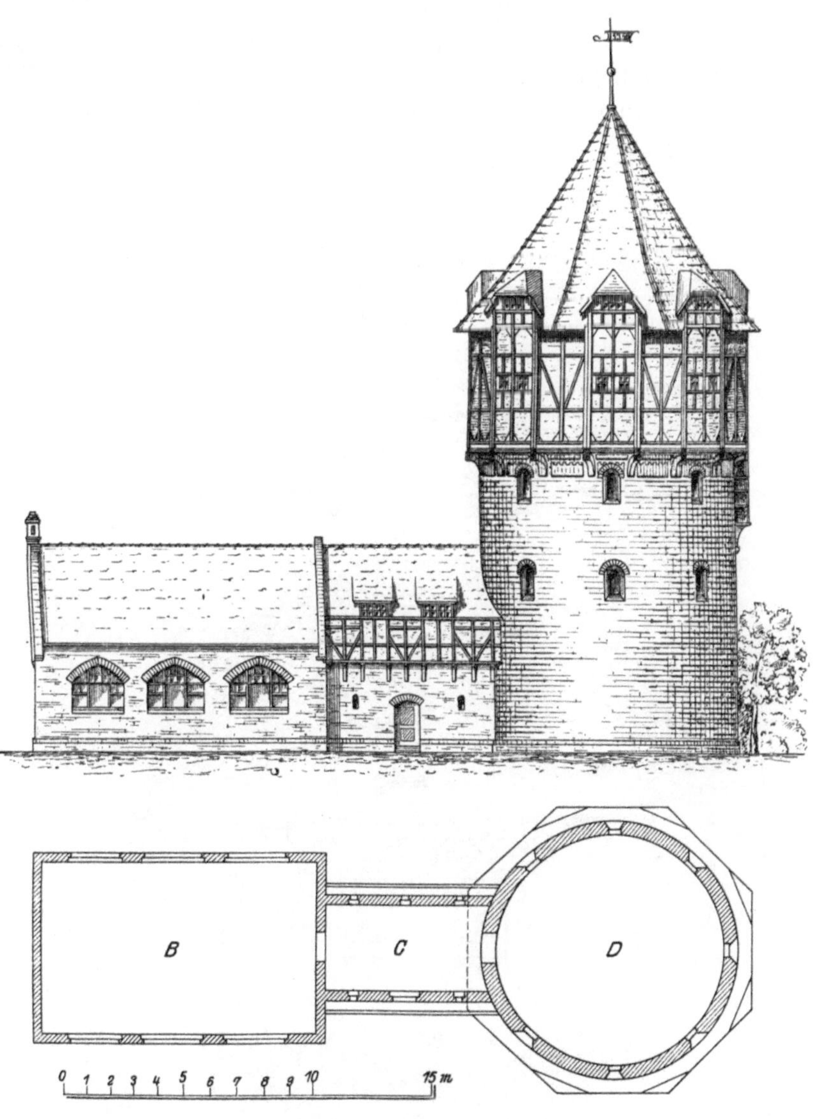

Abb. 20. Wasserwerk in Stargard.

II. Reine Betriebskosten:

A. Unterhaltung:		
a) 2 % der Kosten der baulichen Anlagen . .	549,00	
b) 2 % der Kosten des Wasserbehälters usw. .	344,00	
c) 5 % der Kosten der Maschinen usw. . . .	1505,00	2443,00
B. Bedienung für den ganzen Tag		1500,00
C. Brennstoff: für 1 Psst 0,20 kg Treiböl zu 6,60 M. für 100 kg, bei 12,5stünd. Betrieb des 30 PS-Motors, tägl. 75 kg, jährl. 27375 kg		1807,00
D. Schmier- und Putzmaterial: für 1 Betriebsstunde 7 Pf., für 12,5 · 365 = 4563 Betriebsstunden . .		319,00
E. Kühlwasser: für 1 PSst 16 l, für 137000 PSst 2200 cbm jährlich zu 4,4 Pf.		97,00
zus.: Reine Betriebskosten		6166,00
Zinsen und Abschreibungen		5844,00
mithin gesamte jährliche Ausgabe		12010,00

und Kosten für 1 cbm Wasser einschl. Zinsen und Abschreibungen:

$$\frac{12010 \cdot 100}{750 \cdot 365} = 4{,}4 \text{ Pf.}$$

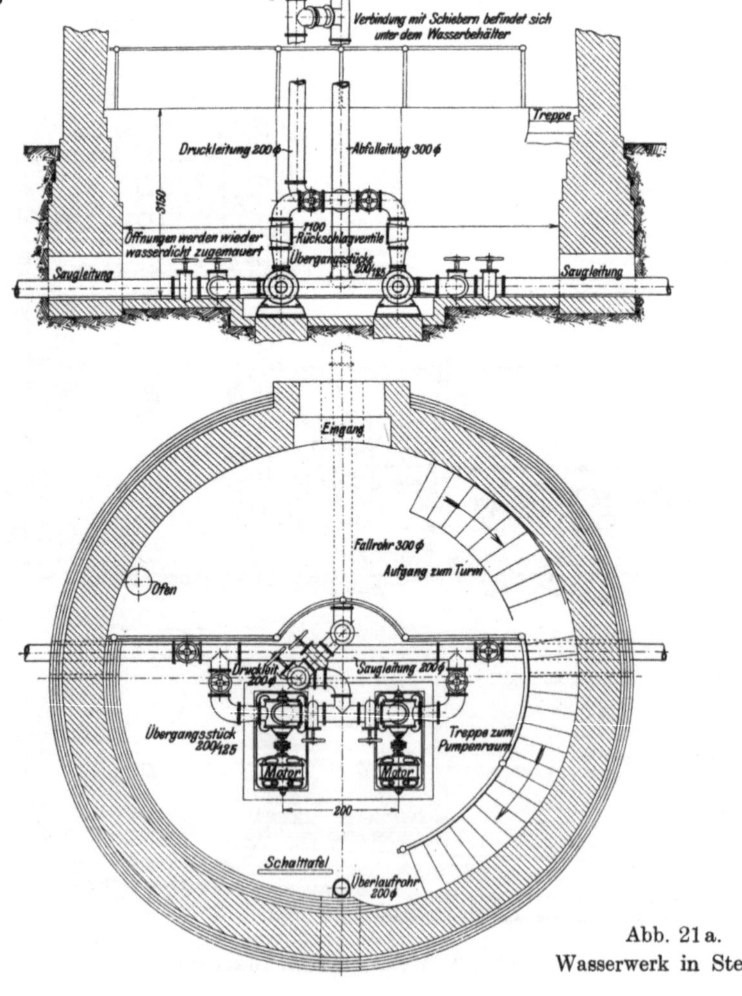

Abb. 21a.
Wasserwerk in Stendal.

n) Wasserwerk in Stendal. (Abb. 21a/b.)

Die vertieft im Wasserturm aufgestellte Maschinenanlage (Abb. 21) besteht aus zwei mit je einem Gleichstrommotor gekuppelten Niederdruckkreiselpumpen von je 60 cbm/st Leistung. Einer der beiden Pumpsätze steht in Bereitschaft. Die Gesamtförderhöhe beträgt 30 m. Die Motoren leisten je 12 PS.

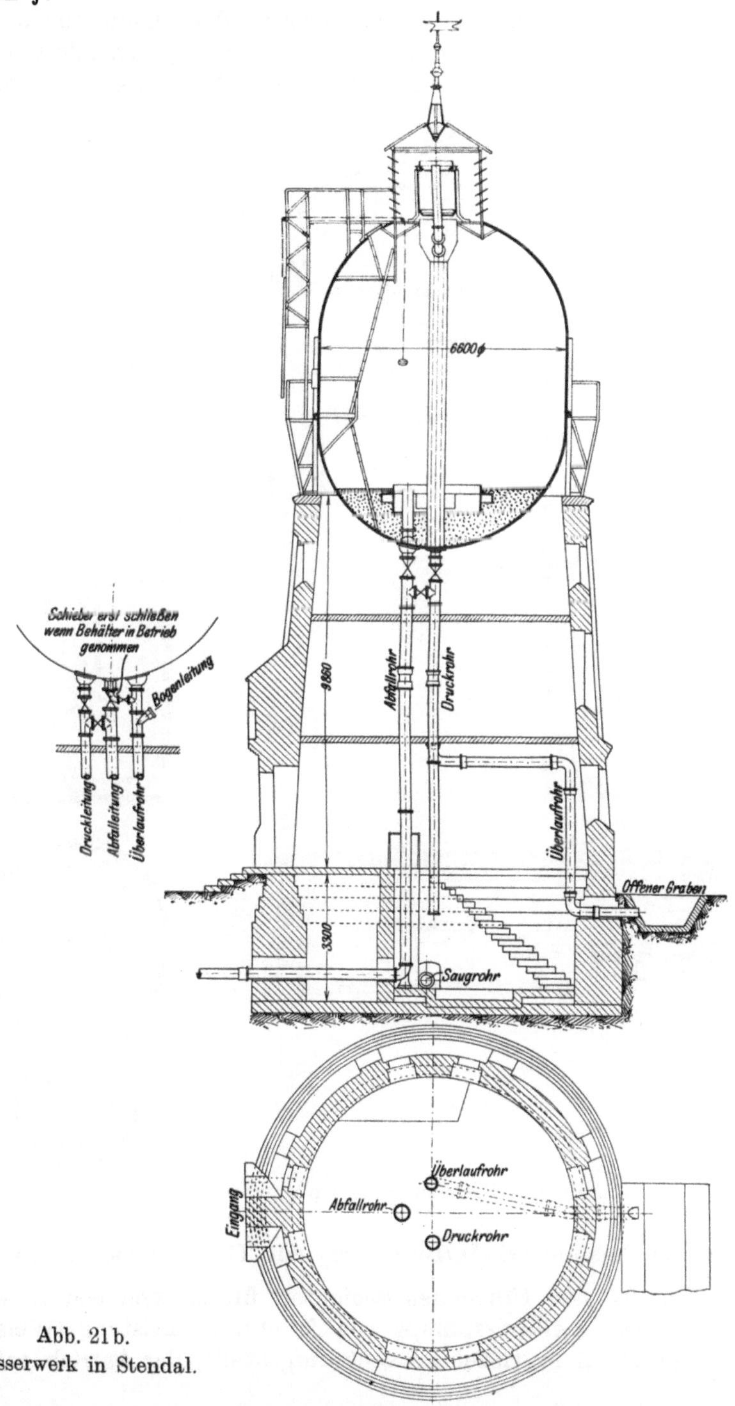

Abb. 21b.
Wasserwerk in Stendal.

o) Wasserwerk in Ülzen.

Zwei freistehende Verbund-Plungerdampfpumpen von Klein, Schanzlin & Becker, mit je 50 cbm/st Leistung, sind vertieft aufgestellt und fördern das Wasser aus je einem Rohrbrunnen. Erbauer der Brunnen: L. Otten in Achim bei Bremen. Die Betriebskraft für die Pumpen wird von zwei stehenden Dampfkesseln mit Überhitzerschlangen, 8 at Dampfdruck und 21 qm Gesamtheizfläche geliefert, die gleichzeitig den Dampf für die unmittelbar nebenan liegende, der elektrischen Beleuchtung dienende Körtingsche Kraftgasanlage abgeben. Wasserturm nebst Behälter s. S. 127 u. 128.

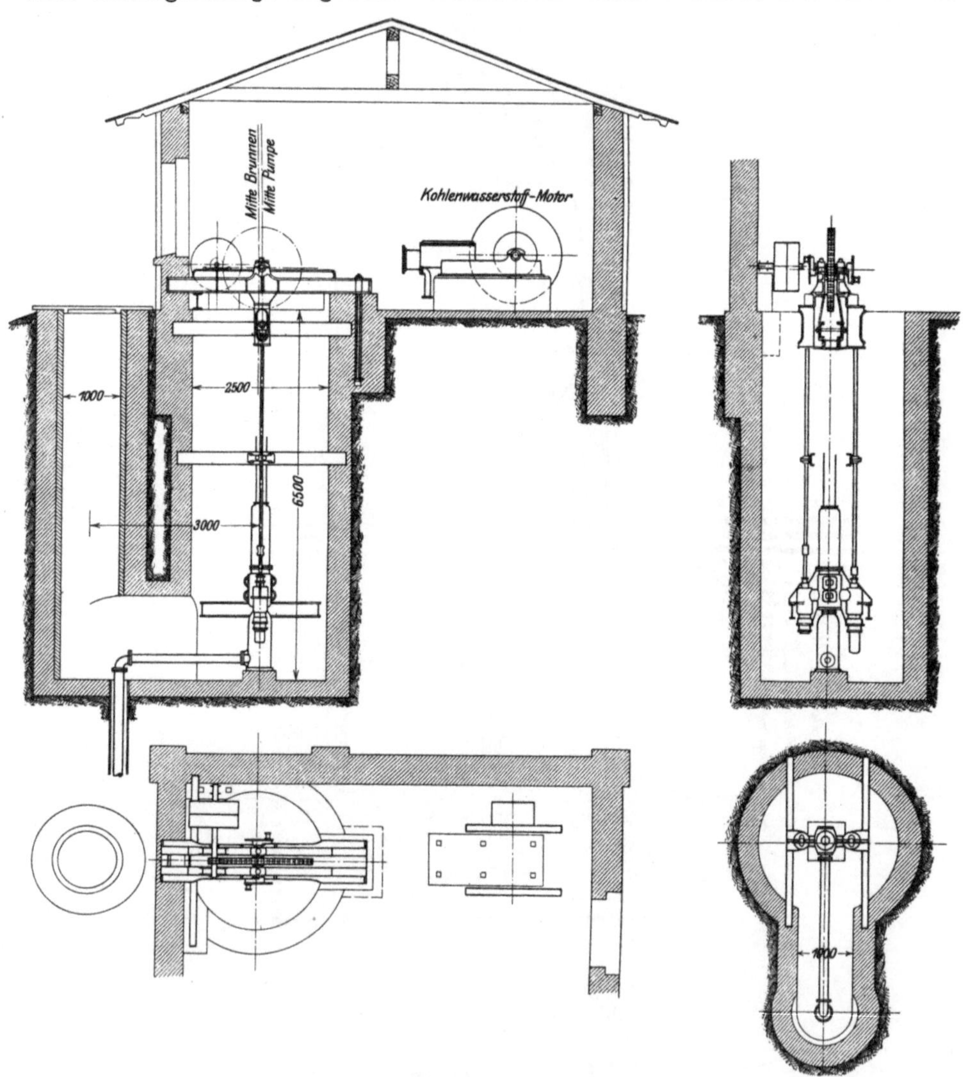

Abb. 22. Wasserwerk in Unislaw.

p) Wasserwerk in Unislaw (E.-D. Bromberg) mit Tiefbrunnen. (Abb. 22.)

Die genügend Wasser führenden Schichten finden sich erst in einer Tiefe von 13 m. Die Zwillingspumpe von 25 cbm/st Leistung (Weise & Monski) ist in einem 7,1 m tiefen Schacht aufgestellt, der Antrieb erfolgt durch einen liegenden Altmannschen Kohlenwasserstoffmotor (Motorfahrzeug- und Motorenfabrik Berlin-Marienfelde) von 12 bis 15 PS Leistung mittels Riemenübertragung und Schachtgestänges. An die Sohle des Pumpenschachtes schließt sich der Rohrbrunnen an, neben dem Pumpenschacht befindet sich ein Einsteigeschacht von 1 m lichter Weite aus Zementröhren. Die Saughöhe der Pumpe beträgt nur 3 m.

Druckleitung: 1537 m lang, 150 mm l. W., 85 m Druckhöhe; Fallleitung: 395 m lang, 200 mm l. W.; Wasserbehälter: 50 cbm, zwei Wasserkrane. Gesamte Baukosten: rd. 50000 M.

Kostenanschlag:

1.	Grunderwerb. Grund und Boden teils schon im Besitz der Verwaltung, teils (für die Wasserstation) von der kgl. Regierung unentgeltlich hergegeben; für Abgeltung von Wirtschaftserschwernissen an eine Domäne gezahlt	900	M.
2.	Wasserturm, normal für 50 cbm: . . Gebäude 6000 Behälter 1800	7800	„
3.	Rohrbrunnen bis auf 6,5 m unter die Sohle des Pumpenschachtes	2252	„
4.	Druckrohrleitung, 1537 m lang, 150 mm l. W., Kranleitung 395 m lang, 200 mm l. W., zus.	23000	„
5.	Druckwindkessel	600	„
6.	Zwei Wasserkräne	3600	„
7.	Elektr. Wasserstandszeiger	400	„
8.	Fernsprechverbindung mit dem Bahnhofe	800	„
9.	Kohlenwasserstoffmotor	5186	„
10.	Pumpe	4730	„
	zus.	49268	M.

Berechnung der Betriebskosten:

1.	Persönliche Ausgaben:		
	Löhne für Arbeiter	240	M.
	Sonstige persönliche Ausgaben	10	„
2.	Sachliche Ausgaben:		
	Unterhaltung der Bauanlagen und der Maschinen .	30	„
	Steinkohle zur Heizung des Pumpenhauses und des Wasserturmes, 5 t zu 22 M.	110	„
	Benzin, 80 kg zu 0,30 M.	24	„
	Kohlenwasserstoff, 1600 kg zu 0,06 M.	96	„
	Putz-, Schmier- und Verpackungsmaterial	80	„
	zus.	590	M.
3.	Tilgung und Verzinsung der Bausumme: 10 % von 50000 M.	5000	M.
4.	Verwaltungskostenzuschlag: 10 % von 1 bis 3 . . .	559	„
	insgesamt	6149	M.

Bei einer jährlichen Förderung von 11000 cbm Wasser betragen demnach die Kosten für 1 cbm:

$$\frac{6149}{11000} = 0{,}56 \text{ M.}$$

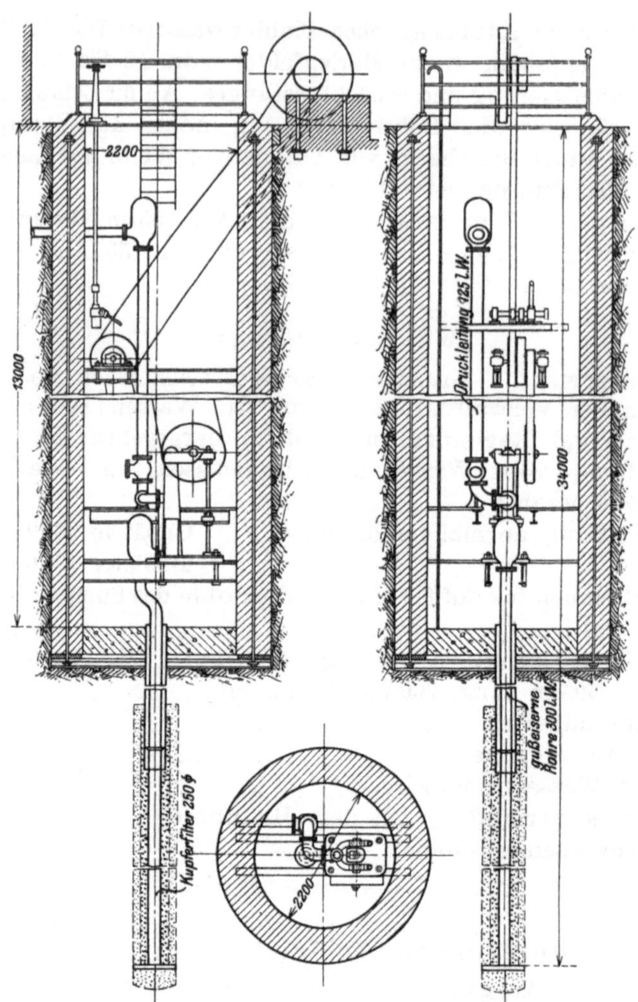

Abb. 23. Wasserwerk in Visselhövede.

q) Wasserwerk in Visselhövede. (Abb. 23/24.)

In Visselhövede (K. E.-D. Hannover) ist eine stehende, doppelt wirkende Una-Pumpe in den Brunnenschacht eingebaut, die von einem über Tage aufgestellten Benzinmotor von 6 PS Leistung mittels Riemens angetrieben wird. Die Leistung der Pumpe beträgt 30 cbm/st, die gesamte Förderhöhe 28 m. Zur Aushilfe dient ein in der Zeichnung nicht mit angegebenes Pulsometer. Es ist Vorsorge getroffen, daß beim Reinigen des Fußbodens kein Aufwaschwasser in den Brunnen gelangen kann.

r) Wasserwerk in Wahren bei Leipzig, mit Tiefbrunnen[1]. (Abb. 25/26.)

Durch die Anlage wird der Güterbahnhof Wahren und der Personenbahnhof Leipzig mit Wasser versorgt.

In Wahren wurden zwei wasserführende Schichten gefunden, die erste in einer Tiefe von 8 bis 16 m, die zweite in einer solchen von 31 bis 36 m.

[1] Nach Organ f. d. Fortschr. d. Eisenbahnw. 1906.

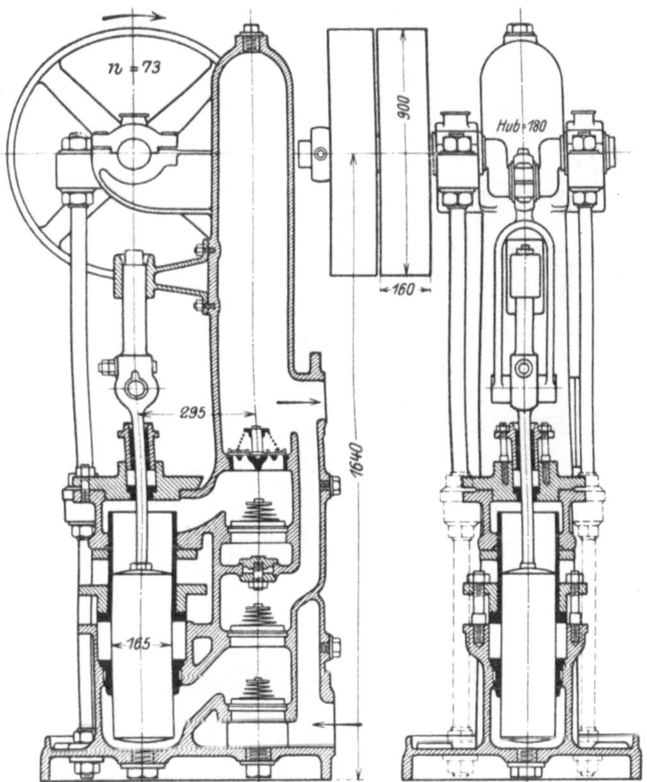

Abb. 24. Wasserwerk in Visselhövede.

Der besseren Beschaffenheit des Wassers der oberen Schicht wegen werden beide Schichten miteinander gemischt. Zu diesem Zwecke sind zunächst vier Brunnen von rund 17 m Tiefe angelegt und durch Leitungen miteinander verbunden (Abb. 25a), während die untere Wasserschicht durch zwei Tiefbrunnen von 36 m Tiefe aufgeschlossen ist. Später sind noch zwei Oberwasserbrunnen nebst einem Sammelschacht und drei Tiefbrunnen hinzugefügt worden. Aus den Oberwasserbrunnen wird das Wasser zunächst nach dem entsprechend tief ausgeführten Sammelschacht geleitet, den es bis zu einer bestimmten Höhe ausfüllt. Durch ein vom Hochbehälter aus betriebenes Wasserstrahlgebläse wird die Heberleitung entlüftet. Sämtliche Brunnen, die Oberwasserbrunnen wie die Tiefbrunnen, sind als Rohrbrunnen nach Patent von Hof, Bremen, ausgeführt.

Zur Förderung des Wassers aus den Sammelschächten dienen zwei in dem Maschinenhause aufgestellte liegende einfachwirkende Zwillingspumpen mit Taucherkolben und eine Bereitschaftspumpe, während die Förderung aus den Tiefbrunnen durch zweistufige Hochdruckkreiselpumpen erfolgt. Letztere sind mit senkrechter Drehungsachse in die Brunnen eingebaut und werden durch gekapselte Nebenschlußmotoren, teils von oben mittels langer Zwischenwellen, teils unmittelbar nach Art von Abteufpumpen angetrieben. Bei dem unmittelbaren Antrieb fallen die Schwingungen der Zwischenwellen nebst der dadurch leicht herbeigeführten Neigung der Lager zum Heißlaufen weg. Zum Betriebe dient Gleichstrom aus eigener Anlage.

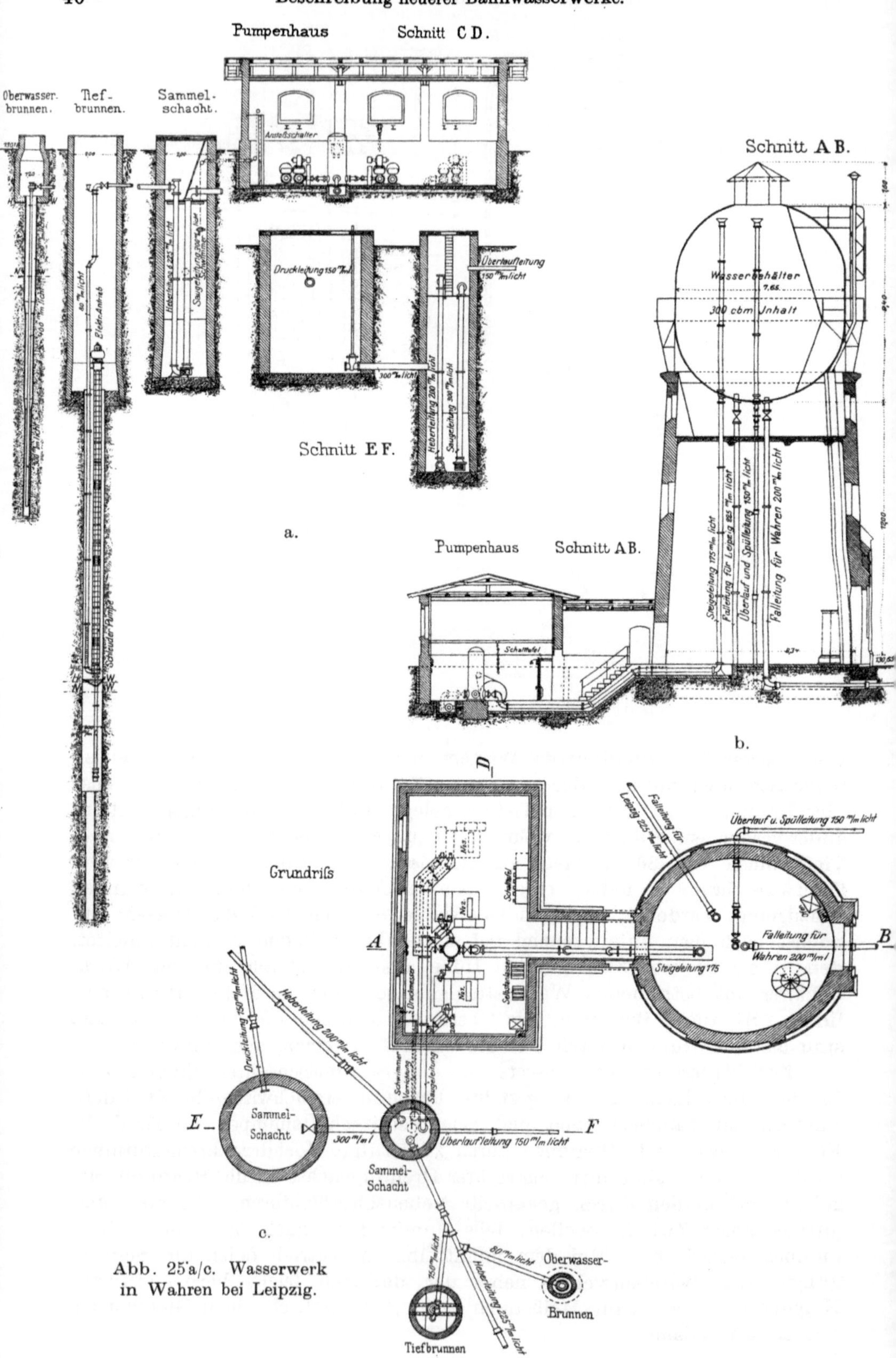

Abb. 25 a/c. Wasserwerk in Wahren bei Leipzig.

Die Pumpen des Maschinenhauses werden mittels eines Schwimmers vom Hochbehälter aus, die Tiefbrunnenpumpen mittels eines Schwimmers im Sammelschacht der Oberwasserbrunnen selbsttätig an- und abgestellt. Die Tiefbrunnenpumpen treten aber erst in Tätigkeit, wenn der Wasserzufluß aus den Oberwasserbrunnen nicht mehr ausreicht. Außer den selbsttätigen Anlassern sind auch Handanlasser für den Notfall vorgesehen. Für die Kreiselpumpen der Tiefbrunnen 1 bis 4 ist die Druckhöhe um etwa 3 m vermindert, indem die Druckleitung an die Heberleitung der Oberwasserbrunnen angeschlossen ist und die Saugwirkung des Hebers sich geltend macht.

Die Leistung jedes Oberwasserbrunnens beträgt 5 cbm/st, die jeder Tiefbrunnenpumpe 20 cbm/st bei 1400 Umdr./min und 4,5 PS Kraftleistung, die der Pumpen im Maschinenhause je 85 cbm/st bei 220 Umdrehungen und 12 PS Kraftleistung. Die Höchstleistung der ganzen Anlage erreicht 4080 cbm in 24 Stunden.

Auf dem Bahnhof Wahren befindet sich ein Hochbehälter mit einem Fassungsraum von 300 cbm, auf dem Personenbahnhof Leipzig ein solcher von 500 cbm, 17 m tiefer liegend. Beide 7,2 km auseinander liegenden Behälter sind durch eine 225 mm weite Leitung, die des frisch geschütteten Bodens halber aus Mannesmann-Stahlrohren hergestellt ist, miteinander verbunden.

Baukosten:

für die Anlage in Wahren:

Versuchsbohrungen	20,000 M.
Brunnenanlagen	100,000 „
Pumpenhaus, Wasserturm und Behälter	31,000 „
Wasserförderungsanlagen einschl. Leitungen	46,000 „
Insgesamt:	197,000 M.

für die Leitung nach Leipzig:

Rohrleitung, Wasserturm und Behälter	100,000 M.
Zusammen für Wahren und Leipzig:	297,000 M.

Einschl. 3,5% Verzinsung, 5% Tilgung für die baulichen Anlagen und 10% für die Maschinenanlagen, und bei einem Gestehungspreise von 10 Pf. für 1 kW/st kostet 1 cbm Wasser:

in Wahren	5,2 Pf.
in Leipzig	7,2 „

Eine Enthärtung des Wassers ist nicht erforderlich. Bei Anlage einer getrennten Wasserversorgung für Leipzig wäre eine Enthärtung des Wassers nötig geworden, die Kosten für 1 cbm hätten sich alsdann bei einer bahneigenen Pumpenanlage insgesamt auf 10 Pf., bei dem Bezuge des Wassers aus der städtischen Leitung noch höher belaufen.

Lieferer der Anlage sind:

von Hof in Bremen für Bohrungen, Rohrbrunnen (Patent) und Leitungen;

Klönne in Dortmund für den Wasserbehälter, Bauart Schäfer-Barkhausen[1]);

A.-E.-G. in Berlin für den elektrischen Teil und die Pumpen des Maschinenhauses;

A. Borsig in Berlin-Tegel für die Kreiselpumpen.

[1]) Z. Ver. deutsch. Ing. 1900, S. 1594; Annal. f. Gew. u. Bauw. 1905, Bd. 57, S. 194.

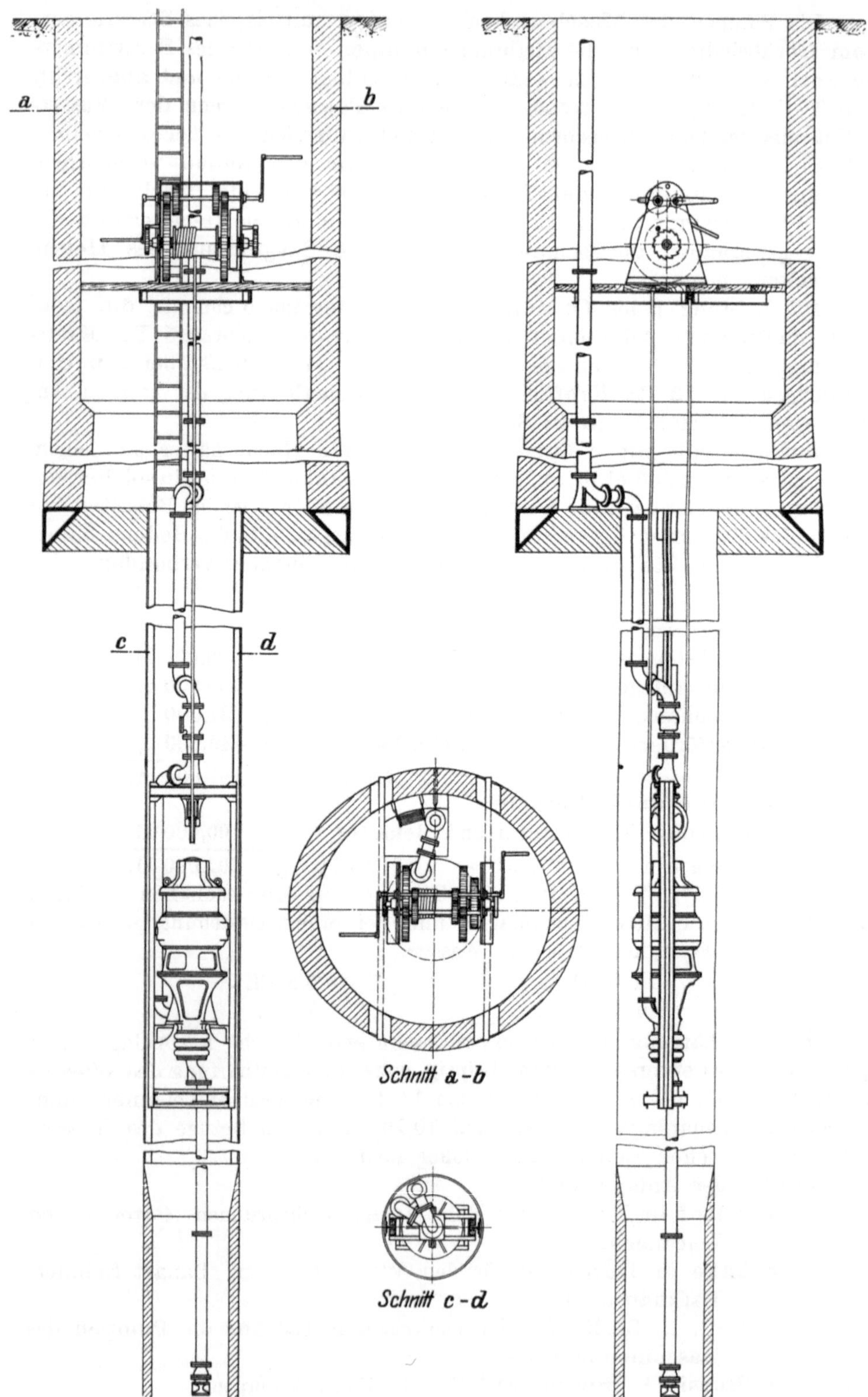

Abb. 26. Wasserwerk in Wahren bei Leipzig.

s) Wasserwerk in Wolmirstedt bei Magdeburg. (Abb. 27/30.)

Das nördlich vom Hauptbahnhof Magdeburg bei Wolmirstedt zwischen km 13,2 und 13,9 erbohrte Grundwasser enthält nur 88 mg Kesselsteinbildner und 26 mg Kochsalz auf 1 l Wasser, so daß es ohne künstliche Enthärtung zur Kesselspeisung gut geeignet ist. Außerdem ist das

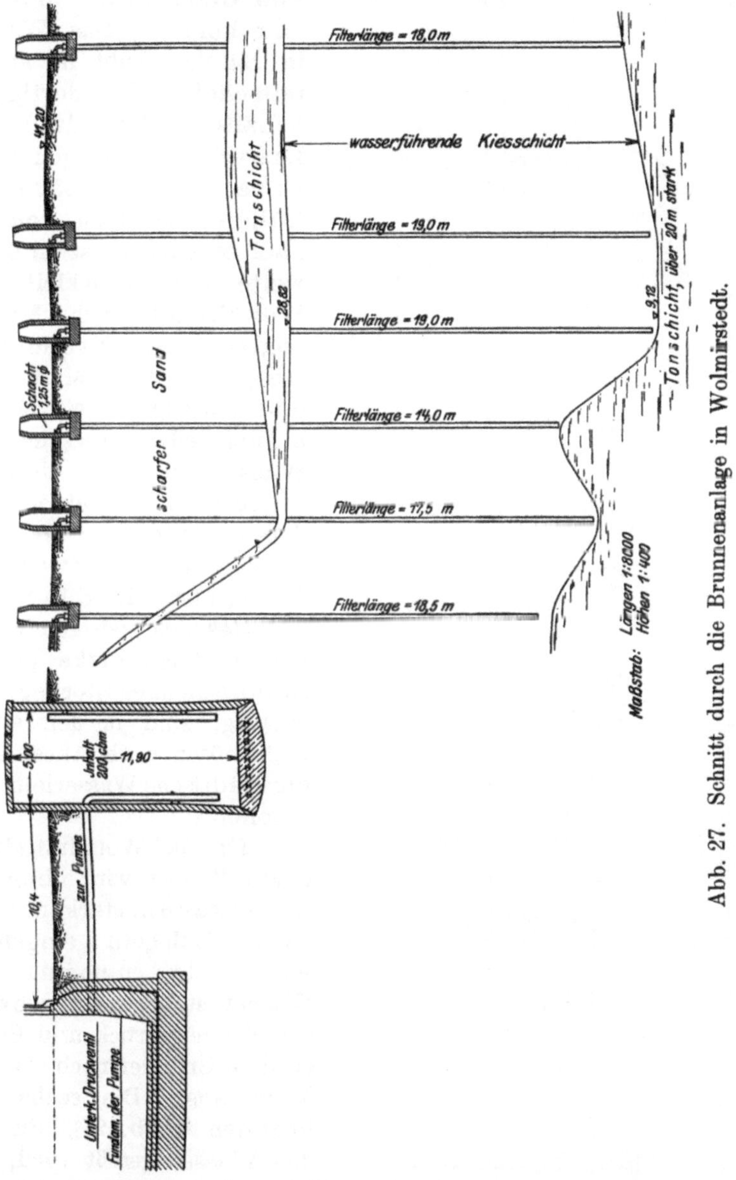

Abb. 27. Schnitt durch die Brunnenanlage in Wolmirstedt.

Wasser stets keimfrei und deshalb auch als Trink- und Wirtschaftswasser verwendbar. Dagegen hat sich das bisher für die Magdeburger Bahnhöfe benutzte, durch das Pumpwerk bei Salbke (vgl. S. 81/85) geförderte Elbwasser wegen stark wachsenden Salzgehaltes mehr und mehr als ungeeignet zur Kesselspeisung erwiesen und ist bei niedrigem Wasserstande auch nicht immer genügend keimfrei, um es ungekocht ohne Gefährdung der Gesundheit zu genießen. Da der Grundwasserstrom bei Wolmirstedt zu allen

Jahreszeiten hinreichend ergiebig ist, so ist das neue Pumpwerk deshalb so bemessen worden, daß dadurch die Bahnhöfe und Werkstätten von km 14 im Norden bis km 7 im Südosten des Hauptbahnhofs Magdeburg dadurch mit Speise- und Brauchwasser versorgt werden können. Das Wasserwerk in Salbke bleibt in steter Bereitschaft. Der dortige Hochbehälter wird für das neue Wasserwerk als Ausgleichbehälter weiter benutzt, die 350 mm weite frühere Falleitung von Salbke nach Magdeburg ist an die gleich weite neue Druckleitung von Wolmirstedt nach Magdeburg angeschlossen. Die erforderlichen Absperrschieber sind diesseits und jenseits der einzelnen Verbrauchstellen vorgesehen, um das Wasser im Falle eines Rohrbruches von der einen oder anderen Seite her beziehen zu können. Für den unwahrscheinlichen, aber immerhin möglichen Fall des gleichzeitigen Versagens beider Wasserwerke oder einer entsprechenden Störung der Zuleitung, sind in den einzelnen Bahnhöfen noch Anschlüsse an die städtische Wasserleitung vorgesehen.

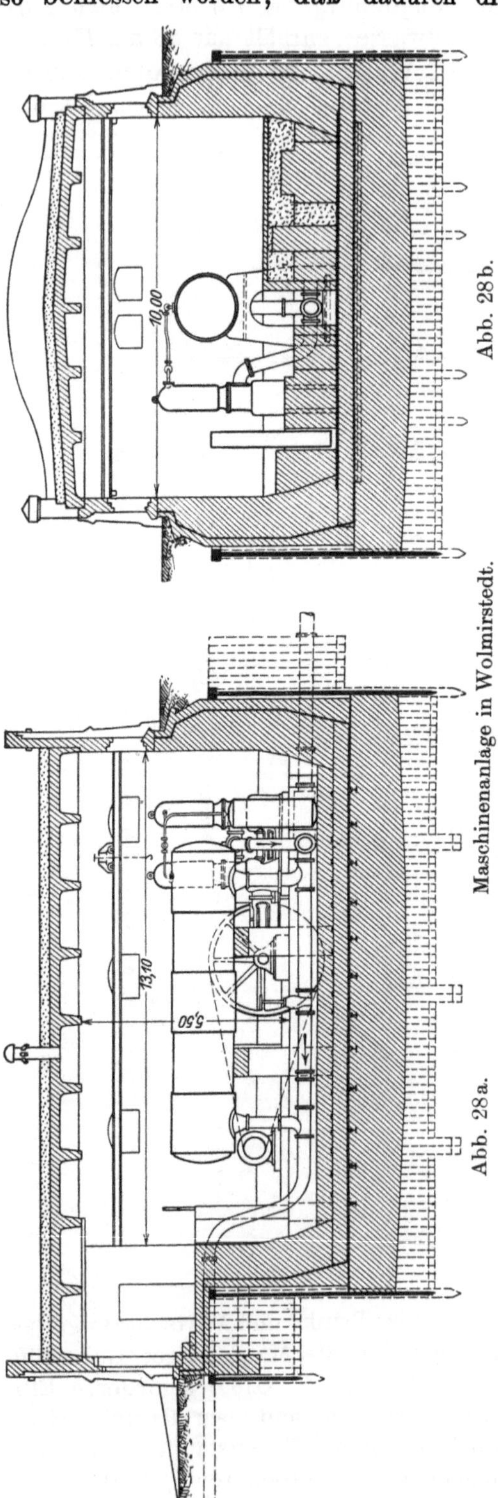

Abb. 28b. Maschinenanlage in Wolmirstedt. Abb. 28a.

Das bei Wolmirstedt geförderte Wasser wird einer durchweg etwa 18 m starken, zwischen zwei Tonlagern eingebetteten Kiesschicht entnommen. Das Wasser steht unter schwachem artesischen Druck und fließt aus einigen Brunnen noch etwas über Tage aus. Die sechs Filterbrunnen (Abb. 27), durch die das Wasser gefaßt wird, haben eine Tiefe von 25 bis 30 m bei einer Länge der Filterrohre von 14 bis 19 m. Die Brunnen sind sämtlich an eine gemeinsame Heberleitung angeschlossen, mittels deren das Wasser einem rund 10 m tiefen und 5 m weiten Sammelbrunnen zugeführt wird, aus dem die Pumpe schöpft. In der oberen Tonschicht sind die Brunnenrohre gegen das Durchdringen des darüber anstehenden minderwertigen oberen Grundwassers abgedichtet.

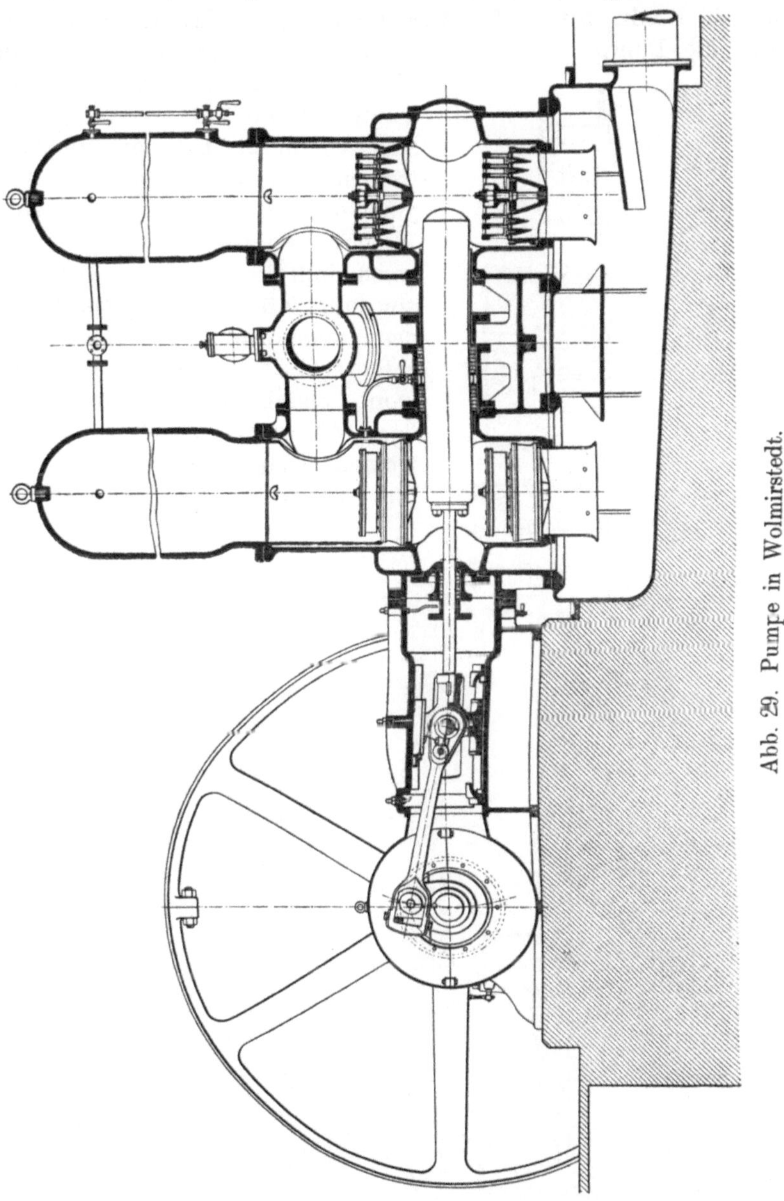

Abb. 29. Pumpe in Wolmirstedt.

Zunächst ist nur eine, doppeltwirkende, von der Sächsischen Maschinenfabrik vorm. R. Hartmann A.-G. in Chemnitz für eine regelmäßige Höchstleistung von 240 cbm/st bei 120 Doppelhüben/min gebaute Plungerpumpe aufgestellt. Für eine Bereitschaftspumpe gleicher Abmessungen ist der erforderliche Raum vorgesehen. Um die Pumpen so tief aufstellen zu können, daß die Saughöhe auch bei niedrigstem Wasserstande noch innerhalb angemessener Grenzen bleibt, mußte das Maschinenhaus ziemlich tief in das obere Grundwasser gelegt werden. Die Abdichtung erfolgt durch eine Spundwand und eine in dem Mauerwerk angebrachte Isolierschicht (vgl. Abb. 28).

Der Antrieb der Pumpe erfolgt durch einen asynchronen Drehstrommotor mit einer Leistungsfähigkeit von 100 PS bei einer Spannung von 220 Volt und 50 Schwingungen/sek. Bei voller Leistung macht die Triebmaschine 485 Umdr./min. Zur Kraftübertragung ist Riemenantrieb gewählt, um die Pumpe ohne Unbequemlichkeit dem jetzigen geringeren Wasserverbrauch entsprechend mit einer geringeren als der vorgesehenen höchsten regelmäßigen Umdrehungszahl betreiben zu können. Dadurch wird die von der Pumpe zu überwindende Widerstandshöhe, bei einer Wassergeschwindigkeit in der Druckleitung von nur 0,56 m/sek gegen 0,7 m bei der angenommenen Höchstleistung, entsprechend geringer und die Pumpe kann gleichmäßiger, ohne zu häufiges An- und Abstellen, in Betrieb bleiben. Der zum Betriebe des Motors dienende, von dem städtischen

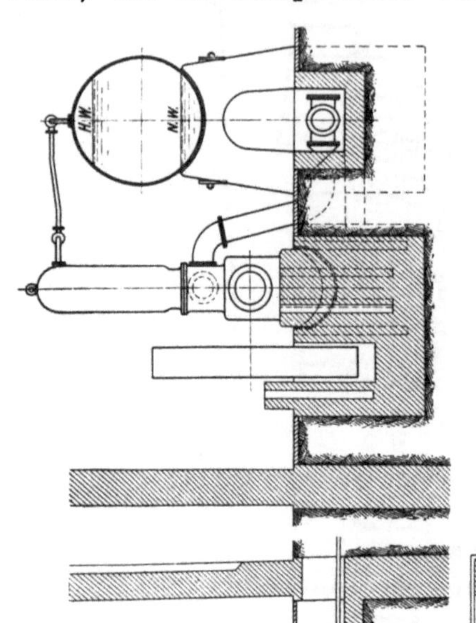

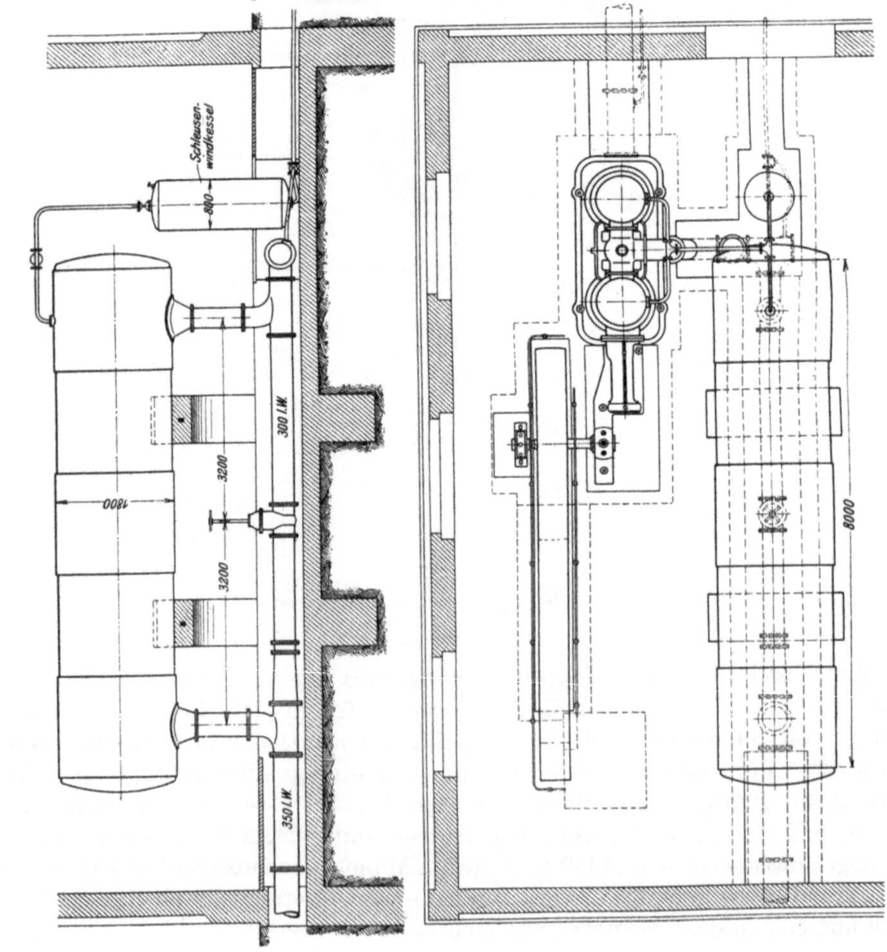

Abb. 30. Windkessel und Luftschleuse in Wolmirstedt.

Elektrizitätswerk mit 10000 Volt Spannung bezogene Strom wird dem Maschinenhause von dem nahe gelegenen Rangierbahnhof Rothensee aus zugeführt und vor seiner Verwendung mittels eines in besonderem Raume aufgestellten ölgekühlten Umformers auf 220 Volt herabgespannt. Die Hoch- und Niederspannungsschalter werden von einer erhöht angebrachten Bühne aus bedient.

Die größte für das Wolmirstedter Pumpwerk vorgesehene Wasserförderung beträgt 5000 cbm in 24 Stunden oder 200 cbm/st.

Die Sohle des Maschinenhauses liegt nahezu 50 m tiefer als die Oberkante des rund 21 km entfernten Hochbehälters in Salbke. Die zu überwindende Widerstandshöhe für die Fortbewegung des Wassers durch die Druckleitung schwankt zwischen 40 und 70 m, je nachdem in größerer oder geringerer Entfernung von dem Pumpenhause Wasser aus der Druckleitung entnommen wird oder der Reibungswiderstand für die ganze Leitungslänge bis nach Salbke überwunden werden muß. Zum Druckausgleich ist deshalb in die Druckleitung ein großer Windkessel von 20 cbm Inhalt eingeschaltet. Außerdem ist eine Anzahl federbelasteter Sicherheitsventile über die ganze Leitung verteilt. Zur zeitweiligen Erneuerung der Luft im Windkessel ist eine Luftschleuse angebaut (Abb. 30). Bei entsprechender Stellung eines Dreiwegehahns füllt sich der Schleusenwindkessel mit Wasser aus dem großen Windkessel, während die in ersterem befindliche Luft durch ein Ventil und die obere Leitung in den großen Windkessel übergeht. Nachdem der Schleusenwindkessel vollständig mit Wasser gefüllt ist, wird das Ventil wieder geschlossen, der Lufthahn geöffnet und ein Dreiwegehahn auf das nach dem Sammelbrunnen führende Abflußrohr geschaltet. Der Schleusenwindkessel entleert sich hierauf und ist dann wieder bereit zur Wiederholung des gleichen Arbeitsvorgangs. Eine Schwimmervorrichtung verhütet zu tiefes Herabdrücken des Wasserspiegels im Windkessel, indem erforderlichenfalls der Luft beizeiten Gelegenheit zum Austritt gegeben wird. Außerdem ist der große Windkessel mit einem Wasserstandsglase, einem Sicherheitsventil und einem aufschreibenden Spannungsmesser versehen. Durch einen elektrischen Fernmelder wird der Wasserstand des Hochbehälters von Salbke aus in dem dortigen wie in dem Wolmirstedter Pumpenhause und in dem Stationsgebäude des diesem nahegelegenen Rangierbahnhofs Rothensee ständig angezeigt. Zwischen den beiden Wasserwerken besteht eine unmittelbare Fernsprechverbindung. Vgl. S. 143 (Anhang).

Die Baukosten des Wasserwerks in Wolmirstedt nebst dem Anschluß an das alte Werk setzen sich zusammen wie folgt:

1. Tiefbrunnen nebst Leitungen zum Sammelbrunnen .	68 900 M.
2. Pumpenhaus	55 800 „
3. Pumpe nebst Windkessel	13 800 „
4. Elektrische Einrichtung	12 400 „
5. Hochspannungskabel	23 700 „
6. Wasserstandsfernzeiger und Fernsprechanlage	3 500 „
7. Druckrohrleitung von Wolmirstedt nach Magdeburg nebst Absperr- und Sicherheitseinrichtungen	275 000 „
8. Verwaltungskosten	22 500 „
zusammen:	475 000 M.

2. Anlagen mit gemauerten Flachbrunnen.

a) Wasserwerk in Boppard. (Abb. 31, 32, 32a.)

Der Kohlenwasserstoffmotor von 4 PS Leistung der Wasserstation in Boppard ist mit einer einfachen, von der Überlaufleitung des Wasserbehälters aus betätigten Abstellvorrichtung (Abb. 32a) versehen. Ein in die Zuflußleitung des Kohlenwasserstoffes eingeschalteter Absperrhahn

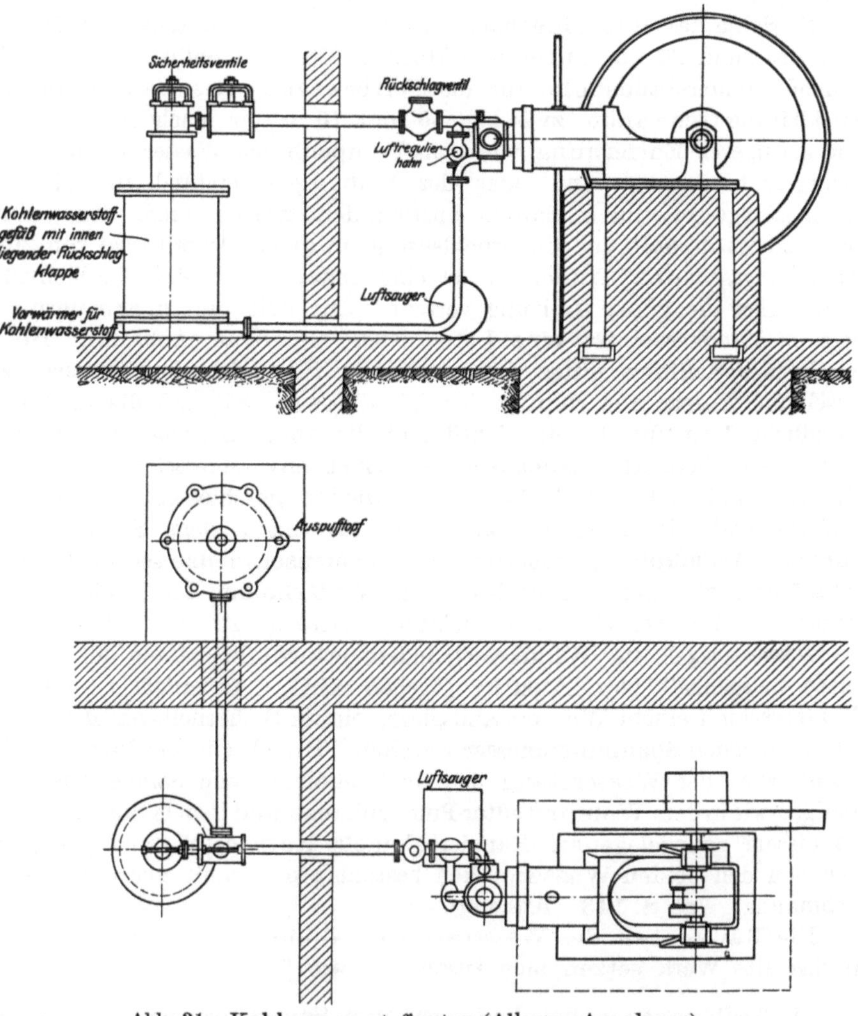

Abb. 31. Kohlenwasserstoffmotor (Allgem. Anordnung).

ist mit einer Seilrolle verbunden, um die ein mit der Rolle verstiftetes Drahtseil geschlungen ist, das am einen Ende ein kleines Blechgefäß, am anderen Ende ein das Leergewicht des Blechgefäßes ausgleichendes Gegengewicht trägt. Das überfließende Wasser wird durch die Rohrleitung *g* und den angeschlossenen kurzen Schlauch *k* in das Blechgefäß geleitet, bewirkt den Niedergang des Gefäßes und dadurch die zur Absperrung des Kohlenwasserstoffs erforderliche Vierteldrehung des Hahnes *b*. Das alsdann noch weiter zufließende Wasser wird durch das Rohr *h* in den

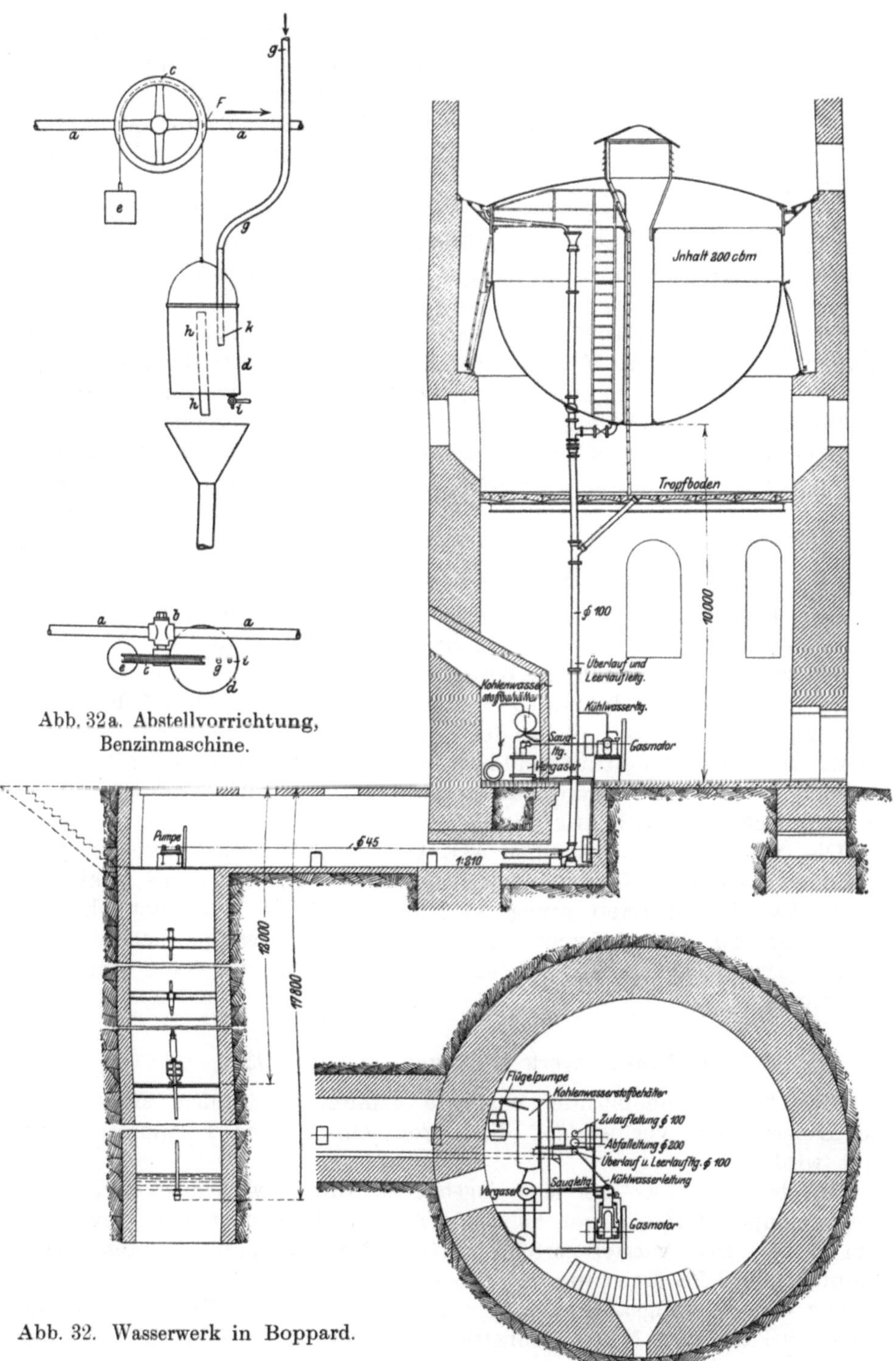

Abb. 32a. Abstellvorrichtung, Benzinmaschine.

Abb. 32. Wasserwerk in Boppard.

darunter befindlichen Trichter geleitet. Um zu verhüten, daß das Blechgefäß im Winter einfriert, wird das im Boden desselben angebrachte Entwässerungshähnchen i bei Frostwetter etwas offen gelassen. Die Vorrichtung hat den Vorzug schneller und sicherer Wirksamkeit, ohne die

Gefahr des Festklemmens bewegter Teile, und leichter Zugänglichkeit aller Teile. Die ganze Abstellvorrichtung nebst der Ablaufleitung hat einschließlich betriebsfertiger Anbringung 40 M. gekostet. Die etwa 10 m tief im Schacht aufgestellte Kleinsche doppeltwirkende Pumpe mit Metallventilen und Manschettenkolben wird mittels Rohrgestänges und Riemens angetrieben.

Die allgemeine Einrichtung der Kohlenwasserstoffmotoren mit vorgelegtem kleinen Kohlenwasserstoffgefäß nebst Rückschlagklappe und Sicherheitsventil, und mit einem Untersatz nebst Einrichtung zum Anwärmen des Kohlenwasserstoffes zeigt Abb. 31.

Der Kohlenwasserstoff für den Motor in Boppard, sowie für ähnliche Anlagen in Undenheim, Wiebelsbach, Groß-Zimmern und Buchholz (vgl. S. 60/62) wird in bahneigenen Gasanstalten gewonnen und dort gereinigt.

Wegen der Einrichtung und des Betriebes von Benoidmotoren, wie solche beispielsweise im Eisenbahn-Direktionsbezirk Kattowitz (u. a. zum Betrieb der Wasserstation in Tworog) verwendet sind, vgl. Bd. II (Kraftwerke).

b) Wasserwerk in Ehrang.

Seit Einführung der elektrischen Beleuchtung auf den Stationen Ehrang, Karthaus (s. S. 59) und St. Wendel (s. S. 61), der K. E. D. Saarbrücken, ist dort auch die Wasserförderung mit elektrischem Antrieb eingerichtet worden. Hierdurch werden gegenüber den von früher vorhandenen, in Bereitschaft bleibenden Dampfpumpen erhebliche Ersparnisse erzielt. Die geringen Zeitaufwand beanspruchende Wartung der mit Selbstschaltung versehenen elektrischen Motoren wird von den Lampenwärtern der elektrischen Beleuchtung mit besorgt.

Die von der Maschinenbau-Akt.-Ges. Balcke gelieferten doppeltwirkenden stehenden Kolbenpumpen in Ehrang und Karthaus leisten je 100 cbm/st. Der Antrieb erfolgt in Ehrang durch einen asynchronen Drehstrommotor. Die gesamte manometrische Förderhöhe beträgt hier 25,5 m. Das Wasser wird aus einem Brunnen in der Nähe der Kyll entnommen.

c) Wasserwerk in Glogau. (Abb. 33/34.)

Zwei 360 m voneinander entfernte gemauerte Brunnen sind durch eine Heberleitung verbunden, die durch eine kleine Luftpumpe entlüftet wird.

Die beiden etwas vertieft eingebauten doppeltwirkenden liegenden Plungerpumpen fördern bei 60 Umdr./min je 50 cbm/st auf insgesamt 24 m Höhe. Der Antrieb erfolgt mittels Riemen durch je einen Sauggasmotor von 8 PS Leistung.

Die Gaserzeugungsanlage wird mit Koks betrieben. Um die Wärmeverluste bei der zum Maschinenbetriebe erforderlichen Rückkühlung des Gases zu vermeiden oder doch wenigstens stark herabzumindern, wird der Vergasungsluft Wasserdampf zugesetzt. Der Wasserdampf zersetzt sich bei dem hohen Wärmegrade, dem er ausgesetzt ist, und der freiwerdende Sauerstoff befördert die Bildung von Kohlenoxyd. Das Gas wird hierdurch reicher an Heizwert, die Gaserzeuger gehen kühler und die Roste

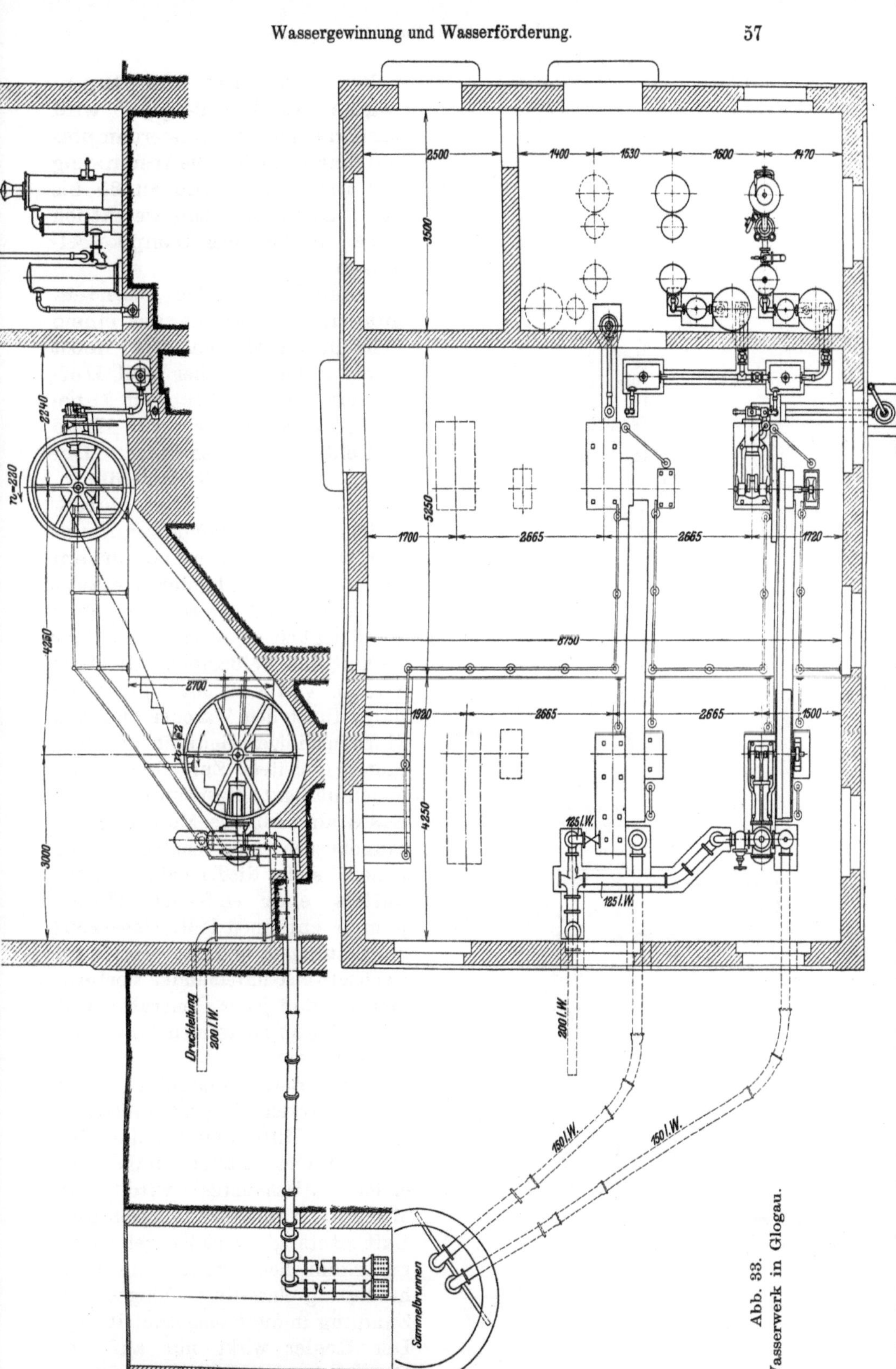

Abb. 33. Wasserwerk in Glogau.

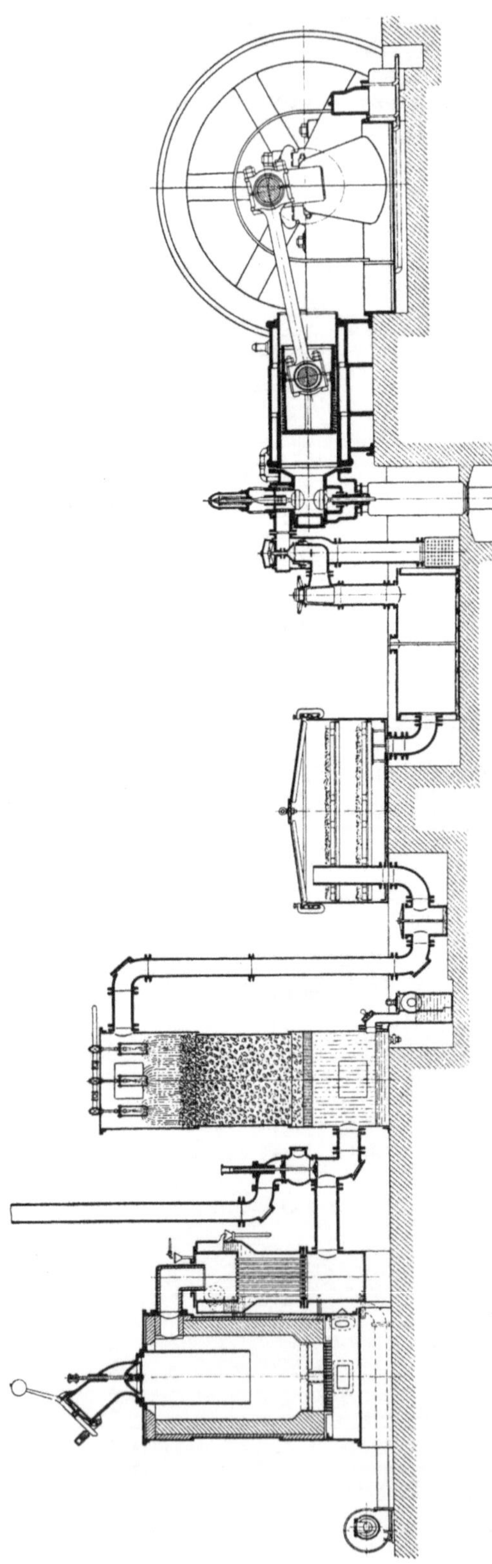

Abb. 34. Glogau, Sauggas.

halten sich länger. Die Eigenwärme des Generatorgases wird zur Erzeugung des Wasserdampfes nutzbar gemacht. Die Ausnutzung des Brennstoffes wird zu 85 bis 86 % angegeben, also wesentlich höher als bei einer Dampfkesselanlage.

Jede der beiden Gaserzeugungsanlagen besteht aus einem Schachtofen als Generator, nebst Verdampfer, Wascher und Hordenreiniger (Abb. 34). Zur Inbetriebsetzung dient ein von Hand gedrehter Flügelventilator. Der Verdampfer enthält Heizröhren, die innen von den Gasen durchstrichen werden. Die Verbrennungsluft wird durch den Dampfraum des Verdampfers hindurchgesaugt und hierbei mit der erforderlichen Feuchtigkeit gesättigt. Das Gas verläßt den Verdampfer mit einer Wärme von etwa 300° und wird dann durch den Wascher und den Hordenreiniger hindurch zu dem Motor geleitet. Zur Bewirkung gleichmäßiger Zuströmung des Gases sind vor die Motoren Ansaugekessel eingeschaltet, aus denen sich Niederschlagswasser mittels einer einfachen Handpumpe entfernen läßt. Gaserzeugungsanlagen und Motoren sind wechselweise miteinander verbunden, so daß jeder Generator mit jedem Motor zusammen betrieben werden kann.

Die Betriebsmaschinen sind einfachwirkende liegende Viertaktmotoren. Mittels des vor die Motoren eingeschalteten umgesteuerten Mischventils wird das Mischungsverhältnis von Gas und Luft stets gleichmäßig gehalten, außerdem dient dasselbe zur Verhinderung eines Rückschlages der Zündung in die Sauggaszuleitung. Der Regler wirkt nur auf die Drosselklappe und regelt den Gang des Motors leicht und schnell vom Leerlauf bis zur vollen Belastung, mit stets nahezu gleicher Umdrehungszahl.

Die Anlage ist von der Akt.-Ges. Gebr. Körting in Körtingsdorf bei Hannover geliefert. Die Kosten der Maschinenanlage haben 13130 M. betragen.

d) Wasserwerk in Karthaus.

Eine doppeltwirkende stehende Kolbenpumpe mit einer Leistung von 100 cbm/st, gleicher Bauart und Herkunft wie die Pumpe in Ehrang (S. 56), schöpft das Wasser aus einem Brunnen in der Nähe der Saar. Angetrieben wird die Pumpe durch einen Gleichstrom-Nebenschlußmotor. Die gesamte manometrische Förderhöhe beträgt 34 m.

e) Wasserwerk in Kiel.[1])

Das Wasser wird aus vier gemauerten Flachbrunnen und aus einem Rohrbrunnen gewonnen, die sämtlich in dem Gaardener Einschnitt der Strecke Altona-Kiel liegen. Bei genügend hohem Wasserstande in den Brunnen fließt das Wasser den in einer Entfernung von 1,2 km innerhalb des Wasserturms Intzescher Bauart aufgestellten Kreiselpumpen durch natürliches Gefälle zu, bei niedrigerem Wasserstande wirkt die Zuflußleitung als Heber. Der Zufluß des Wassers wird durch die Saugwirkung der Pumpen befördert. Jede der beiden Kreiselpumpen, von denen eine in Bereitschaft steht, wird durch einen unmittelbar damit gekuppelten Nebenschlußelektromotor von 2 PS Stärke angetrieben.

Die sich in der Zuflußleitung an deren höchsten Stelle innerhalb des am weitesten nach außen liegenden Brunnens allmählich ansammelnde Luft wird durch Zufluß von Wasser vom Hochbehälter aus entfernt. Zu diesem Zwecke ist an der höchsten Stelle der Zuflußleitung ein Windkessel mit einem sich nach außen öffnenden Ventil angebracht. Die Mündung der Druckrohrleitung liegt 30 cm unterhalb des höchsten Wasserstandes im Hochbehälter. Sind die Pumpen nun nach Erreichung dieses höchsten Wasserstandes selbsttätig abgestellt, so fließt das oberhalb der Mündung der Druckrohrleitung im Hochbehälter anstehende Wasser in die Zuflußleitung zurück und verdrängt die angesammelte Luft durch das an der höchsten Stelle angebrachte Ventil. Die manometrische Förderhöhe der Pumpen beträgt 13 m, die stündliche Leistung 46,5 cbm, die Arbeit der Wasserhebung mithin 604,5 t m/st oder 0,1679 t m/sek, während der stündlich erforderliche Aufwand an elektrischer Arbeit sich auf 4620 Wst beläuft. Hiernach berechnet sich der Gesamtwirkungsgrad der Pumpen, der bei der ursprünglichen stündlichen Förderung von 26,6 cbm den Wert von 0,4 erreichte:

$$\frac{0{,}1679}{75} \cdot \frac{1000 \cdot 736}{4620} = 0{,}36.$$

f) Wasserwerk in Langenschwalbach. (Abb. 35.)

Die kleine Anlage ist zu erwähnen wegen der dabei verwendeten Kapselpumpe (Kreiskolbenpumpe) von C. H. Jäger in Plagwitz-Leipzig,

[1]) Zum Teil nach Zentralbl. d. Bauverw. 1901.

die durch einen sechspferdigen Leuchtgasmotor der Gasmotorenfabrik Deutz angetrieben wird und bei 175 Umdr./min, 24 cbm Wasser stündlich fördert. Nur der obere, mit der angetriebenen Welle fest verbundene Körper bewirkt die Wasserförderung, während der untere der beiden Drehkörper lediglich zur Steuerung dient. Die mittels einer kreisrunden Scheibe miteinander verbundenen Kolben (Abb. 35) drehen sich in einem ringförmigen Zylinderraum. Der in dem unteren Zylinderraum umlaufende Steuerzylinder besitzt vier Kammern, in welche die Kolben jeweils eintreten. Dementsprechend ist das Drehungsverhältnis der oberen und der unteren Achse gleich 3 : 4. Durch das Eintreten der Kolben in die Kammern wird die von der Saugseite herübergebrachte Flüssigkeit aus den Kammern verdrängt. Zur Vergrößerung des Austrittsquerschnitts sind in den Zylinderdeckeln entsprechende Ausbuchtungen angebracht. Beim Austritt eines Kolbens aus einer Kammer auf der Saugseite füllt sich die Kammer wieder mit

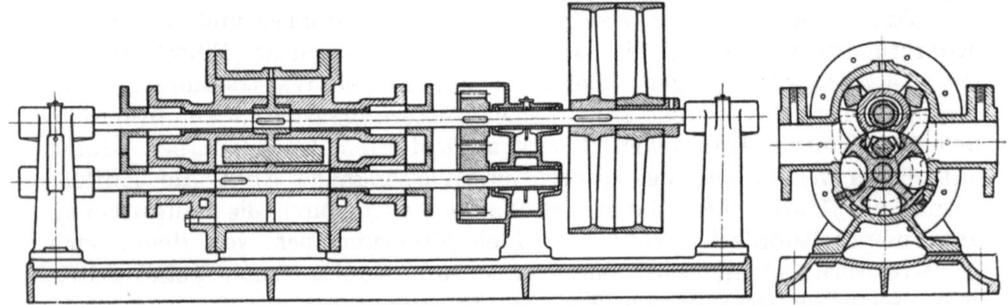

Abb. 35. Kapselpumpe (Jäger) des Wasserwerkes in Langenschwalbach.

Wasser, das dann nach der Druckseite herübergeschaft wird. Saug- und Druckseite sind mit breiten Dichtungsflächen stets gut gegeneinander abgeschlossen, alle Teile sind zwangläufig geführt, reichlich bemessene Ringschmierlager sind vorgesehen. Die Kapselpumpe arbeitet gleichmäßig und stoßfrei.

Die Beschaffungskosten der Maschinenanlage betragen für den Motor und die Pumpe zusammen 3600 M., die Ausgaben für Wartung und Unterhaltung sind gering.

g) Wasserwerk in Neusalz a. O. (Abb. 36.)

Die Kolbenpumpen (Abb. 36) von je 25 cbm/st Leistung sind mit je einem Leuchtgasmotor von 4 PS in Hintereinanderschaltung unmittelbar gekuppelt. Der Brunnen, aus dem die Pumpen schöpfen, ist 30 m vom Wasserturm, in dem die Maschinenanlage aufgestellt ist, entfernt.

Lieferer der Anlage ist die Akt.-Ges. Maschinenfabrik J. E. Christoph in Niesky, O. Lausitz. Die Kosten der Maschinenanlage belaufen sich auf 7623 M.

h) Wasserwerk in Undenheim.

Die in den Schacht eingebaute Pumpe wird durch einen über Tag aufgestellten Kohlenwasserstoffmotor von 2 PS Leistung mittels Riemen angetrieben. Die Leistung der Pumpe beträgt 10 cbm/st, die Beschaffungskosten belaufen sich auf 1400 M. für den Motor und 828 M. für die

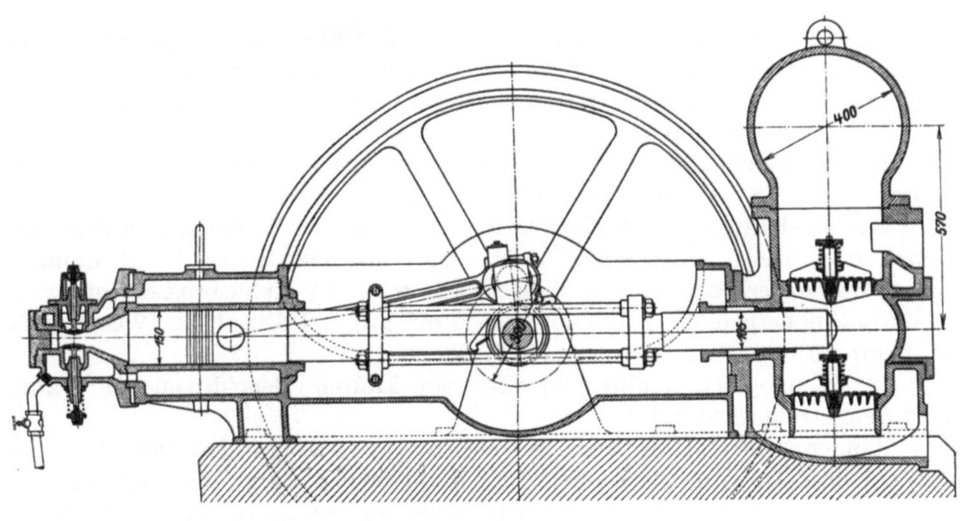

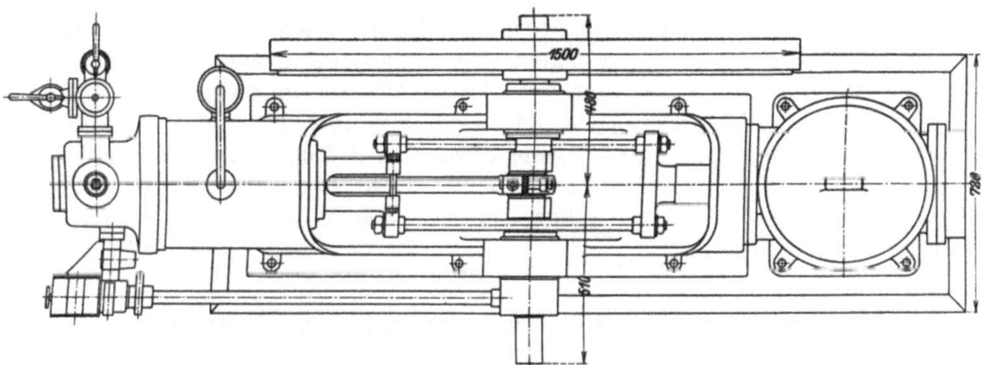

Abb. 36. Kolbenpumpe des Wasserwerkes in Neusalz a. O.

Pumpe. Der Motor verbraucht 900 kg Kohlenwasserstoff jährlich bei einem täglichen Wasserverbrauch von rund 20 cbm. (Vgl. S. 54/56, Wasserwerk in Boppard.)

i) Wasserwerk in St. Wendel.

Zur Wasserförderung dient eine von Gebr. Sulzer in Ludwigshafen gelieferte zweistufige Kreiselpumpe, die durch einen offenen Gleichstrommotor der Felten & Guilleaume-Lahmeyerwerke unmittelbar angetrieben wird. Die Umdrehungszahl läßt sich von Hand innerhalb der Grenzen von 1340 bis zu 1500 Min. regeln. Die selbsttätige Schaltung erfolgt durch eine Schwimmervorrichtung mit Relaisanlasser, Die Saughöhe beträgt 6 m, die Druckhöhe 26 m, die Länge der Saugleitung 19 m, die der Druckleitung 400 m, die Maschinenleistung 15 PS bei 220 Volt Spannung. (Vgl. Ehrang und Karthaus S. 56 u. 59.)

k) Wasserwerk in Wiebelsbach. Benoidgasmotor in Tworog.

In Wiebelsbach (E. D. Mainz) werden stehende „Una"-Pumpen von Klein, Schanzlin & Becker durch Kohlenwasserstoffmotoren von M. Hille in Dresden, mit 3 PS Leistung, angetrieben.

In Groß-Zimmern werden ähnliche Motoren der Gasmotorenfabrik Deutz von 2 PS Leistung verwendet, die aus Petroleummotoren umgebaut sind und durch doppelte Riemenvorgelege je eine kleine Wandpumpe von A. L. G. Dehne antreiben.

Ein ähnlicher Betrieb ist in Buchholz mit einem Kohlenwasserstoffmotor von 3 PS Leistung eingerichtet.

Die Beschaffungskosten betrugen in Wiebelsbach für die beiden Motoren nebst den beiden Pumpen 5250 M. Die Pumpen leisten je 10 cbm/st, die Motoren verbrauchen in Wiebelsbach 0,51 kg Kohlenwasserstoff und in Groß-Zimmern 0,55 kg Kohlenwasserstoff auf 1 PS/st. (Vgl. Wasserwerk in Boppard.)

In Tworog (Oberschlesien) wird ein kleiner Benoidgasmotor[1]) zum Pumpenbetrieb verwendet.

Kohlenwasserstoffmotoren mit Benoidvergasern sind mehrfach im Bezirk der Kgl. Eisenbahndirektion Kattowitz zum Betriebe kleiner Pumpwerke in Gebrauch. Ohne Benoidvergaser verursacht das verwendete Trieböl starkes Verrußen der Zylinder und der Zündung, so daß die Maschinen häufig versagen und eine Reinigung nach jeder Dienstschicht erforderlich wird. Außerdem macht sich ein starker unangenehmer Geruch bemerkbar, der sich auch dem geförderten Wasser mitteilt. Beim Einbau von Benoidvergasern genügt es, die Zylinder und die Ein- und Auslaßventile alle 8 Tage und die Vergaser etwa alle 2 Monate zu reinigen. Der widerliche Geruch ist aber auch dann noch so störend, daß es sich empfiehlt, solche Anlagen tunlichst abseits von Wohn- und Aufenthaltsräumen einzurichten.

B. Wassergewinnung aus Flüssen und Bächen.

a) Wasserwerk in Berlin, Potsd. Bhf. (Abb. 37.)[2])

Das Wasserwerk liegt in unmittelbarer Nähe des Landwehrkanals, aus dem die Wasserentnahme mittels eines kleinen Sammelbehälters stattfindet. Zwei Siebe aus gelochtem Blech genügen um grobe Unreinigkeiten zurückzuhalten. Die Saugrohre der Pumpen sind von hier aus in einem Betonkanal unter der Straße durch zu dem zwischen zwei Pfeilern der Hochbahn eingebauten Maschinenhause geführt.

Die Pumpen sind elektrisch angetriebene zweistufige Hochdruckkreiselpumpen von Weise & Monski in Halle (Saale), die mittels einer Schwimmervorrichtung und eines Hilfsmotors selbsttätig an- und abgestellt werden. Ebenfalls werden die Motoren der Pumpen beim Nachlassen der Spannung selbsttätig ausgeschaltet und nach Wiederherstellung der normalen Spannung selbsttätig eingeschaltet. Die üblichen Maximalausschalter zum Schutze der Motoren gegen Überlastung sind ebenfalls vorgesehen. Von der Schwimmervorrichtung aus wird unmittelbar nur der Stromkreis eines kleinen Hilfsmotors geschlossen oder geöffnet und durch diesen Hilfsmotor wird der Anlaßhebel des Pumpenmotors stufenweise eingeschaltet oder ausgeschaltet. Die Leistung der Pumpen beträgt je 80 cbm/st, der fest-

[1]) Ztschr. Ver. deutsch. Ing., 1912, S. 396; (Glas.) Annal. f. Gew. u. Bauw. 1906, Bd. 59, S. 129 u. 1907, Bd. 61, S. 68.

[2]) Genaue Beschreibung s. (Glas.) Annal. 1910, Bd. 67, Heft 3.

gestellte Wirkungsgrad 72,4 Proz., die gesamte Förderhöhe 45 m. Die Pumpenwellen sind durch eine patentierte Anordnung von Achsialschub entlastet, indem das geförderte Wassser zunächst die eine Hälfte der Lauf- und Leiträder durchfließt und alsdann durch einen Umführungskanal zu der zweiten Hälfte der Lauf- und Leiträder hinübergeleitet wird, die es in entgegengesetzter Richtung durchfließt. Durch Einführung von Druckluft werden die Stopfbüchsen gegen die Außenluft abgedichtet und die Wellen gekühlt. Die Lauf- und Leiträder, sowie die Dichtungsringe sind aus harter Phosphorbronze, die Pumpenwellen aus bestem Siemens-Martinstahl hergestellt, und letztere mit aufgesetzten Laufrädern in bezug auf Schleuderkräfte genau ausgeglichen.

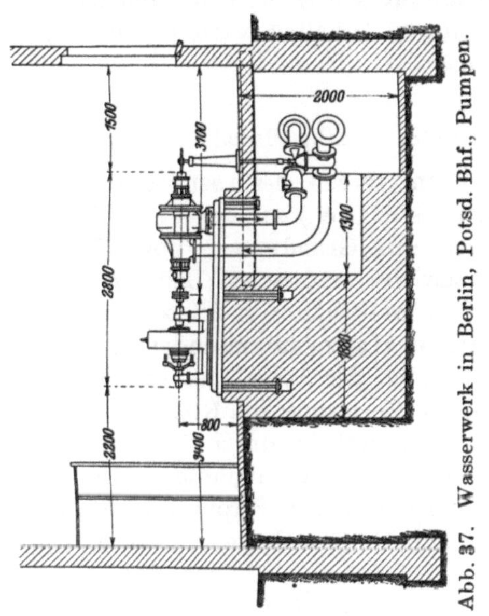

Abb. 37. Wasserwerk in Berlin, Potsd. Bhf., Pumpen.

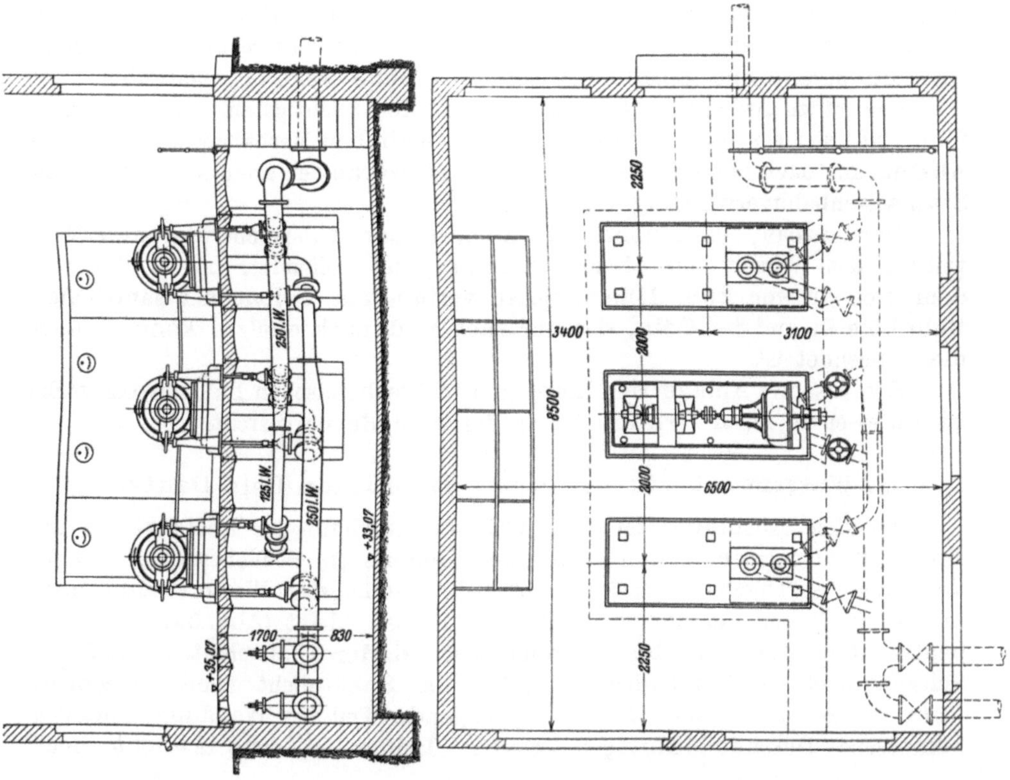

Die gesamte Leistung des Wasserwerkes beträgt 2200 cbm täglich und darüber. Das geförderte Wasser des Landwehrkanals hat nur eine Härte von rund 6, 6 deutschen Härtegraden, bedarf aber der Filtrierung (s. S. 115/117). Ein Kubikmeter Wasser kostet an der Ausflußöffnung des Wasserkranes, einschließlich aller

Kosten für Abschreibung, Unterhaltung usw., rund 4 Pf., bei einem Preise des elektrischen Stroms von 12,5 Pf. für die kW/st und einem jährlichen Wasserverbrauch von 800 000 cbm. Die gesamten Baukosten haben 160 000 M. betragen. Anderes Wasser als das des Landwehrkanals stand nicht zur Verfügung, indem für das früher verwendete städtische Leitungswasser, das überdies 15 Pf. für 1 cbm kostete, keine weiteren Anschlüsse bewilligt wurden und aus Tiefbrunnen selbst bei einer Bohrtiefe von 100 m keine hinreichende Wassermenge erhalten werden konnte. Das Brunnenwasser war außerdem sehr hart.

b) Wasserwerk in Cöln. (Abb. 38, 39a/b, 40a/c.)

Zur Versorgung des Hauptbahnhofs Cöln-Gereon, des Abstellbahnhofs Cöln B. Bhf., der Hauptwerkstätte Cöln-Nippes (H. W.) und des Verschiebebahnhofs Cöln-Nippes n. B., stand früher nur Grundwasser von 17 bis 22° deutscher Härte zur Verfügung, das aus der städtischen Leitung entnommen und vor der Förderung in die Sammelbehälter enthärtet wurde. Die Verwendung des nur 7 bis 9° deutsche Härte aufweisenden Rheinwassers für die obengenannten Bahnhöfe war der Eisenbahnverwaltung früher durch die Weigerung der Stadt Cöln, die Verlegung von Rohrleitungen auf städtischen Straßen zu gestatten, sehr erschwert, bis durch den Neubau der Rheinbrücken und durch den Umbau des Hauptbahnhofs Cöln die Aufstellung einer Pumpenanlage innerhalb des mittleren Strompfeilers und die Durchführung einer Rohrleitung nach den Verbrauchsstellen innerhalb des Bahnkörpers ermöglicht wurde.

Für die Bahnhöfe und Werkstätten auf dem rechten Rheinufer wurde früher das Mülheimer Leitungswasser benutzt, dessen Härte aber im Laufe der Zeit von 10 auf 14° d. H. gestiegen war, auf der rechten Rheinseite war das bessere und billigere Rheinwasser ohne weiteres zugänglich.

Die ganze Anlage in Cöln stellt eines der wichtigsten und leistungsfähigsten, sowie seiner ganzen, durch die örtlichen Verhältnisse bedingten Ausführung nach bemerkenswertesten Wasserwerke der preußisch-hessischen Staatseisenbahnverwaltung dar.

Der Ausbau, namentlich der Anlagen zur Aufspeicherung und Verteilung des Wassers, ist aber noch nicht ganz vollendet, indem der mit dem Neubau von zwei Rheinbrücken verbundene Umbau der sämtlichen Bahnhöfe in und bei Cöln, der nur nach und nach erfolgen konnte, noch nicht beendet ist.

Die gesamte Anlage des links- und rechtsrheinischen Bahnwasserwerks ist indessen in ihren Grundlinien in der Abb. 38 dargestellt.

1. Wasserwerk für das rechte Rheinufer (Cöln-Deutz).

An dem Rheinufer ist etwa 600 m unterhalb der Rheinbrücke auf einem Streifen bahneigenen Grund und Bodens ein Schachtbrunnen dicht am Flusse so angelegt, daß er auch beim niedrigsten Wasserstande noch in unmittelbarer Verbindung mit dem Flusse bleibt (Abb. 39). Es war beabsichtigt, das sehr harte Grundwasser dadurch abzuhalten, daß der Schacht nach der Landseite hin und in der Sohle dicht gemauert wurde, während der nach dem Rheine zu liegende Teil der Wandung reichlich bemessene Durchflußöffnungen erhielt. Leider ist diese Absicht noch

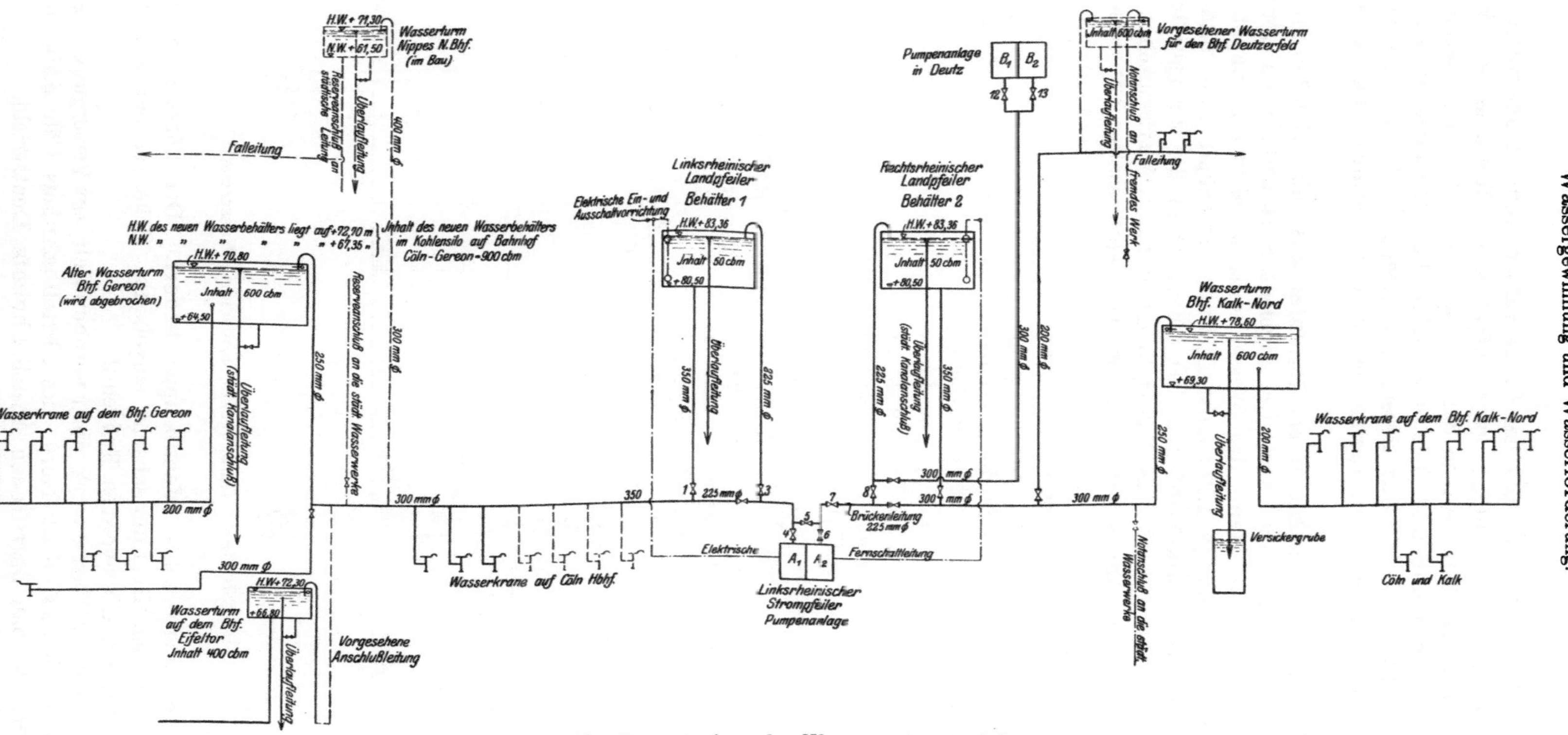

Abb. 38. Gesamtanlage des Wasserwerkes in Cöln.

nicht erreicht worden, indem der Grundwasserstrom in unerwarteter und sehr lehrreicher, aber nicht ganz aufgeklärter Weise seinen Weg zu dem Brunnenschacht findet, so daß das geförderte Wasser in seiner Härte und Zusammensetzung fast dem linksrheinischen Grundwasser von 17 bis 22° d. H. gleichkommt. Zur Beseitigung dieses Übelstandes ist eine Abänderung der Wassergewinnungsanlage auf dem rechten Ufer in Aussicht genommen.

Von dem Brunnenschacht am Rheinufer aus führt eine 300 mm weite Heberleitung zu dem hochwasserfrei angelegten Förderbrunnen neben dem Maschinenhause, aus dem das Wasser mittels elektrisch angetriebener Riedler-Pumpen von je 120 cbm/st Leistung geschöpft wird und zuerst unmittelbar nach Kalk-Nord gefördert wurde. Seit der Fertigstellung der Hohenzollernbrücke wird das Wasser in einen im rechtsrheinischen Unterstrom-Landpfeiler aufgestellten offenen Ausgleichbehälter aus Eisenbeton gedrückt.

Bei dieser Anlage sind sehr kurze Saug- und Druckleitungen für die Pumpen erzielt, und die zu den Hochbehältern in Kalk-Nord und Cöln-Gereon führenden Leitungen sind gegen Stöße von den Pumpen aus vollkommen geschützt. Für die Heberleitung ist eine einfache Art der Auffüllung von der Druckleitung aus vorgesehen, zu der es nur der Herstellung der Verbindung nach vorherigem Abschluß des längeren, in dem Förderbrunnen des Maschinenhauses liegenden Schenkels der Heberleitung durch

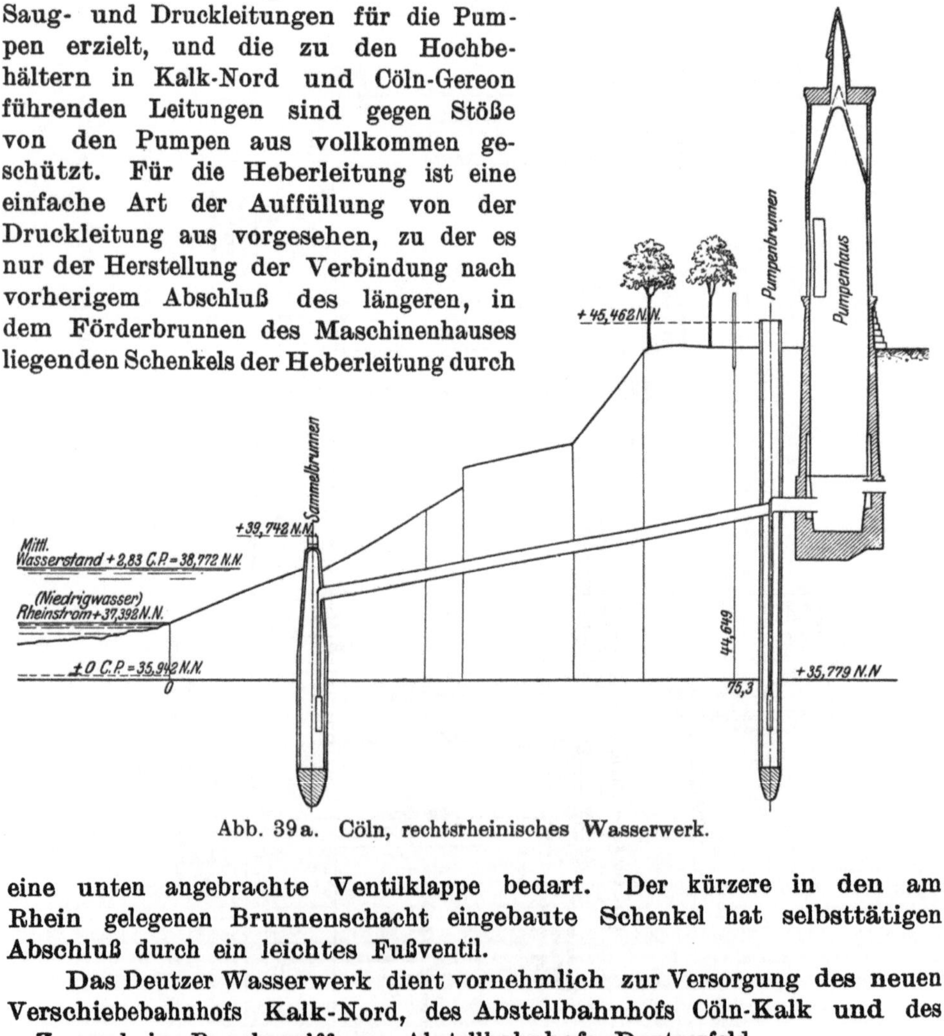

Abb. 39a. Cöln, rechtsrheinisches Wasserwerk.

eine unten angebrachte Ventilklappe bedarf. Der kürzere in den am Rhein gelegenen Brunnenschacht eingebaute Schenkel hat selbsttätigen Abschluß durch ein leichtes Fußventil.

Das Deutzer Wasserwerk dient vornehmlich zur Versorgung des neuen Verschiebebahnhofs Kalk-Nord, des Abstellbahnhofs Cöln-Kalk und des z. Z. noch im Bau begriffenen Abstellbahnhofs Deutzerfeld.

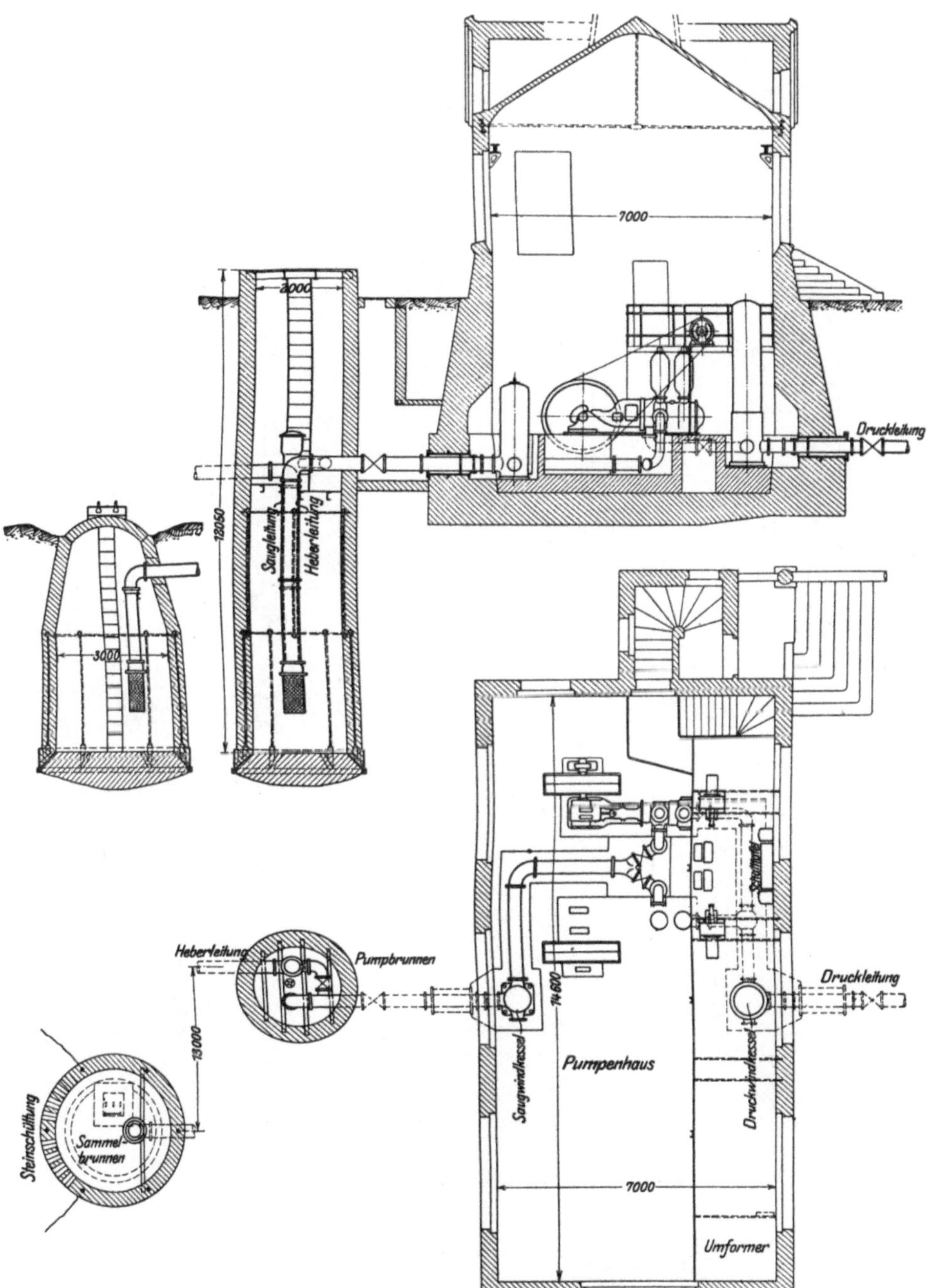

Abb. 39b. Cöln, rechtsrheinisches Wasserwerk.

2. Wasserwerk für das linke Rheinufer.

Die in den linksrheinischen Unterstrompfeiler der neuen Eisenbahnbrücke eingebaute Maschinenanlage (Abb. 40a) besteht aus zwei selbsttätig elektrisch betriebenen Kreiselpumpen von je 300 cbm/st Leistung, die das Wasser unmittelbar dem Rheine entnehmen und zu dem Ausgleichbehälter im Unterstromlandpfeiler auf der Cölner Seite befördern. Auch hier ist

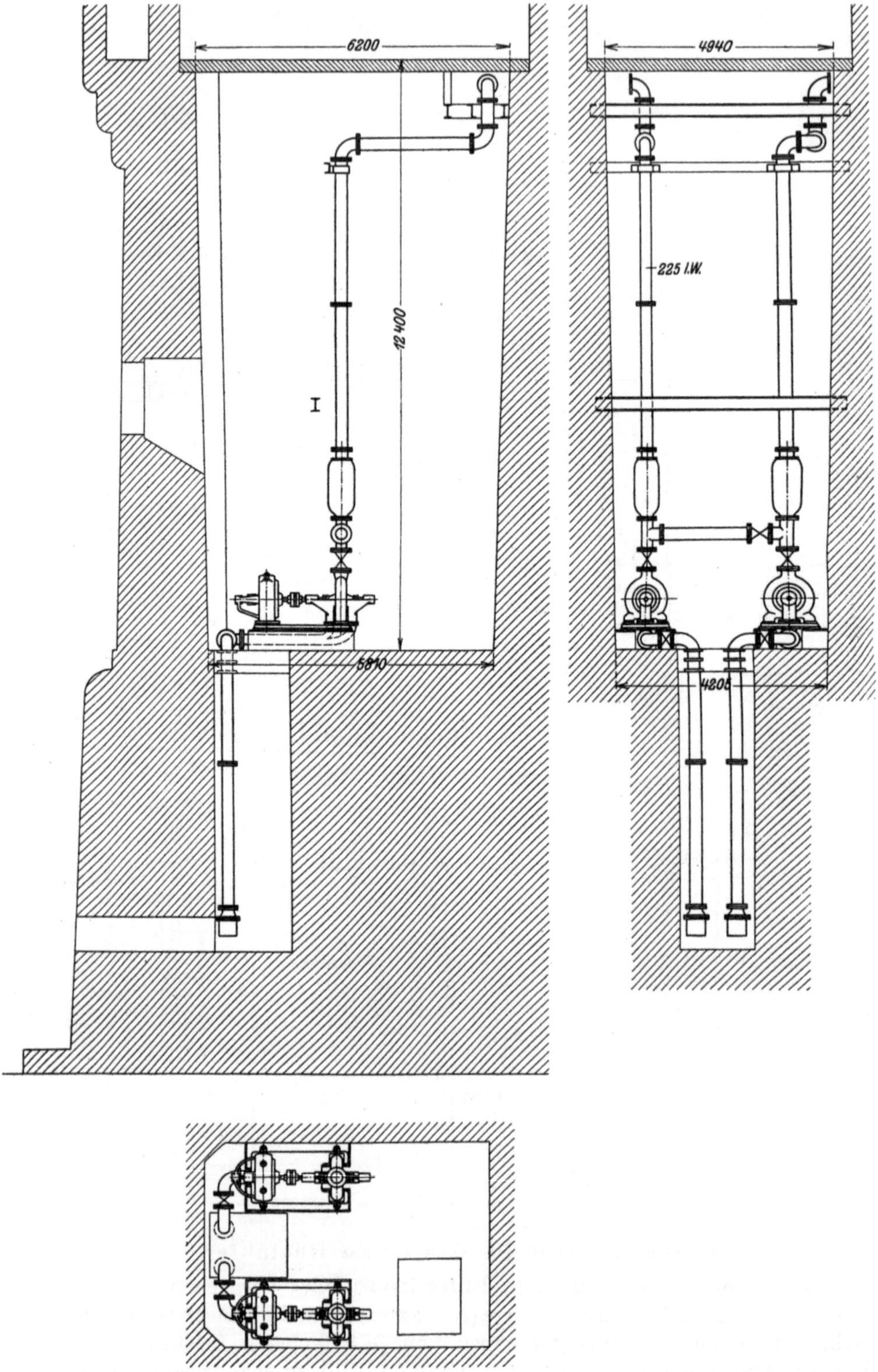

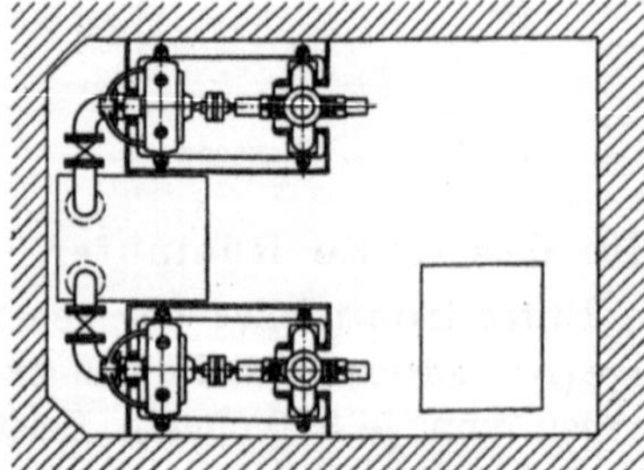

Abb. 40 a. Cöln, linksrheinisches Wasserwerk, Rheinbrücke.

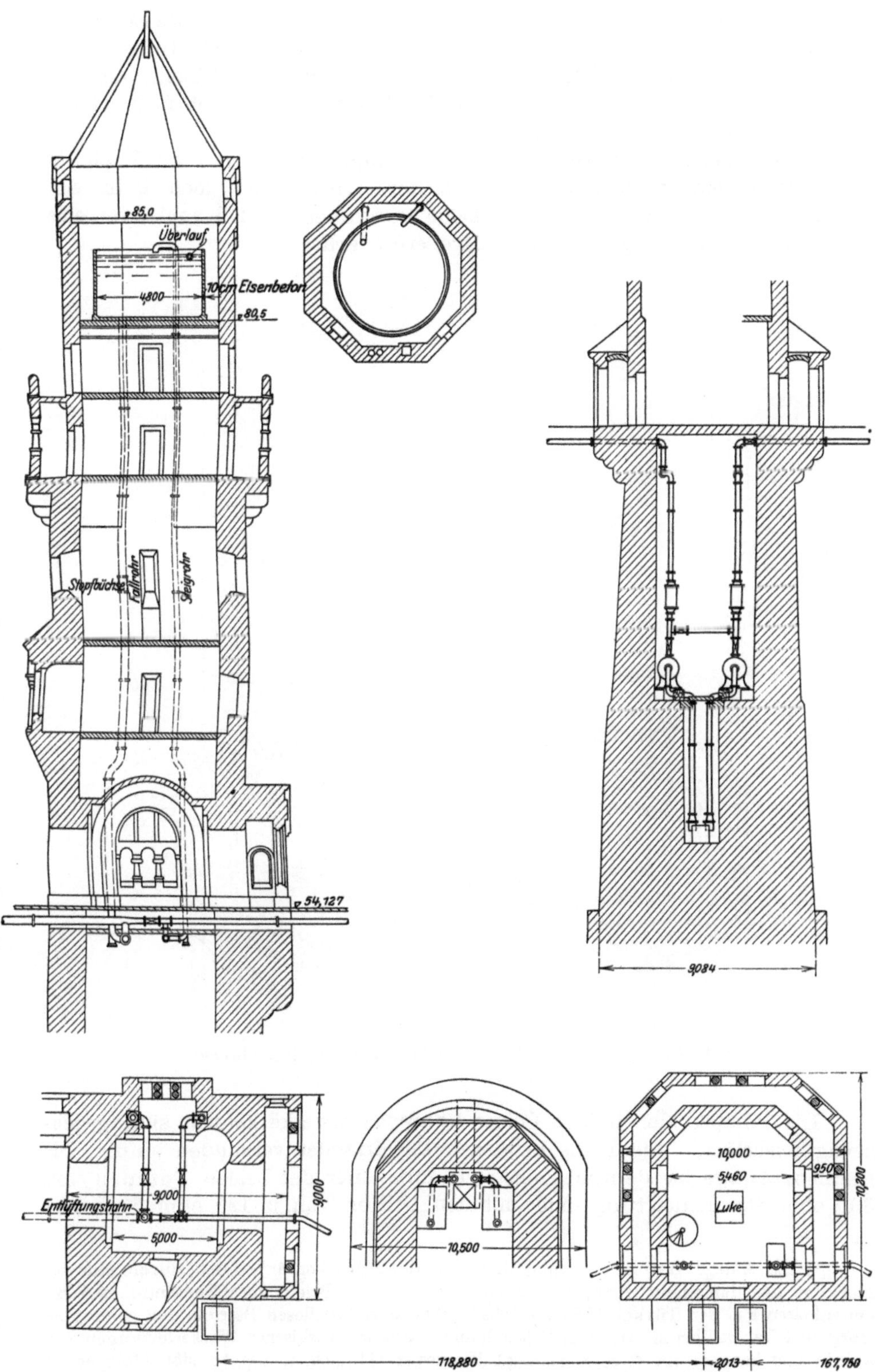

Abb. 40b. Cöln, linksrheinisches Wasserwerk, Rheinbrücke.

also Kürze der Saug- und Druckleitungen, sowie völlige Entlastung der zu den großen Sammelbehältern führenden langen Zuflußleitungen von Pumpenstößen erreicht. Das letztere war um so mehr erwünscht, als sich in den Leitungen von den Pumpen zu den Hochbehältern mehrfach scharfe Knicke nicht vermeiden ließen[1]).

Infolge öfter vorkommender Beschädigungen des dem Saugschacht in dem Brückenpfeiler vorgelagerten Kiesfilters wird bisher noch kein einwandfrei klares Wasser aus dem Rheine gewonnen, so daß auch hier eine Änderung der Wassergewinnungsanlage erforderlich ist.

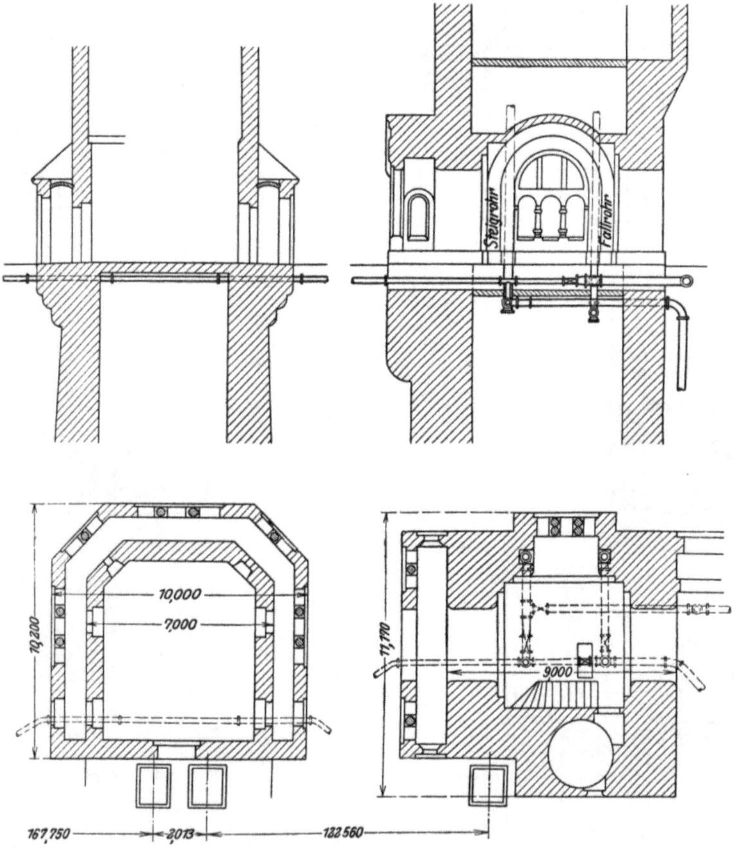

Abb. 40c. Cöln, linksrheinisches Wasserwerk, Rheinbrücke.

Die Pumpen der beiden Cölner Bahnwasserwerke können sich gegenseitig aushelfen, indem die Leitungen miteinander verbunden sind. Die gesamte Anlage ist demnach imstande mit einer der beiden Pumpen von 300 cbm Stundenleistung und mit den beiden von je 120 cbm Stunden-

[1]) Die Anlage der Ausgleichbehälter auf den Brückentürmen ist durch eine Bemerkung des damaligen Hauptmanns von Moltke in „Briefe über Zustände und Begebenheiten aus der Türkei 1835 bis 1839", über den tadellosen Betrieb der weit über Berg und Tal geführten an dem Scheitelpunkte offenen türkischen Wasserleitungen veranlaßt und hat sich im Direktionsbezirk Hannover (Hameln u. a.), wo sich Gelegenheit fand, ähnliche Ausführung bestens bewährt.

leistung die ansehnliche Wassermenge von 540 cbm/st oder rund 13000 cbm in 24 Stunden dauernd zu fördern, während noch einer der beiden großen Pumpsätze von 300 cbm Stundenleistung in Bereitschaft bliebe. Auch ohne Benutzung der städtischen Notanschlüsse erscheint daher ein für alle nur einigermaßen regelmäßigen Fälle völlig ausreichender Betrieb der Cölner Anlage für Krieg und Frieden gesichert, um so mehr als das Wasser aus einer unerschöpflichen Quelle gefördert wird, während bei Brunnenanlagen immer ein Versagen vorkommen kann, auch wenn es von Haus aus noch so unwahrscheinlich ist[1]). Dennoch haben die vereinigten bahneigenen rechts- und linksrheinischen Wasserversorgungsanlagen noch je einen Notanschluß an die städtischen Wasserleitungen erhalten, um im Kriegsfalle auch bei einer etwaigen Brückensprengung die Cölner Bahnhöfe noch mit Wasser versorgen zu können.

In Cöln war mit einer möglichen und schon vorgekommenen Veränderung des Rheinwasserstandes von ± 0 bis etwa $+ 9{,}5$ m des Cölner Pegels zu rechnen. Die Pumpen mußten deshalb ziemlich tief unter dem höchsten Wasserspiegel aufgestellt werden. Die Pumpenschächte in den Strompfeilern der Eisenbahnbrücke sind daher, ebenso wie der tiefliegende Teil des Maschinenhauses auf dem rechten Rheinufer, vollständig wasserdicht ausgeführt. Ein niedrigerer Rheinwasserstand als ± 0 des Cölner Pegels ($+ 35{,}94$ ü. N. N.) ist in den letzten 200 bis 300 Jahren überhaupt nicht eingetreten[2]), ein höherer als der Hochwasserstand des Jahres 1882 ($+ 9{,}52$ m C. P.) nur einmal und zwar bei der infolge einer Eisstopfung unterhalb Mülheim (Rhein), mit einem Höchstwasserstand von rund 3 m über den angegebenen Hochwasserstand von 1882 hinaus erfolgten unheilvollen Überschwemmung des Jahres 1784. Die Wiederkehr eines solchen Ereignisses darf heute wohl als ausgeschlossen gelten, indem für Beseitigung der Eisstopfungen bei Hochwasser gesorgt werden kann.

Die Pumpenanlagen für die beiden Cölner Bahnwasserwerke sind von der Maschinenbauanstalt Humboldt in Cöln-Kalk geliefert.

Für die Aufspeicherung und Verteilung des Wassers sind in und bei Cöln folgende Einrichtungen vorgesehen:

---

[1]) In Hannover drohte 1898 Außerbetriebssetzung des Bahnwasserwerkes infolge von Kanalbauten, die in der Entfernung von einigen hundert Meter von der Brunnen anlage tief im Grundwasser ausgeführt wurden und starkes Pumpen an der Baustelle mittels mächtiger Kreiselpumpen bedingten. Die Saughöhe der Pumpen des Bahnwasserwerks stieg infolgedessen plötzlich von früher 5 auf beinahe 8 m, wobei die Leistung der Pumpen auf etwa $^2/_3$ der frühern zurückging. Da die städtischen Anschlüsse dem großen Bedarf von rund 1700 cbm täglich nicht mehr genügten, so wäre eine Störung des Bahnbetriebes unvermeidlich gewesen, wenn es nicht bei sofortigem Eingreifen gelungen wäre, die Kanalbauten entsprechend zu leiten und zu beschleunigen. Aus solchen Gründen empfiehlt es sich deshalb, mit der Saughöhe der Pumpen nicht bis auf die in Taschen- und Hilfsbüchern oder in allgemeinen grundsätzlichen Verordnungen angegebenen äußersten Grenzen heranzugehen. Muß doch einmal beispielsweise eine Pumpe in einem Brunnenschacht aufgestellt werden, so schadet es keineswegs, wenn sie, wie in dem tiefen Brunnen auf dem Bahnhofe Cöln-Eifeltor, unmittelbar über dem Wasserspiegel eingebaut wird (vgl. S. 5).

[2]) Vgl. die Angaben von Lohse in der Zeitschr. f. Bauw 1857, Sp. 320, bei Gelegenheit des Baues der alten Rheinbrücke, 1857 bis 1859.

1. Vorhanden sind:

ein Ausgleichbehälter im linksrheinischen Unterstrom-Landpfeiler	50 cbm
„ Ausgleichbehälter im rechtsrheinischen Unterstrom-Landpfeiler	50 „
„ Wasserturm in dem Bahnhofe Cöln-Gereon (später wegfallend)	600 „
„ Wasserturm in dem Bahnhofe Kalk-Nord	600 „
zusammen: Summe 1	1300 cbm
für später:	700 „

2. Es kommen weiter zur Ausführung:

ein Wasserbehälter in dem neuen Kohlenspeicher auf dem Bahnhofe Cöln-Gereon	900 cbm
„ Wasserturm auf dem Bahnhofe Cöln-Nippes	600 „
„ „ „ „ „ Deutzerfeld	600 „
zusammen: Summe 2	2100 cbm

Außerdem ist der Anschluß des Wasserturms auf dem Bahnhofe Cöln-Eifeltor mit 400 cbm Inhalt an die Bahnwasserwerke Cöln und Cöln-Deutz in Aussicht genommen.

Nach der Fertigstellung der gesamten Anlagen beträgt also der Wasservorratsraum:

$$1300 - 600 + 2100 + 400 = 3200 \text{ cbm}.$$

Demgegenüber steht ein regelmäßiger Verbrauch in 24 Stunden von:

300	cbm	in	Cöln	Hauptbahnhof
2500	„	„	„	B. B. und Cöln-Gereon
200	„	„	„	Nippes H. W.
800	„	„	„	„ n. B.
1500	„	„	„	Eifeltor
1200	„	„	Deutzerfeld	
1500	„	„	Kalk Nord	
200	„	„	Cöln-Kalk	

zusammen: 8200 cbm.

Die aufgespeicherte Wassermenge beträgt demnach alsdann $\frac{3200 \cdot 100}{8200} = 39$ v. H. des regelmäßigen Bedarfs von 24 Stunden, oder doch, trotz dem großen Umfang der Anlagen zur Aufspeicherung des Wassers, nur $^2/_3$ des vorgeschriebenen Behälterraumes von $\frac{8200 \cdot 14}{24} =$ rund 4800 cbm.

Die Bau- und Betriebskosten der verwickelten Anlage können noch nicht angegeben werden, erstere auch nicht schätzungsweise, da die Bahnhöfe bei Cöln, wie erwähnt, teilweise noch im Umbau begriffen sind, von dessen Ausgestaltung die Anordnung der Wasserversorgung in den Einzelheiten noch abhängt, und da namentlich die Einrichtungen zur Aufspeicherung und Verteilung des Wassers auch im Entwurf noch nicht völlig feststehen.

c) **Mammutpumpwerk in Dirschau.** (Abb. 41.)

Das Wasser der Weichsel, das in dem umgebauten und zu Anfang des Jahres 1911 in Betrieb genommenen Pumpwerk des Bahnhofs Dirschau

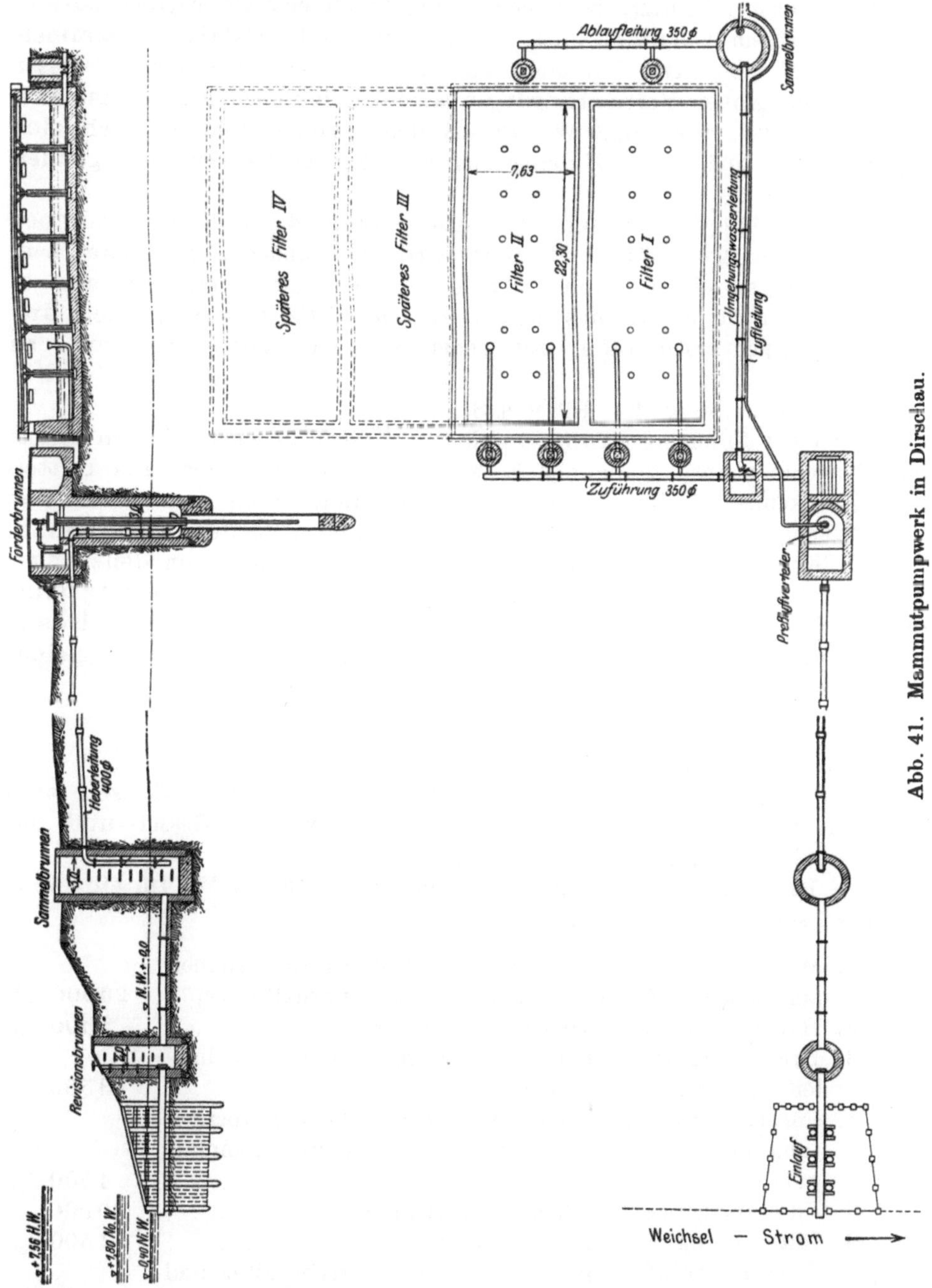

Abb. 41. Mammutpumpwerk in Dirschau.

gefördert wird, enthält viel gelösten Tonschlick, von dem es vor seiner Verwendung zur Kesselspeisung befreit werden muß. Mit Rücksicht auf die starke Verunreinigung des Wassers ist von der Förderung durch Kolbenpumpen Abstand genommen worden. Im übrigen ist das Weichselwasser zur Kesselspeisung gut geeignet.

Zunächst gelangt das Wasser durch eine 600 mm weite schmiedeeiserne Rohrleitung in einen dicht gemauerten, bei niedrigem Wasserstand befahrbaren Revisionsschacht, der sich mittels eines Schiebers nach dem Strome zu absperren läßt, und fließt dann durch eine gleichartige Leitung weiter zu einem ebenfalls dicht gemauerten und befahrbaren Sammelbrunnen (vgl. Abb. 41). Nachdem auf diesem Wege den von dem Wasser mitgeführten groben Verunreinigungen schon Gelegenheit gegeben ist sich niederzuschlagen, wird das Wasser aus dem Sammelbrunnen durch eine 400 mm weite gußeiserne Heberleitung zu dem hochwasserfrei liegenden Förderbrunnen geführt.

Aus dem Förderbrunnen wird das Wasser durch Mammutpumpen auf die Filter geschafft und zwar wird es zunächst um etwa 8 m gehoben und in einen offenen Trichter ausgegossen, von dem aus es den Filtern durch natürliches Gefälle zufließt. Es sind im ganzen drei Mammutpumpen vorhanden, von denen jede imstande ist 80 cbm/st zu heben.

Die Beschreibung der Filter s. S. 117/118.

Nach der Filterung sammelt sich das Wasser in einem kleinen hinter dem Maschinenhause gelegenen Schacht und wird von dort aus mittels doppeltwirkender Verbund - Zwillingdampfpumpen in die von früher her vorhandenen Hochbehälter befördert. Die letzterwähnte Pumpenanlage zur Förderung des Reinwassers besteht aus drei Pumpen, von denen zwei je 80 cbm/st, die dritte 160 cbm/st leisten kann. Die Aufstellung einer vierten Pumpe von 160 cbm/st Leistung ist vorgesehen, so daß alsdann je ein Pumpsatz von 80 und von 160 cbm/st in Betrieb und zwei gleiche Pumpensätze in Bereitschaft gehalten werden können.

Baukosten:

Von früher waren außer den Hochbehältern die Dampfkessel, zwei Pumpen von je 80 cbm/st Leistungsfähigkeit sowie das Kessel- und das Maschinenhaus vorhanden.

Die Baukosten der Neuanlage betragen rund 134500 M. Im einzelnen verteilen sich die Kosten wie folgt:

1.	Wassereinlauf, Revisionsschacht und Sammelbrunnen am Weichselufer bei ungünstigen Bauverhältnissen .	20000 M.
2.	Heberleitung mit Ansaugvorrichtung	2500 „
3.	Drei Mammutpumpen nebst 180 m langer Druckluftleitung ohne Druckluftpumpen	3500 „
4.	Förderbrunnen mit Vorraum für die Ansaugevorrichtung und mit dem Ausgußtrichter für die Mammutpumpen	4500 „
5.	Filteranlage nebst allen Rohrleitungen	40000 „
6.	Filterfüllung	4500 „
7.	Zwei Druckluftpumpen nebst Druckluftbehälter und allen Rohrleitungen	21000 „
8.	Zwei Verbund-Zwilling-Dampfpumpen von je 160 cbm/st Leistung einschl. Aufstellung	14000 „
9.	Revision der drei vorhandenen, aus einem anderen Bezirk übernommenen Röhrenkessel, Einmauerung der	

	Kessel, Grundmauerwerk der Pumpen und der Kompressoren (Druckluftpumpen) und Kanäle für die Rohrleitungen im Maschinenhause	12000 M.
10.	Dampfleitungen nebst Absperrschiebern, Auspuffleitungen und Schalldämpfer	1000 „
11.	Gemauerter Schornstein von 35 m Höhe und 1,25 m Mündungsweite im Lichten	5000 „
12.	Saugleitung außerhalb des Maschinenhauses, von 180 m Länge und 350 mm lichter Weite	4500 „
13.	Saug- und Druckleitung, 20 m lang, innerhalb des Maschinenhauses, nebst Abzweigungen und Anschlüssen	2000 „
	zusammen:	134500 M.

Der Bau eines vollständig neuen Pumpwerks gleicher Art hätte, abgesehen von den ebenfalls vorhandenen Hochbehältern, folgende Mehrausgaben beansprucht:

a)	Dampfkessel- und Pumpenhaus	25000 M.
b)	Zwei Dampfkessel von je 75 qm Heizfläche für 7 at Überdruck einschl. Mauerwerk	17000 „
c)	Zwei Pumpen von je 80 cbm/st Leistung einschl. Aufstellung	10500 „
	zusammen:	52500 M.

Dagegen wäre im Falle eines vollständigen Neubaus die früher unter 9. aufgeführte Summe von 12000 M. in Wegfall gekommen, so daß sich die Bausumme im ganzen auf $134500 + 52500 - 12000 = 175000$ M. belaufen hätte.

Betriebskosten:

Die Betriebsausgaben für 1 cbm Wasser einschl. der Beträge für Verzinsung und Tilgung setzen sich zusammen wie folgt:

1.	Gehalt für zwei Maschinenwärter zu 2006 M.		4012 M.
2.	Lohn für einen Hilfsmaschinenwärter		1080 „
	zusammen jährlich:		5092 M.
	oder monatlich	424 M.	
3.	Kohlen, 100 t zu 12,20 M.	1220 „	
4.	Schmiermittel	48 „	
5.	Reinigung der Filter, 8·4 Mann zu 3 M.	96 „	
6.	Verzinsung und Tilgung der Bausumme: 10% von 175000 M. $\frac{175000 \cdot 10}{100 \cdot 12} =$ einschl. der Unterhaltungskosten	1458 „	
	zusammen monatlich:	3246 M.	

oder täglich: $\frac{3246}{30} = 108{,}2$ M.

Bei voller Ausnutzung der Leistungsfähigkeit des Wasserwerks würde die tägliche Förderung in 20 Stunden 4800 cbm betragen. Die Gestehungskosten für 1 cbm filtriertes Wasser würden alsdann nach obigem:

$$\frac{10820}{4800} = 2{,}25 \text{ Pf. ausmachen.}$$

d) Wasserwerk in Frankfurt a. M. (Entwurf). (Abb. 42/44.)

Das Wasser wird aus zwei in den Main eingebauten Schlammschächten entnommen, durch die grobe Unreinigkeiten von den Pumpen ferngehalten werden. Zur Wasserförderung dienen zwei einstufige, mit asynchronen

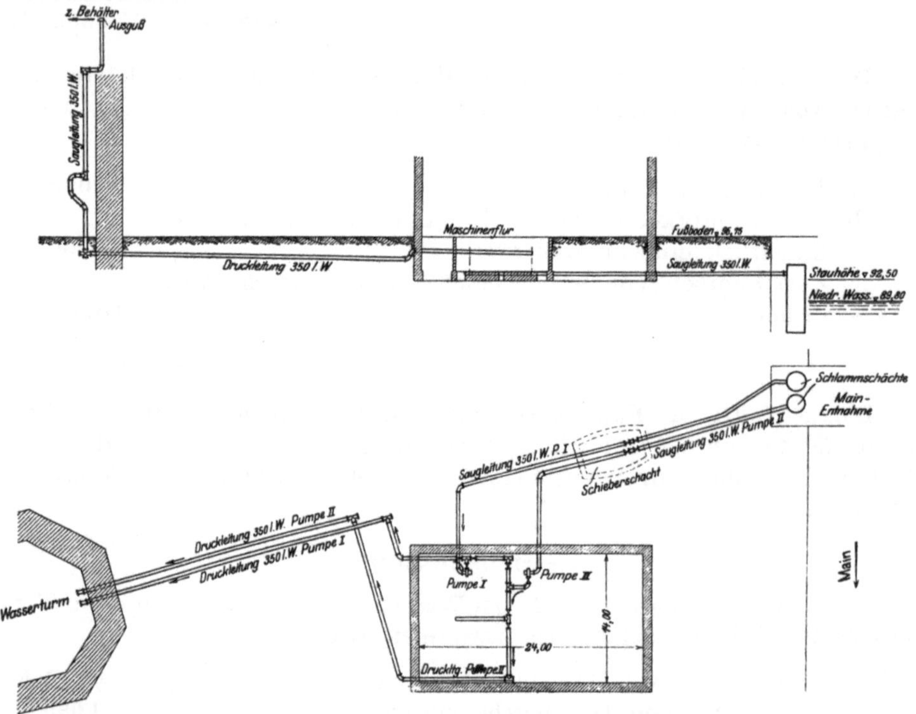

Abb. 42. Wasserwerk in Frankfurt a. M., Lageplan.

Einphasen-Wechselstrommotoren unmittelbar gekuppelte Kreiselpumpen. Die reine Druckhöhe, ohne Widerstandshöhe, beträgt etwa 25 m, die regelmäßige Leistung für jede Pumpe bei mittlerem Wasserstande 455 cbm/st und die geringste Leistung bei niedrigstem Wasserstande 400 cbm/st. Die Zahl der regelmäßigen Umdrehungen der Pumpen ist 890 min. Der zum Betriebe verwendete Wechselstrom hat eine Spannung von 2850/3000 Volt.

Die Kosten der ganzen von den Siemens-Schuckert-Werken gelieferten Maschinenanlage belaufen sich vertragsmäßig auf 17020 M. einschließlich der von Klein, Schanzlin & Becker gebauten Pumpen. Ferner ist in die Lieferung eingeschlossen: eine Hochspannungsanlage, bestehend aus einem Hochspannungsschaltgerüst nebst allen zugehörigen Schalt- und Sicherungseinrichtungen und allen zum ordnungsmäßigen Betrieb erforderlichen Zubehörteilen. Die zu den Abnahmeversuchen und zu einem zwölftägigen Probebetrieb erforderlichen Vorrichtungen und Materialien sind durch die

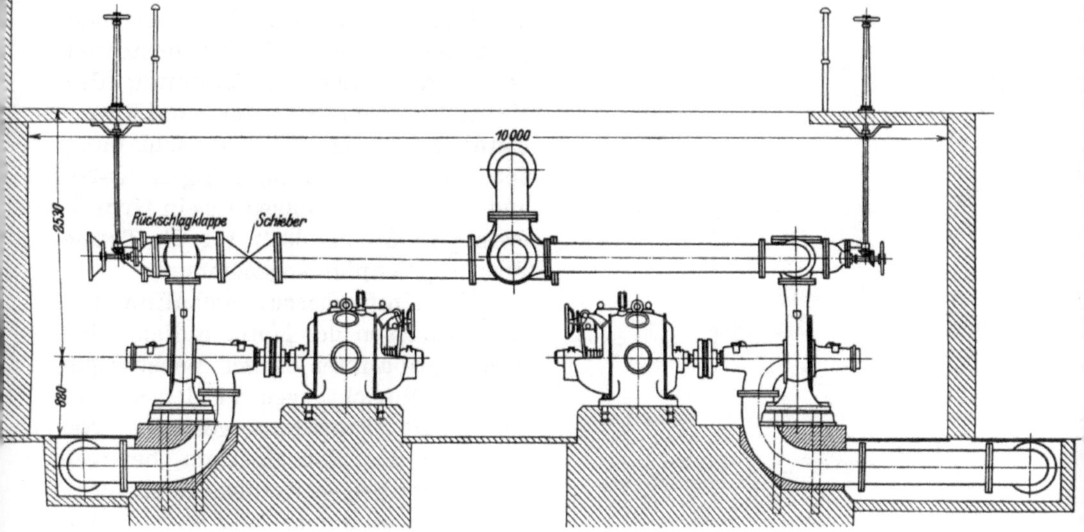

Abb. 43. Wasserwerk in Frankfurt a. M., Pumpen.

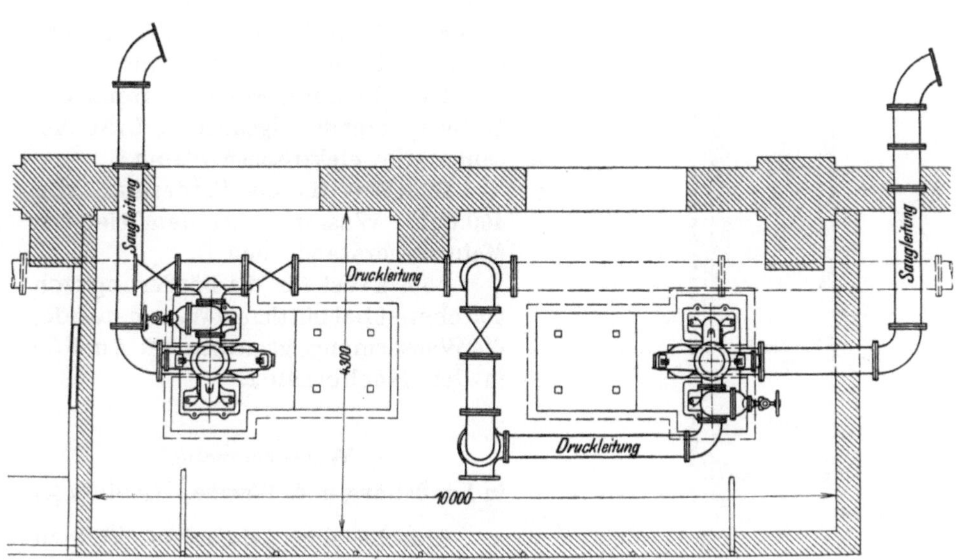

Abb. 44. Wasserwerk in Frankfurt a. M., Pumpen.

Unternehmer zu stellen, während der hierzu erforderliche elektrische Strom seitens der Eisenbahnverwaltung geliefert wird. Im übrigen gelten die festgesetzten Preise für Lieferung frei Eisenbahnwagen auf der dem Werke der Unternehmer zunächst gelegenen preußisch-hessischen Eisenbahnstation unter frachtfreier Rücksendung des Verpackungsmaterials durch die Eisenbahnverwaltung. Bei Veranschlagung der Preise für die zugehörigen Kabel und blanken Leitungen ist ein Grundpreis von 58 bis 63 M. für die Tonne Elektrolytkupfer angenommen.

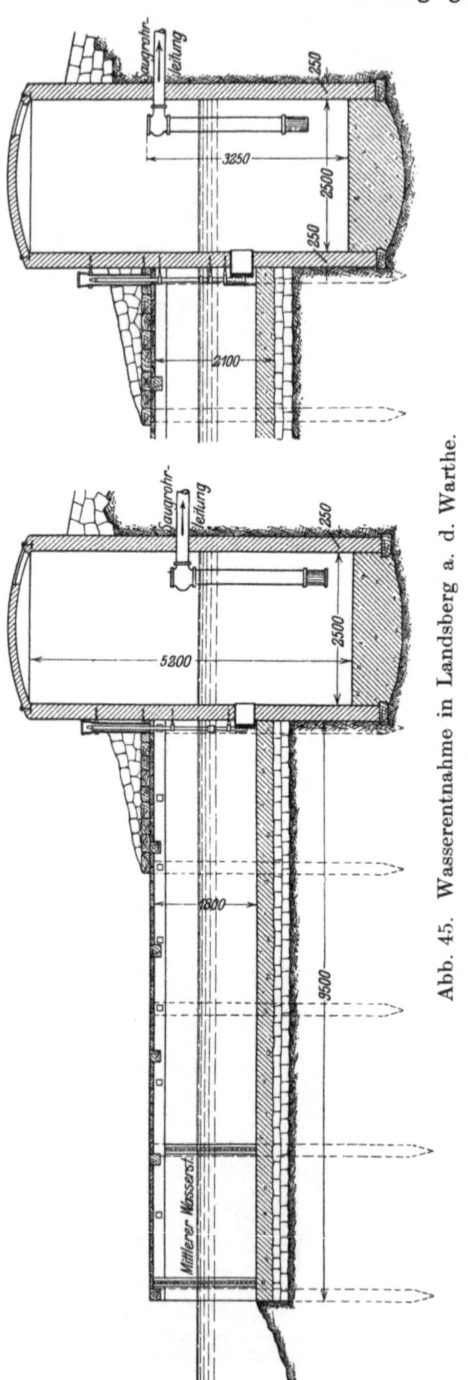

Abb. 45. Wasserentnahme in Landsberg a. d. Warthe.

Die Umformer zur Beschaffung des zum Anlassen der Motoren dienenden niedriggespannten Stroms, nebst zugehörigen Einrichtungen, werden seitens der Stadt Frankfurt gestellt, von der auch der Betriebsstrom bezogen wird. Im übrigen werden die Motoren mit Hochspannung betrieben. Auf dauerhafte und peinlich saubere Ausführung aller Schaltteile ist besonderer Wert zu legen, alle Verbindungsleitungen außerhalb der Schaltanlage sind als verseilte Bleikabel mit Eisenbandschutz auszuführen, wenn Hin- und Rückleitung nebeneinander liegt, im anderen Falle kann von der Eisenbandumhüllung abgesehen werden.

Gewährleistet werden seitens der Unternehmer die folgenden Verbrauchszahlen für elektrischen Strom:

52 kWst für die Förderung von 400 cbm Wasser/st bei dem tiefsten Mainwasserstande und

55,4 kWst für die Förderung von 455 cbm/st bei mittlerem Wasserstande, die Wassermenge gemessen am Ausfluß in den Hochbehälter.

e) Wasserentnahme in Landsberg a. d. Warthe. (Abb. 45.)

Durch einen einfachen kleinen Stollen mit Betonsohle, Spundwänden und Holzeindeckung, wird das Wasser einem befahrbaren Schacht zugeführt, dessen durchlässige Wand als Filter dient. Von dort aus wird das Wasser mittels einer Pumpe von 60 bis 100 cbm/st Leistung entnommen.

f) Wasserwerke bei Magdeburg s. Salbke, S. 81/85, und Wolmirstedt, S. 49/53.

g) Wasserwerk am Nordende des Bahnhofs Mainz. (Abb. 46/47.)

Das Wasser wird am Floßhafen aus dem Rhein entnommen, zunächst in einer aus Grob- und Feinfilter bestehenden Filteranlage geklärt und einem Sammelschacht zugeführt. Die aus zwei Stück vierfach wirkenden Zwillings-Plungerpumpen von je 80 cbm/st Leistung bestehende Wasserförderungsanlage ist unmittelbar über diesem Schacht aufgestellt. Am Eingange der rd. 1500 m langen, mehrfach geknickten Druckleitung, durch die das Wasser in den Wasserturm (Bauart Intze) von 300 cbm Inhalt befördert wird, ist ein Druckwindkessel mit einem nutzbaren Inhalt von etwa 0,75 cbm eingeschaltet. Die Pumpen werden durch je einen mit selbsttätiger Anlaßvorrichtung versehenen und durch Drehstrom von 120 Volt Spannung gespeisten Elektromotor von 20 PS Leistung mittels Zahnradübersetzung angetrieben. Gesamte Förderhöhe 26 m.

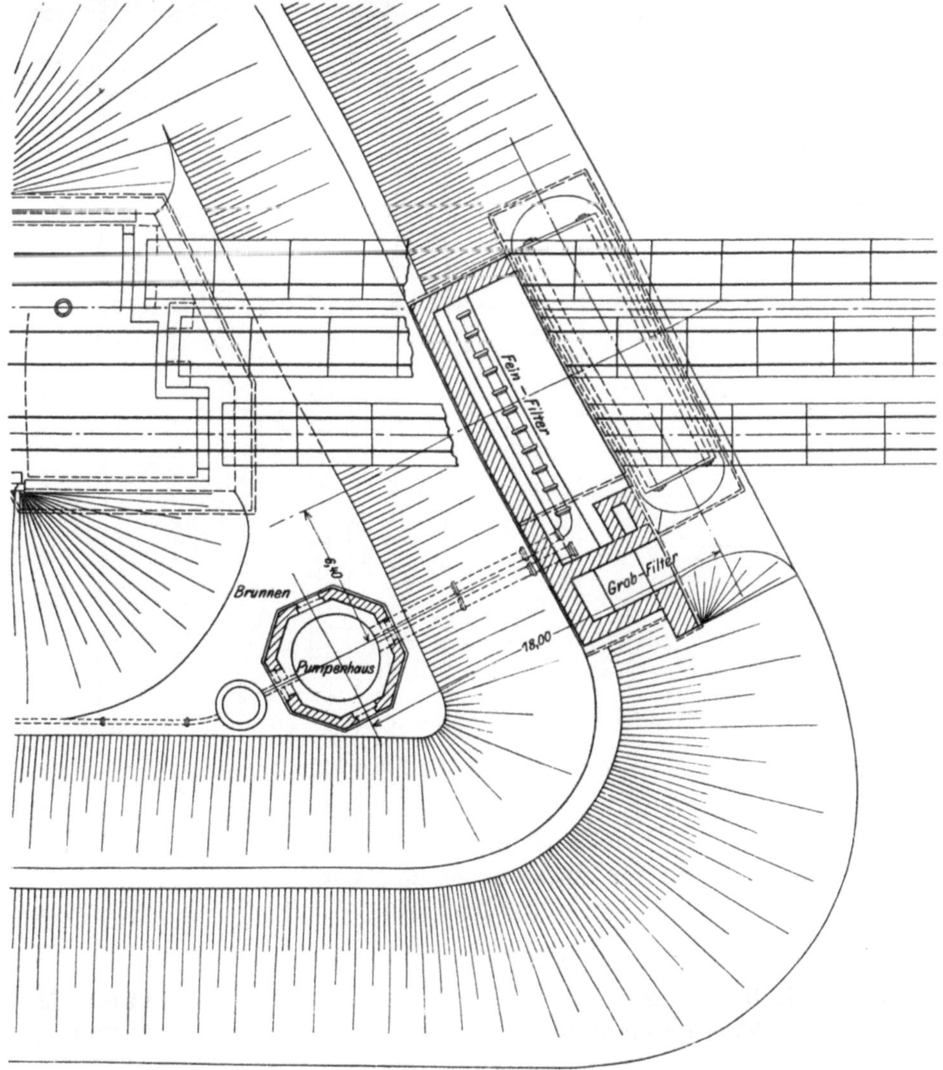

Abb. 46. Wasserwerk in Mainz, Lageplan.

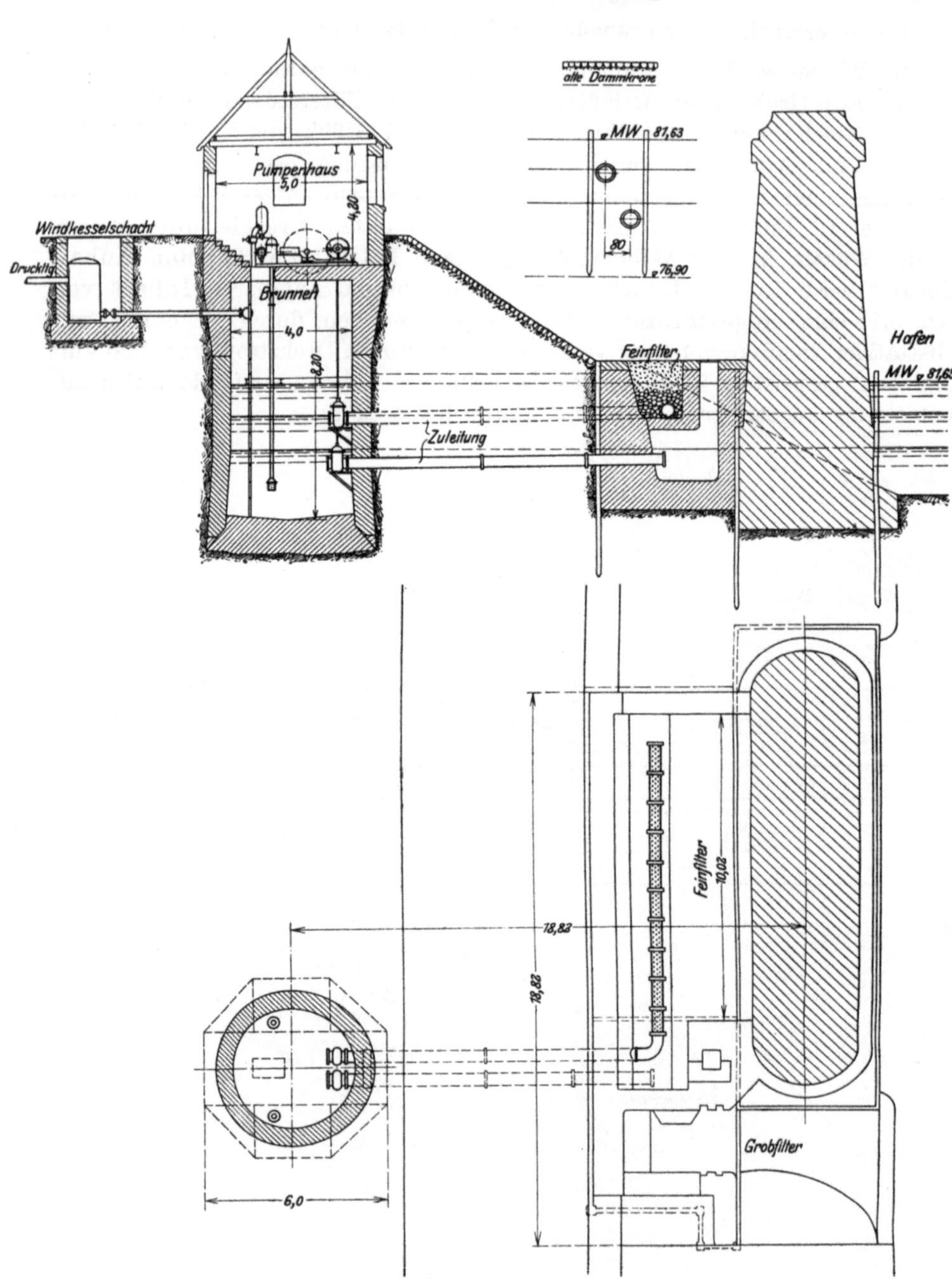

Abb. 47. Wasserwerk in Mainz.

Die **Baukosten** haben betragen:

a) für die Bauanlagen	92000 M.
b) „ „ Maschinenanlagen	13500 „
zusammen:	105500 M.

Betriebskosten bei einer jährlichen Förderung von 426000 bis 450000 cbm.

	im ganzen	auf 1 cbm gefördertes Wasser
a) Zinsen der Bausumme (3,5 %)	3693 M.	0,82 Pf.
b) Abschreibungen: 3 % der Bauanlage . . .	2760 „	0,63 „
5 % der Maschinenanlage	675 „	
c) Kosten des elektrischen Stroms	9660 „	2,15 „
d) Schmier- und Putzmittel	57 „	0,012 „
e) Unterhaltung	1000 „	0,22 „
f) Löhne für Wartung und Bedienung . . .	292 „	0,065 „
	zusammen:	3,90 Pf.

h) Wasserentnahme in Rothfließ.

Das Wasser wird einem See entnommen, indem es durch eine einfache Tonrohrleitung einem Sammelbrunnen zugeführt wird. Eine Steinschüttung im See vor der Einmündung der Rohrleitung schützt gegen den Eintritt von Unreinigkeiten in die Leitung.

i) Wasserwerk in Salbke bei Magdeburg. (Abb. 48/51 a/b.)

Das Wasserwerk liegt etwa 7 km südlich vom Hauptbahnhof Magdeburg. Das zur Versorgung dieses Bahnhofes, sowie des Bahnhofes Magdeburg-Buckau, des Rangierbahnhofes Rothensee und der Hauptwerkstätten Salbke und Magdeburg-Buckau dienende Wasser wird der Elbe unmittelbar entnommen und dem Pumpwerk durch eine frei im Wasser, durch eine Buhne geschützt verlegte, aber erst nachträglich angefügte eiserne Rohrleitung und einen anschließenden, ursprünglich allein vorgesehenen unterirdischen gemauerten Kanal von eiförmigem Querschnitt und rund 350 m Länge zugeführt. In diesem Kanal sind Schlammfänge in den Einsteigschächten, sowie ein herausziehbares Sieb aus kupfernem Drahtgeflecht von 5 mm Maschenweite, zur Fernhaltung gröberer Unreinigkeiten von den Pumpen vorgesehen. Die in der Abb. 51 angegebene Leitung für Kreiselpumpen wird nur bei ungewöhnlich niedrigen Wasserständen benutzt, wenn das Wasser nicht mehr durch natürliches Gefälle in den Zuleitungskanal gelangen kann. S. den Übersichtsplan Abb. 51 u. d. Zeichnung des Saugbrunnens und der Einlaßköpfe für das eiserne Rohr und für den gemauerten Kanal Abb. 50. Das stark verunreinigte, aber in bisheriger Ermangelung geeigneten Grundwassers auch notgedrungen zum Trinken verwendete Elb-

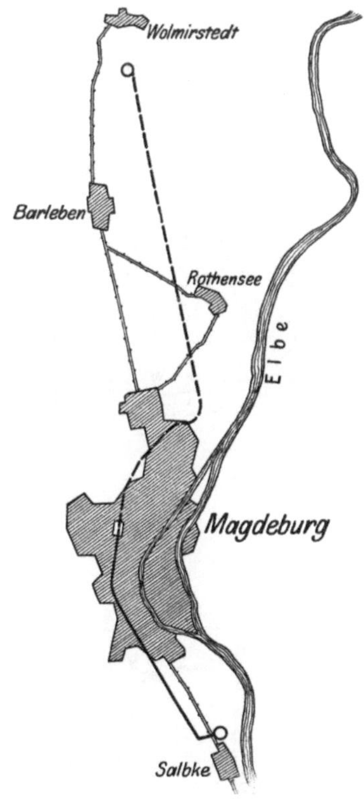

Abb. 48. Lageplan der Wasserwerke bei Magdeburg.

wasser mußte mit Sicherheit von allen gesundheitsschädlichen Keimen befreit werden und wird deshalb in Sandfiltern einem gründlichen Reinigungsverfahren unterzogen. (Näheres hierüber s. i. Aschn. II: Wasserreinigungsanl. S. 93.)

Zur Beförderung des Rohwassers auf die Filter dienen zwei stehende Schachtpumpen (Abb. 49) von je 360 cbm/st Leistungsfähigkeit, während zwei liegende Zwillingsdruckpumpen das gefilterte Wasser in den Hochbehälter, einen Doppelbehälter der Bauart Intze, von 1000 cbm Inhalt (Abb. 49) schaffen. Die rund 13 km lange Falleitung nach den obengenannten Bahnhöfen ist 355 mm im Lichten weit, die Unterkante des Hochbehälters liegt 25,5 m über dem Gelände und rund 38 m über dem niedrigsten Wasserstand der Elbe. Die Pumpen werden mittels Dampf betrieben, der durch zwei ausziehbare Röhrenkessel von je 90 qm Heizfläche und 8 at Überdruck geliefert wird. Die Speisung der Kessel erfolgt durch zwei selbsttätige Cohnfeldsche Speisevorrichtungen, nebst einer Speisepumpe zur Aushilfe.

Das Elbwasser hat sich infolge starken Steigens des Salzgehaltes in den letzten Jahren mehr und mehr als ungeeignet zur Speisung der Lokomotivkessel

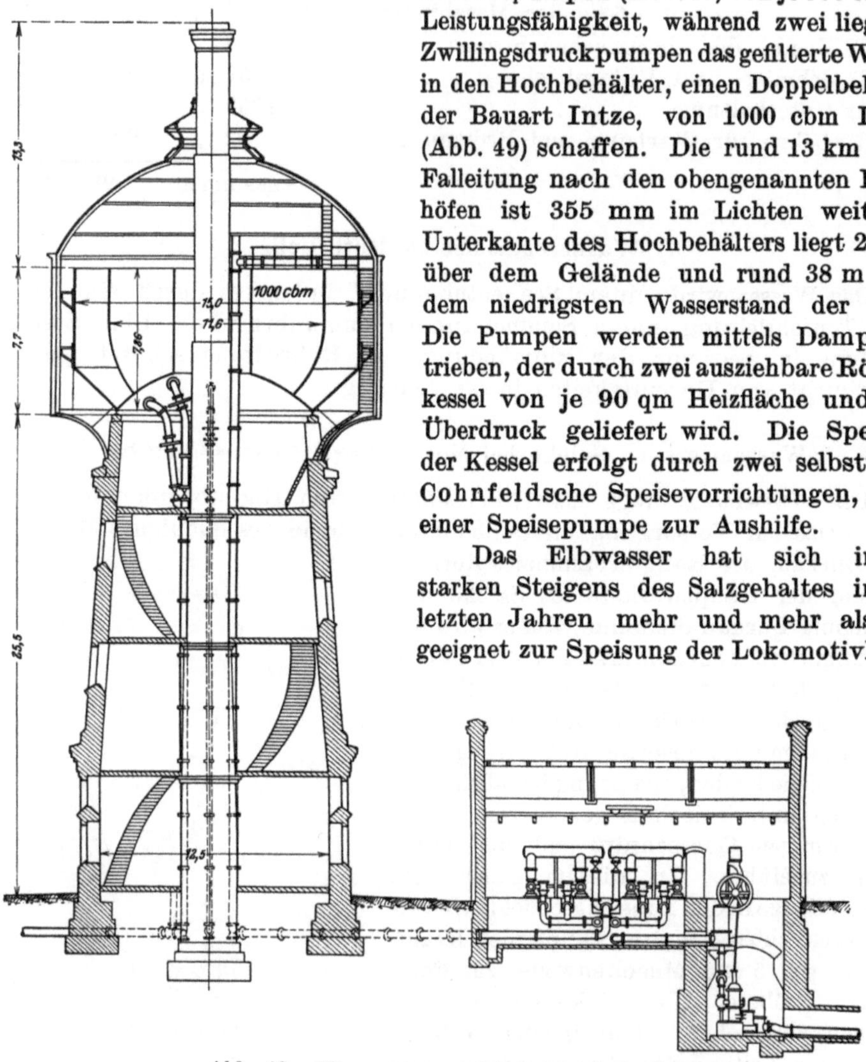

Abb. 49. Wasserturm und Pumpwerk in Salbke.

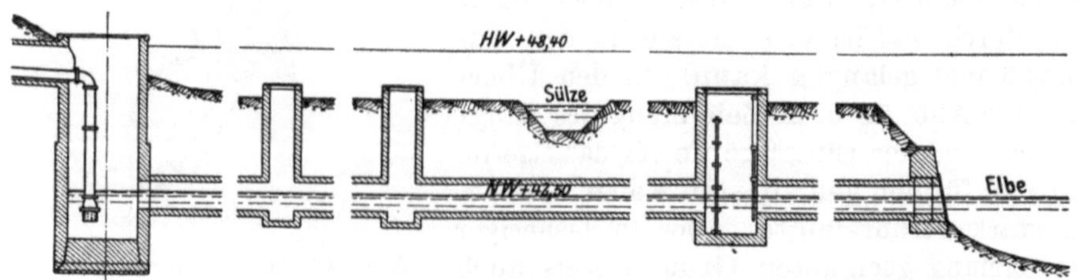

Abb. 50. Wasserwerk in Salbke, Einlaß des Rohwassers vom Flußufer aus.

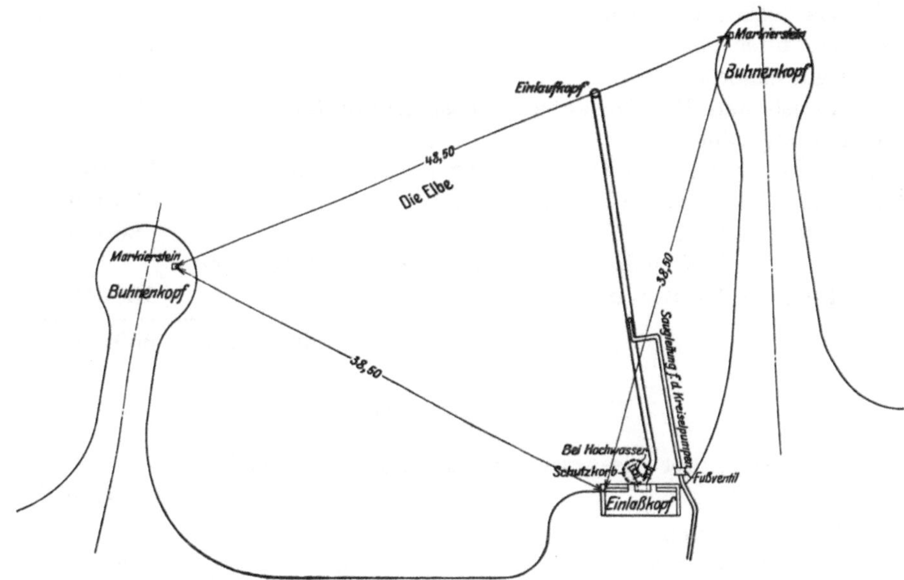

Abb. 51. Wasserwerk in Salbke, Lageplan der Wasserentnahme aus der Elbe.

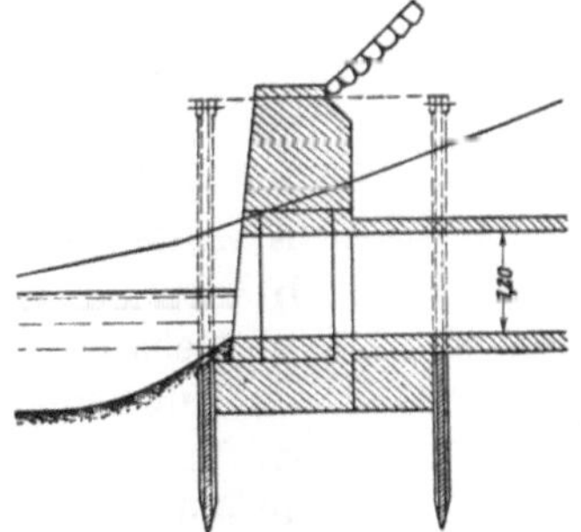

erwiesen. Es ist deshalb ein neues Pumpwerk bei Wolmirstedt errichtet worden (vgl. S. 49), nachdem es schließlich doch gelungen ist, einen geeigneten Grundwasserstrom nördlich von Magdeburg aufzufinden. Das alte Pumpwerk bei Salbke bleibt indessen zur Aushilfe bestehen und der zugehörige Wasserturm wird ebenfalls weiter benutzt.

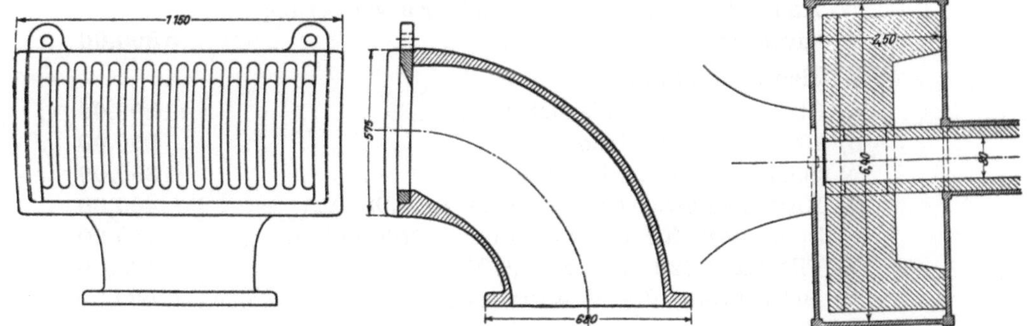

Abb. 51 a. Wasserwerk in Salbke, Einlaufkopf im Flusse.

Abb. 51 b. Wasserwerk in Salbke, Einlaßkopf am Flußufer.

I. Baukosten des Wasserwerks in Salbke:

1.	Grunderwerb und Nutzungsentschädigung	30800 M.
2.	Pflasterung und Einfriedigungen	6960 „
3.	Zuleitungskanal mit Einlaßkopf und Zuleitungsrohr	102800 „
4.	Saugbrunnen	2500 „

5.	Klärbecken und Vorfilter	73800 M.
6.	Sandfilter und Sandwäsche	157300 „
7.	Reinwasserbehälter	40970 „
8.	Kessel- und Maschinenhaus nebst Kohlenbanse	34530 „
9.	Dienstgebäude	6680 „
10.	Wasserturm nebst Behälter und Schornstein	143450 „
11.	Dampfkesselanlage	23060 „
12.	Dampfpumpen	80970 „
13.	Saug- und Druckleitungen des Wasserwerks und Hauptrohrleitung nach Magdeburg	156610 „
	Zusammen:	860430 M.

II. Betriebskosten:

1.	Verzinsung der gesamten Bausumme: 4% von 860430 M.	34417,20 M.
2.	Abschreibungen:	
	a) 10% der Kosten unter I—2. (6960 M.)	696,00 „
	b) 3% „ „ „ I—3. bis 10. u. I—13. (718640 M.)	21559,20 „
	c) 7,5% „ „ „ I—11. (23060 M.)	1729,50 „
	d) 5% „ „ „ I—12. (80970 M.)	4048,50 „
3.	Persönliche Ausgaben:	
	a) Anteil am Gehalt des Amtsvorstandes	600,00 „
	b) „ „ „ „ Werkmeisters	600,00 „
	c) Gehälter und Löhne der Maschinenwärter und Hilfsbediensteten	7040,00 „
	d) Verwaltungskosten	600,00 „
	e) Löhne für Reinigung des Zulaufkanals und des Brunnens, der Vorklärbehälter, Vorfilter und Hauptfilter, Schlamm- und Entwässerungsleitungen	5800,00 „
4.	Betriebsmaterialien:	
	a) Steinkohlen für Kesselfeuerung	11200,00 „
	b) Holz zum Anheizen	200,00 „
	c) Schmier- und Putzmittel	1300,00 „
	d) Kesselspeisewasser (5000 cbm zu 0,08 M.)	400,00 „
	e) Spülwasser für die Sandwäsche (2000 cbm)	160,00 „
	f) Filtersand (20 cbm zu 5,0 M.)	100,00 „
	g) Beleuchtung des Wasserwerkes	500,00 „
5.	Materialien für die Wasseruntersuchung	120,00 „
6.	Unterhaltung:	
	a) der baulichen Anlagen (I 2. bis 10. u. I 13.): 1% von 725600 M.	7256,00 „
	b) der Dampfkessel und Pumpen (I 11. u. 12.): 3% von 104030 M.	3121,00 „
	c) Inventarstücke	100,00 „
	Zusammen:	101547,00 M.

Die Ausgaben für 1 cbm Reinwasser betragen demnach bei einer jährlichen Förderung von rund 1000000 cbm Reinwasser:

$$\frac{101574,40}{1000000} = 0,10 \text{ M.}$$

C. Wasserentnahme aus städtischen Leitungen.

Wasserwerk in Linden-Fischerhof. (Abb. 52/53.)

Bei der Wasserentnahme aus städtischen Leitungen kann der Fall eintreten, daß wegen zu enger Zuflußleitungen oder wegen ungünstiger Höhenlage des zu versorgenden Bahnhofes eine unmittelbare Speisung des

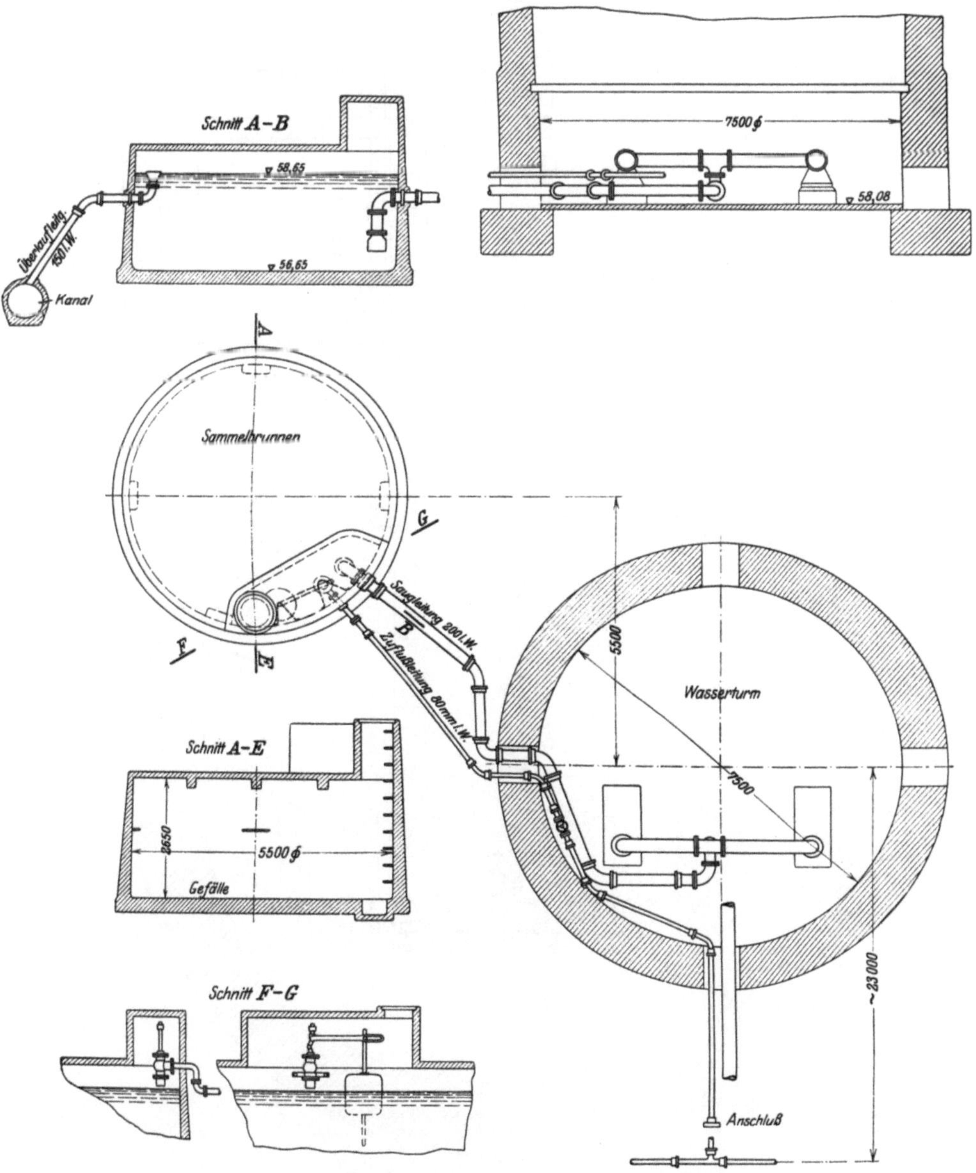

Abb. 52. Sammelbrunnen in Linden-Fischerhof.

Hochbehälters nicht tunlich ist. Dennoch können vorliegende Schwierigkeiten anderswoher geeignetes Wasser zu beziehen, die Inanspruchnahme einer städtischen Leitung angezeigt erscheinen lassen. Es entsteht dann eine Anlage nach Art derjenigen des Bahnhofs Linden-Fischerdorf (Abb. 52 und 53), bei der das aus der städtischen Leitung zufließende Wasser zunächst in einer Zisterne mit Schwimmerventil gesammelt wird, die hier unterirdisch angelegt ist. Zwei mit Elektromotoren gekuppelte Kreiselpumpen befördern das Wasser von dort aus in den Hochbehälter.

Je nach den örtlichen Verhältnissen kann es in anderen Fällen zweckmäßig sein, den Sammelbehälter zur Ersparung an Betriebskraft nicht unterirdisch, sondern möglichst hoch, entsprechend dem mit Sicherheit stets verfügbaren geringsten Leitungsdruck anzuordnen.

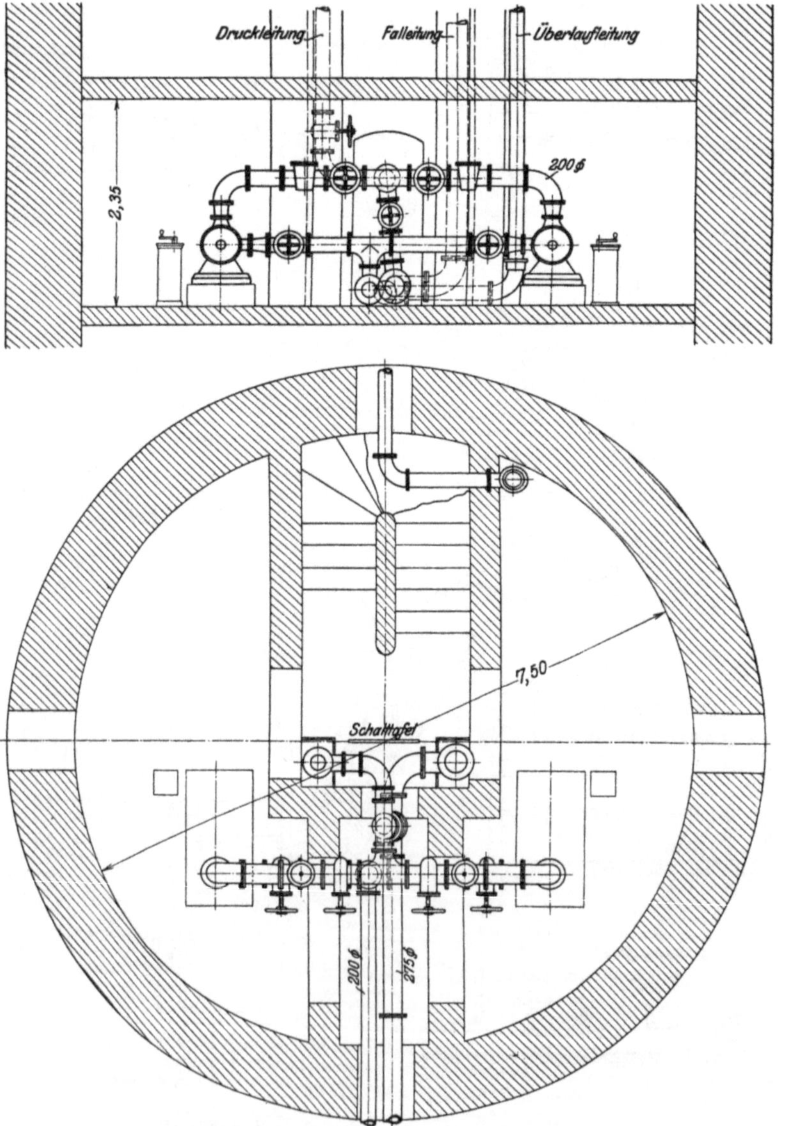

Abb. 53. Rohrleitung in Linden-Fischerhof.

D. Wasserwerk in Frose (Anhalt) und Aschersleben.[1])

(Abb. 54/55.)

Das zur Versorgung der Bahnhöfe Frose und Aschersleben dienende Wasserwerk paßt in keine der vorstehenden Gruppen recht hinein. Das Wasser wird von der dem Bahnhof Frose benachbarten Braunkohlengrube „Anhalt" aus in einem offenen Graben und daran anschließender 100 m langer, 200 mm weiter Tonrohrleitung, mittels natürlichen Gefälles, zunächst in Klärbecken (Sitzbecken) geleitet und von dort aus durch eine Pumpe in den Wasserturm auf dem Bahnhof Frose befördert. Von hier aus wird

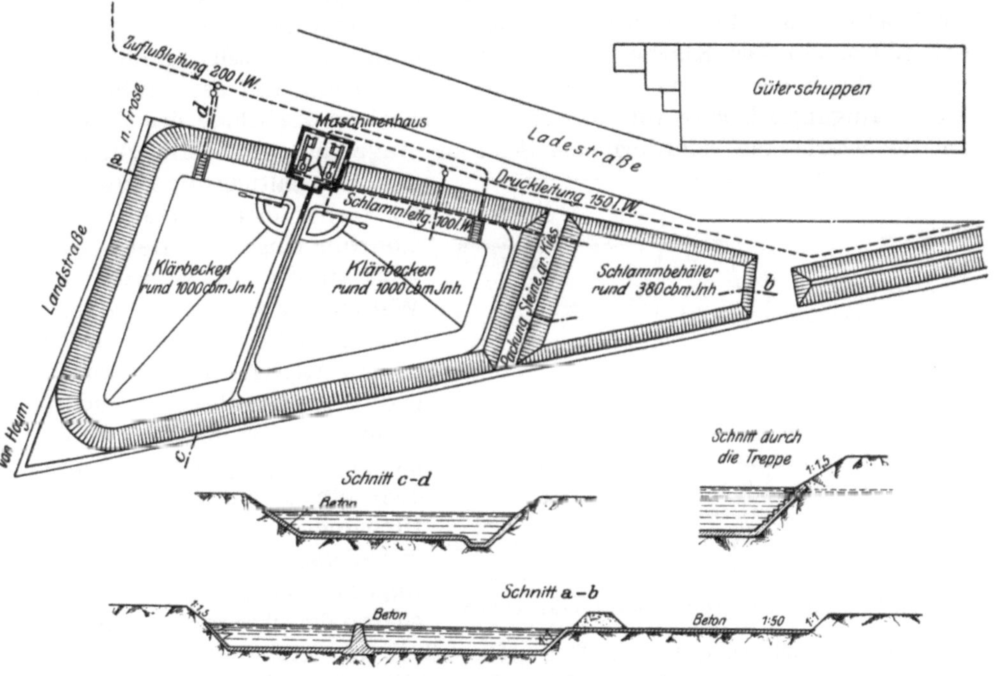

Abb. 54. Lageplan des Wasserwerkes in Frose.

es nach Bedarf dem 8 km entfernten und 15 m tiefer liegenden Verschiebe-Bahnhofe in Aschersleben zugeführt. Zur Anlage der beiden Klärbecken von je 1000 cbm Inhalt in Frose ist eine alte Ausschachtung benutzt.

In unmittelbarer Nähe eines der beiden Bahnhöfe von Aschersleben steht sonst kein zur Kesselspeisung geeignetes Wasser zur Verfügung. Da indessen die Anlage einer Wasserstation an dieser Stelle durch Betriebsrücksichten geboten war, so blieb für diese kein gangbarerer Weg als der Anschluß an das schon vorhandene Wasserwerk in Frose, das entsprechend zu erweitern war. Abgesehen von den in dem hier benutzten Wasser der Braunkohlengrube reichlich vorhandenen Sinkstoffen ist dieses Wasser, seiner chemischen Beschaffenheit nach, zur Speisung von Lokomotivkesseln durchaus verwendbar. Der Enthärtung bedarf es nicht.

Der Wasserverbrauch betrug im Jahre 1909 rund 50 cbm täglich in Frose und 200 cbm in Aschersleben. Dieser Bedarf mußte durch das Wasserwerk in täglich zehnstündigem Betriebe gefördert werden. Jede

[1]) Ztschr. f. Bauwesen (Berlin) 1909, Sp. 71/76.

der beiden vorhandenen Pumpen, von denen stets eine in Bereitschaft bleibt, ist imstande, den Bedarf zu decken. Durch den Antrieb der Pumpen von einer Vorgelegewelle aus, mittels Riemen, ist erreicht, daß jede der beiden Benzinmaschinen von 4 PS-Leistung eine beliebige der beiden Pumpen antreiben kann. Ebenso kann jede der beiden Pumpen aus einem beliebigen der beiden Klärbecken schöpfen. Die Pumpen sind liegend und doppeltwirkend angeordnet und können, bei 75 Doppelhüben/min. je 30 cbm Wasser/st. fördern. Die Enden der Saugleitungen, mit den Saugköpfen, sind gelenkig an die feste Leitung angeschlossen. Die Saugköpfe werden durch Schwimmer stets nahe unter dem Wasserspiegel gehalten, weil dort das Wasser am wenigsten durch mechanisch beigemengte Teile verunreinigt ist. (Abb. 55.) Die Klärbecken in Frose werden abwechselnd gefüllt und wieder durch die Pumpe entleert. In die Zuleitung von der Grube sind drei Reinigungsschächte und die zur wechselweisen Verteilung des Wassers an die Klärbecken erforderlichen Schieber eingebaut. Zur Ermöglichung der Reinhaltung der Zuleitung ist ferner eine Kette in das Tonrohr eingelegt. Beim Eintritt in die Becken wird das Wasser, zur Verteilung gröberer Unreinigkeiten und zur Beförderung langsamen, gleichmäßigen Einlaufs, über eine in die Böschung der Becken eingebaute Treppe geleitet. Nachdem ein Becken — innerhalb 16 Stunden — gefüllt ist, bleibt das Wasser zunächst 8 Stunden ungestört sich selbst überlassen, so daß die schwereren Sinkstoffe Zeit finden, sich abzusetzen. Der größere Teil der letztern wird in dieser Zeit ausgefällt. Innerhalb der folgenden 24 Stunden wird alsdann das so geklärte Wasser mittels einer der beiden Pumpen in den Wasserturm auf dem Bahnhof Frose gefördert. Jährlich zweimal werden die Klärbehälter in Frose gereinigt, indem der Schlamm, unter Wasserzufuhr, mit Haken aufgerührt und alsdann mit Besen in den Schlammsumpf gefegt wird. Von hier aus wird er durch die Kreiselpumpe in einen nebenan liegenden Schlammbehälter von etwa 400 cbm Inhalt befördert. Letzterer wird einmal jährlich entleert. Am tiefsten Punkte jedes Klärbeckens ist zu diesem Zwecke ein Schlammsumpf angeordnet, der durch die von der Vorgelegewelle der Förderpumpen aus angetriebene Kreiselpumpe ausgeschöpft werden kann. Die Sohle des Schlammbehälters liegt etwas höher als der Wasserspiegel des Klärbehälters. Da beide Behälter nur durch eine aus Steinen und Kies bestehende Packung voneinander getrennt sind, so sickert das in dem Schlamm enthaltene Wasser in den Klärbehälter zurück, wodurch der Schlamm feste Gestalt annimmt.

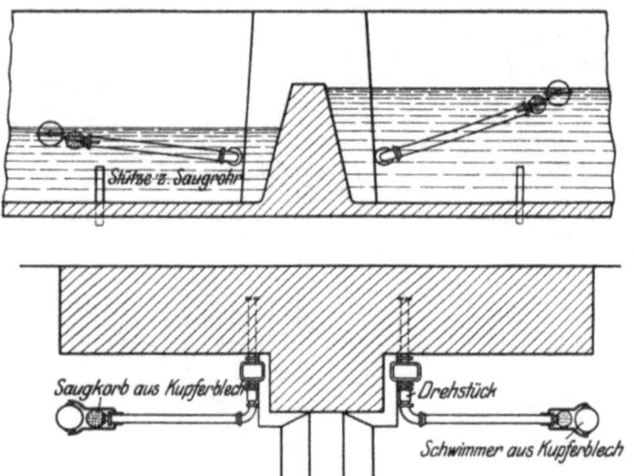

Abb. 55. Wasserentnahme des Wasserwerkes in Frose.

Der Wasserturm, mit einem Behälter von 50 cbm Inhalt, dem das in den Klärbehältern zum großen Teil von Sinkstoffen befreite Wasser durch eine Druckleitung von 150 mm lichter Weite zugeführt wird, ist nur 30 m vom Pumphause entfernt. Trotz ihrer Kürze muß die Druckleitung, da das von den Pumpen geförderte Wasser noch nicht ganz frei von Sinkstoffen ist, zeitweilig gespült werden. Das zu diesem Zwecke vom Wasserturm aus hindurchgeleitete Wasser wird durch Öffnen des Schiebers *f* (Abb. 54) in den benachbarten Klärbehälter gelassen. Auch kann zur Spülung der Druckleitung eine Verbindung mit der Falleitung für den Bahnhof Frose benutzt werden.[1]) Die Spülung erfolgt monatlich einmal und nimmt jedesmal $^3/_4$ Stunden in Anspruch. Die Falleitung für einen Wasserkran in Frose ist von der Leitung für Aschersleben getrennt. Letztere Leitung ist durch den Boden des Hochbehälters hindurch bis auf die halbe Höhe des Behältermantels geführt, so daß die Wasserversorgung des Bahnhofs Frose für alle Fälle, auch für den eines etwa zu spät bemerkten Bruches der nach Aschersleben führenden Leitung, gesichert bleibt. Für die Zeit einer wegen Ausbesserung oder Reinigung erforderlichen vorübergehenden Ausschaltung des Behälters in Frose kann auch das von den Pumpen geförderte Wasser unmittelbar in die Leitung für Aschersleben übergeführt werden. Letztere Leitung ist, durchweg im Gefälle, dem Bahndamm entlang gelegt. Sie ist mit Entlüftungs und mit Sicherheitsventilen und mit einer Anzahl von Absperrschiebern versehen. Bei einem starken Gefällwechsel, ungefähr in der Mitte der Leitung, ist ein Schlammkasten eingebaut. Am tiefsten Punkte, unmittelbar vor dem Bahnhof Aschersleben, ist ein Auslaßschieber zum Spülen der Leitung angeordnet. An jedem der zahlreichen Überwege ist ein Standrohr zum Besprengen des Weges an die Leitung angeschlossen. Im Verschiebebahnhof Aschersleben verzweigt sich die Leitung nach den dort befindlichen Wasserkränen, nach dem Hochbehälter des Verschiebebahnhofes und nach dem des 4 km entfernten Personenbahnhofes, sowie nach dem benachbarten Bahnhofe einer Kleinbahn. Hier ist ein Wassermesser eingeschaltet.

Die Baukosten haben betragen:

1.	für die Klärbehälter	17 500 M.
2.	„ die Rohrleitungen	80 000 „
3.	„ drei Wasserkräne	4 500 „
4.	„ das Maschinenhaus (Erweiterung)	2 100 „
5.	„ zwei Benzinmaschinen und drei Pumpen (einschl. Kreiselpumpe)	9 000 „
6.	„ den Wasserturm des Verschiebebahnhofs Aschersleben, nebst dem Behälter von 100 cbm und den Leitungen im Turm	15 000 „
7.	„ den Wasserbehälter von 50 cbm in Frose	1 400 „
8.	„ Sonstiges und zur Abrundung	10 500 „
	Insgesamt	140 000 M.

[1]) Vgl. die Einzelheiten der Leitungen in der angezogenen Quelle.

2. Wasserreinigung.

A. Enteisenungsanlagen.

a) Enteisenungsanlage für Trinkwasser in Giflitz (E.-D. Cassel). (Abb. 56.)

Die auf eine stündliche Leistung von 300 l bemessene, von der Voran-Apparatebau-Gesellschaft m. b. H. in Frankfurt a. M. gelieferte Einrichtung, bestehend aus einem Koksrieseler und einem Kiesfilter, ist auf dem oberen Zwischenboden des Wasserturms, unmittelbar unter dem Hochbehälter aufgestellt. Der Zufluß des Rohwassers wird durch eine Schwimmervorrichtung vom Reinwasserbehälter aus geregelt. Das Rohwasser tritt durch eine Brause oben in die Vorrichtung ein und wird durch einen gelochten Wellblechboden gleichmäßig verteilt. Das Wasser gelangt dann zunächst in den Koksrieseler und wird hier mit Hilfe von quer durchgeführten gelochten Rohren gründlich durchlüftet, wodurch das im Wasser

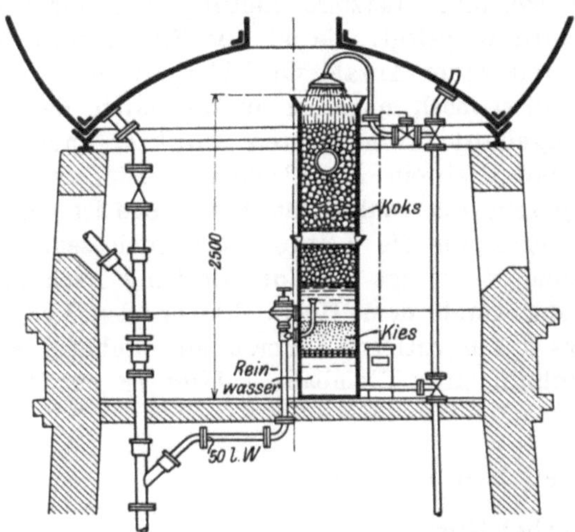

Abb. 56. Enteisenungsanlage in Bergheim-Giflitz.

gelöste Eisenoxydul in Eisenoxyd verwandelt und ausgefällt wird. Die sich bildenden Niederschläge werden von dem unterhalb des Koksrieselers angebrachten Kiesfilter zurückgehalten. Einrichtung für die wöchentlich einmal erforderliche Spülung des Kiesfilters von der Rohwasserleitung aus mit Abfluß in die Überlaufleitung ist vorgesehen.

Die zugehörige Wasserförderungsanlage für Lokomotivspeisewasser besteht in einer doppeltwirkenden liegenden Kolbenpumpe mit 10 cbm/st Leistung, die durch einen Kohlenwasserstoffmotor von 1 bis 2 PS Leistung angetrieben wird, einem 3 m tiefen und 2 m weiten Brunnen und einem Behälter von 50 cbm Inhalt.

b) Enteisenungsanlage in Lehrte. (Abb. 57.)
(Wasserstation s. S. 33).

Die Anlage nach dem Patent von Deseniss & Jacobi in Hamburg besteht aus sechs geschlossenen Kiesfiltern, die auf einem Vorbau des Wasserturms in der Höhe der Wasserbehälter aufgestellt sind. Kurz vor der Einmündung der Druckleitung in die Kiesfilter wird durch eine im

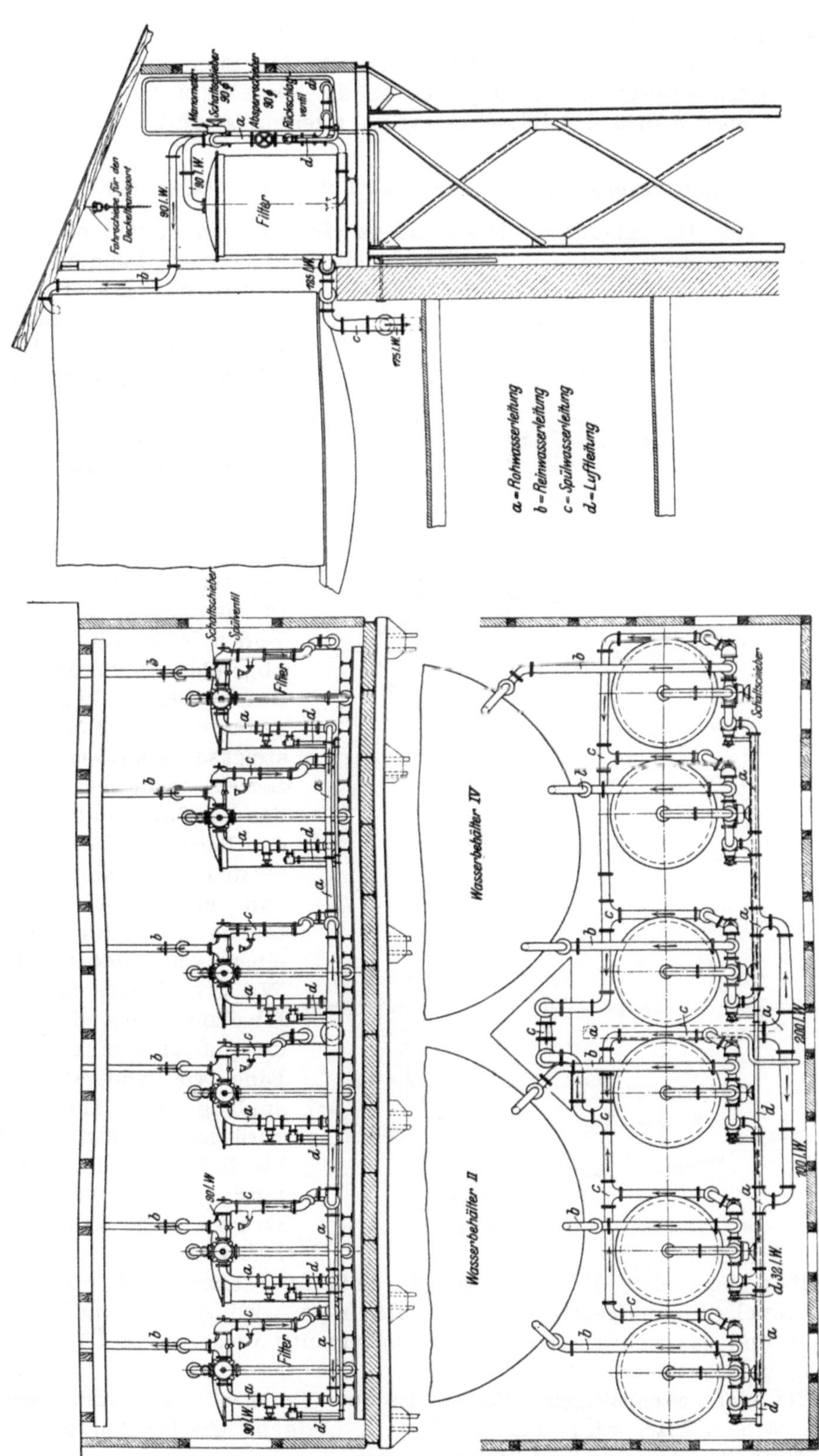

Abb. 57. Enteisenungsanlage in Lehrte (Deseniss & Jacobi).

Wasserturm untergebrachte Luftpumpe andauernd Luft in das von den Pumpen kommende Wasser gepreßt, wodurch das Eisen ausgefällt wird. Durch entsprechende Einstellung der in die Druckleitung eingebauten Schaltschieber werden die Kiesfilter täglich zweimal gespült.

c) Enteisenungsanlagen der Bauart Schäfer. (Abb. 58.)

Die von Aug. Klönne in Dortmund gelieferten Anlagen sind bei verschiedenen Wasserstationen des Eisenbahndirektionsbezirks Hannover in eiförmige Behälter der Bauart Schäfer - Barkhausen eingebaut. Das Wasser fließt aus der im Inneren der Behälter hochgeführten Druckleitung auf ein in der Laterne des Turmes oberhalb des Behälters angebrachtes Sieb, fällt durch dieses fein verteilt in Regenform in ein weites, bis zum Boden des Behälters hinabgeführtes Rohr, gelangt durch dieses hindurch unter das Kiesfilter und steigt so, vom Eisengehalt befreit, schließlich durch das Kiesfilter hindurch in den Behälter. Der abgesetzte Eisenschlamm wird zum großen Teil durch täglich einmaliges Öffnen eines vom Boden des Wasserbehälters in die Überlaufleitung führenden Abflußrohres geöffnet. Eine vollständige Ausspülung des Kiesfilters wird nach Bedarf alle 8 bis 14 Tage in der Weise vorgenommen, daß das Druckwasser aus der Druckleitung in das unmittelbar über dem Filter mündende Abfallrohr übergeführt und der Kies gleichzeitig aufgearbeitet wird. Der Kies wird so vollständig abgespült und das Spülwasser durch das Bodenventil wieder in die Überlaufleitung geführt.

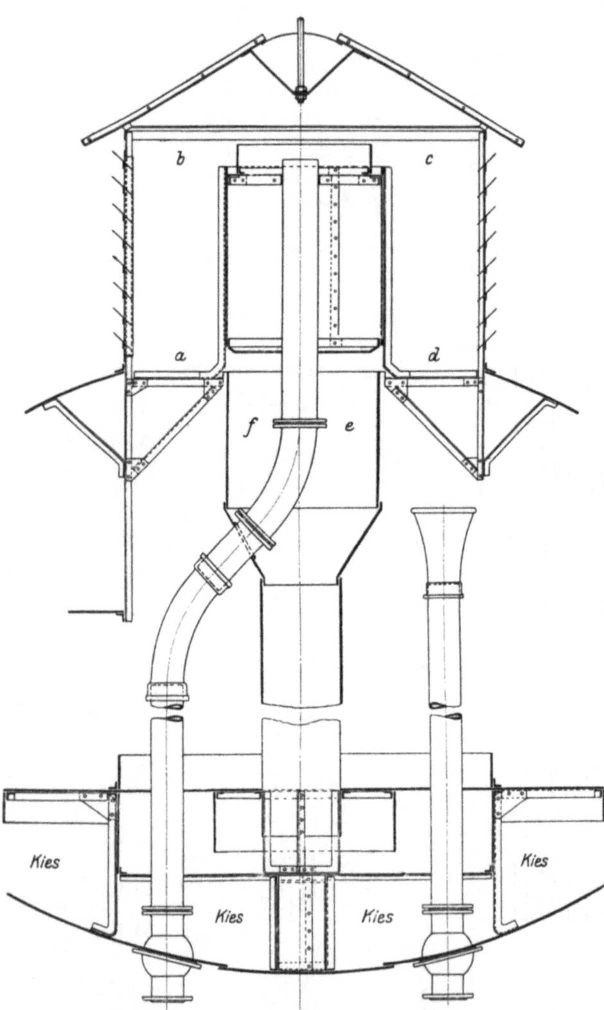

Abb. 58. Enteisenungsanlage der Bauart Schäfer.

Bei nicht eisenhaltigem Wasser, das aber gleichzeitig als Trinkwasser dient, wie in Elze, wird das Kiesfilter in übrigens gleicher Anordnung, aber ohne die Regenvorrichtung, verwendet.

B. Enthärtungsanlagen.

a) Enthärtungsanlage in Berlin-Halensee, Kalk- und Kalk-Soda-Verfahren. (Abb. 59/63.)

Die Anlage ist ursprünglich für das Reisertsche Verfahren mit Kalk und Soda eingerichtet, später aber mit gutem Erfolg nur mehr mit Kalk betrieben worden, um die sonst in den Reinwasserbehältern und den Leitungen entstehenden Niederschläge zu verhüten. Gleichzeitig mit der Enthärtung des Wassers von 10° auf durchschnittlich 5,4° deutsche Härte findet auch die Oxydierung und Niederschlagung des im Wasser enthaltenen Eisens statt. Das Rohwasser gelangt zunächst von den Pumpen zu den hochgelegenen Verteilungsbehältern *V* und fließt von dort aus zum großen Teil auf die Mischplatten *M* im Kopfe der vier zylindrischen Fällgefäße *F*. Hier findet die Mischung mit Kalkwasser und gegebenenfalls mit Sodalösung statt. Der Rest des Rohwassers dient zur Herstellung von Kalkwasser in den kegelförmigen Kalksättigern *K*. Die Verteilung der Wassermengen erfolgt durch genau eingestellte Ventile, die durch Holzwollfilter gegen Verunreinigungen geschützt sind. In den kleinen Behältern mit den Abteilen *O* und *J* oberhalb der Fällgefäße wird Sodalösung und Kalkmilch hergestellt, sofern erstere überhaupt verwendet wird. Die Sodalösung wird gegebenenfalls den Mischplatten *M* oberhalb der Fällgefäße durch Vermittelung eines Reguliergefäßes ständig zugeführt. Die Regelung des Sodazusatzes erfolgt durch Heben und Senken von der Sodalösung durchflossener Siphons, mittels kleiner in den Verteilungsbehältern *V* angebrachter Schwimmervorrichtungen. Die in den Behältern *J* hergestellte Kalkmilch wird in die unten liegende Spitze der kegelförmigen Kalksättiger *K* eingeführt und hier mit dem von den Verteilungsbehältern *V* zufließenden Rohwasser gemischt. Die in dem Kalksättiger aufsteigende Mischung von Kalkmilch und Rohwasser gelangt allmählich in größere Querschnitte, die Bewegungsgeschwindigkeit nimmt entsprechend ab, schwerere Kalkteilchen sinken zu Boden und schließlich fließt die gesättigte und geklärte Kalklösung auf die Mischplatte *M* im Kopfe der zylindrischen Fällgefäße. Die Kalksättiger werden täglich zweimal mit Kalkmilch beschickt, nicht gelöste Kalkteile werden dabei durch einen Hahn abgelassen. Im übrigen arbeitet die Anlage ganz selbsttätig.

Das Gemisch von Rohwasser, Kalkwasser und Sodalösung wird durch Rohrleitungen unten in den Fällraum der zylindrischen Gefäße *F* eingeführt, steigt hier langsam auf, fließt oben angekommen durch Überlaufrohre wieder nach unten und gelangt auf die unter dem Fällraum eingebauten Kiesfilter. Soweit die Ausfällung der Kesselsteinbildner und des in dem Wasser enthaltenen Eisens nicht schon während des langsamen, rund eine Stunde beanspruchenden Aufsteigens in dem Fällgefäße stattfindet, werden die durch die Einwirkung von Kalk und Soda gebildeten Niederschläge durch das Kiesfilter zurückgehalten.

Das gereinigte und geklärte Wasser sammelt sich in den je 35 cbm fassenden Behältern *R*, deren Wasserstand der Maschinenwärter mittels einer Zeigervorrichtung überwachen kann. Für den Fall des Versagens der selbsttätigen Abstellvorrichtung der Rohwasserpumpen ist außerdem eine Überlaufleitung nach dem Sammelschacht zu angelegt.

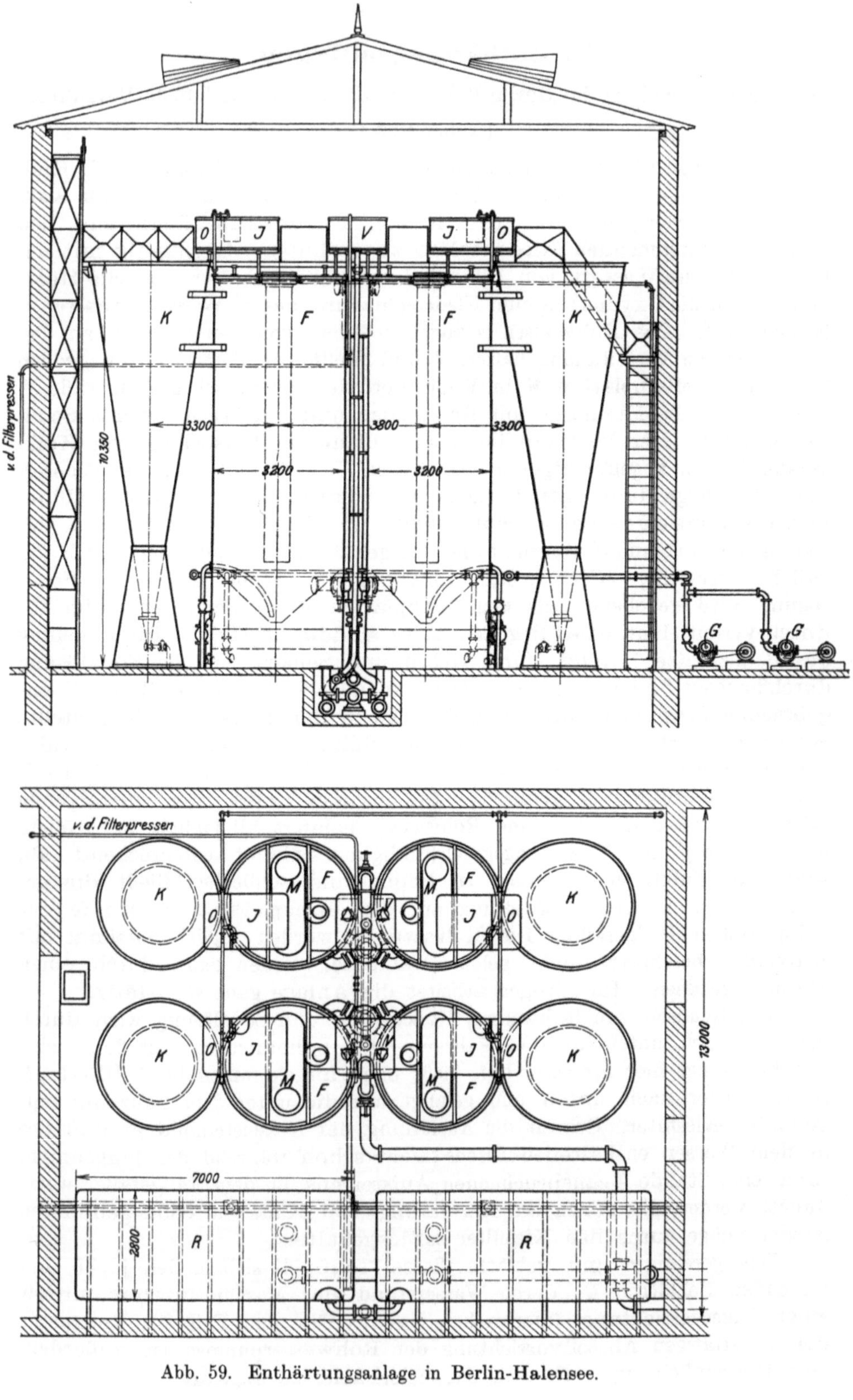

O J V J O
K F F K
v. d. Filterpressen
10350
3300 3800 3300
3200 3200
G G

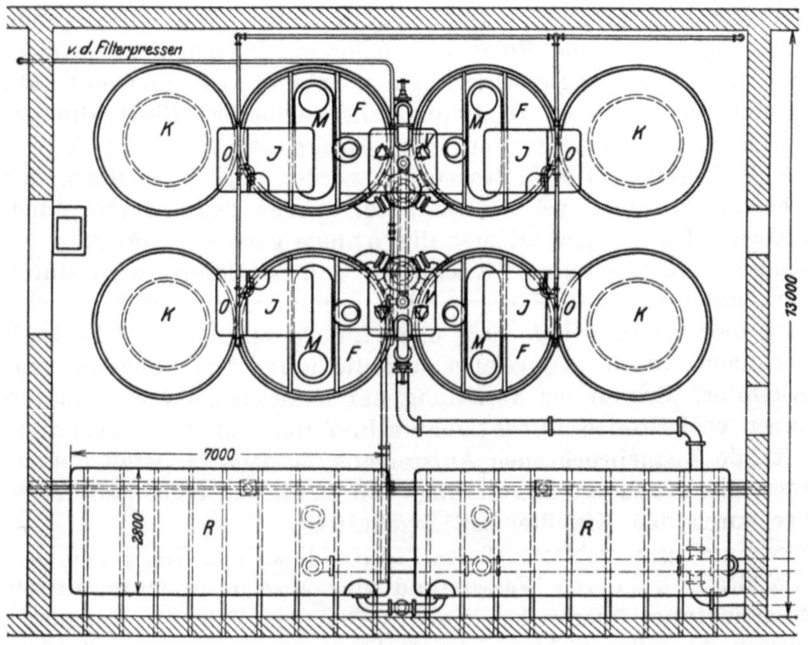

Abb. 59. Enthärtungsanlage in Berlin-Halensee.

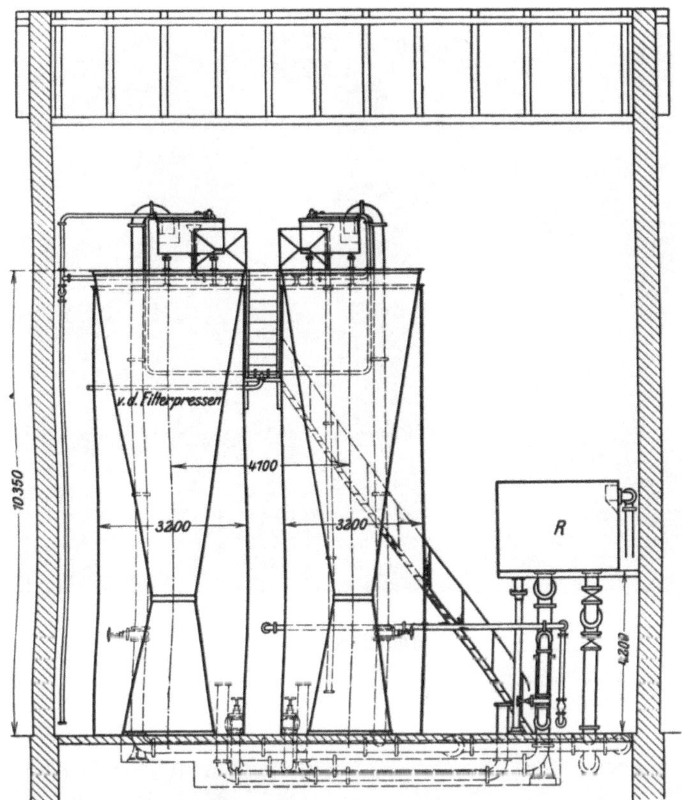

Abb. 59. Enthärtungsanlage in Berlin-Halensee.

Der Filterkies, der auf einem Sieb aus gelochtem Blech und aus Drahtgeflecht gelagert ist, wird alle 24 Stunden von den Niederschlägen in der Weise gereinigt, daß bei geöffnetem Schlammablaßventil und abgesperrtem Wasserzufluß ein Gemisch von Druckluft und Wasser unter das Filter geleitet wird. Der hierdurch weggeschwemmte Schlamm wird ebenso wie der ungelöst gebliebene Kalk aus den Sättigern und die Niederschläge aus den Fällgefäßen und den Reinwasserbehältern durch gemauerte unter Flur verlegte Kanäle in die Schlammgrube abgeführt. Die erforderliche Druckluft wird durch zwei im Maschinenraum der Reinwasserpumpen aufgestellte und durch Elektromotoren von je 10 PS angetriebene Kapselgebläse *G* von 600 cbm/st Leistung geliefert. Zur Beförderung von Kalk und Soda auf die Bedienungsbühne für die Verteilungsbehälter ist ein Handaufzug von 150 kg Tragfähigkeit vorgesehen.

Auf 5000 cbm Reinwasser entfallen 100 cbm Schlamm mit rund 3000 kg festen Rückständen. Diese Niederschläge gelangen zunächst in der Form von Schlamm in eine Grube, in der die dünnflüssige Masse mittels eines Rührwerks in steter Bewegung gehalten wird, um das Absetzen der schwereren Teile zu verhindern. Zwei liegende Pumpen (Abb. 63) mit selbsttätiger Ausrückung, für eine Leistungsfähigkeit von je 6 cbm/st bei 36 Umdr./min, befördern den dünnflüssigen Schlamm zu Filterpressen, auf denen er zu festen Kuchen verarbeitet wird, während das ausge-

Abb. 60a.

Abb. 60b.

Enthärtungsanlage in Berlin-Halensee, Kalksättiger und Fällgefäße nebst Materialaufzug.

Abb. 60c. Enthärtungsanlage in Berlin-Halensee, links Reinwasserbehälter mit Schwimmervorrichtung zum Anlassen der Pumpen.

Abb. 60d. Enthärtungsanlage in Berlin-Halensee, Verteilungsbehälter für Rohwasser (innen), Behälter für Kalk- und Sodalösung (außen).

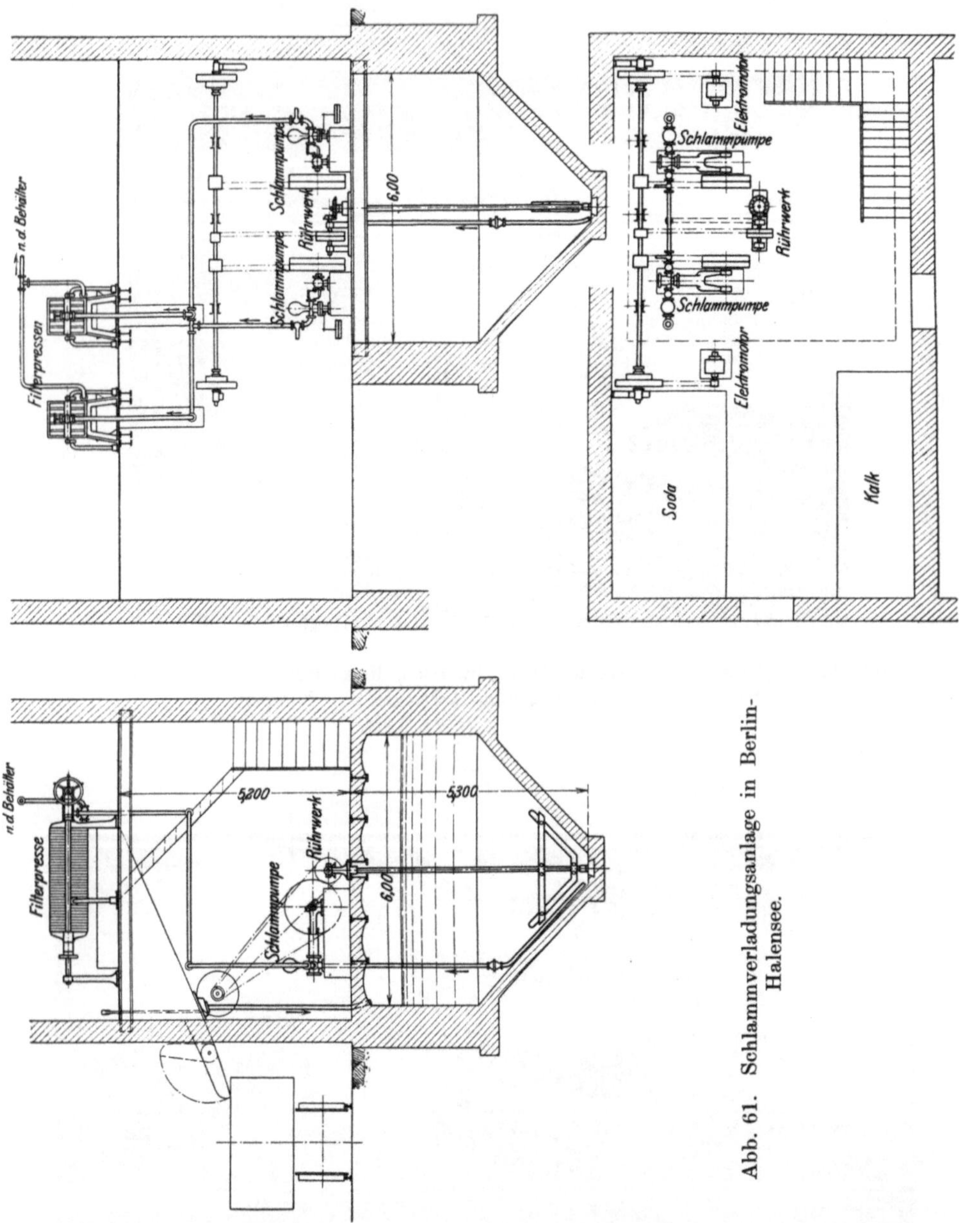

Abb. 61. Schlammverladungsanlage in Berlin-Halensee.

schiedene Wasser den Verteilungsbehältern der Enthärtungsanlage zugeführt wird. Die Schlammpumpen werden selbsttätig ausgerückt, sobald ein gewisser höchster Druck in den Filterpressen erreicht ist. Zu diesem Zwecke ist unter dem Druckwindkessel ein Kolben eingebaut, der sich bei Erreichung des vorgesehenen Höchstdruckes, nach Überwindung des von einem Gegengewicht ausgeübten Druckes abwärts bewegt und das Saugventil der Schlammpumpe vermittels eines Gestänges zudrückt. Bei der Öffnung der Filterpressen fallen die Schlammkuchen in stichfester Masse auf eine Schurre und werden so auf Eisenbahnwagen verladen.

Die Kosten für 1 cbm gereinigten Wassers betragen an den Verwendungsstellen 7,24 Pf. bei einer täglichen Förderung von 4017 cbm und

a) Schlammpumpe.

b) Filterpressen der Schlammverladungsanlage.

Abb. 62 a/b. Enthärtungsanlage in Berlin-Halensee.

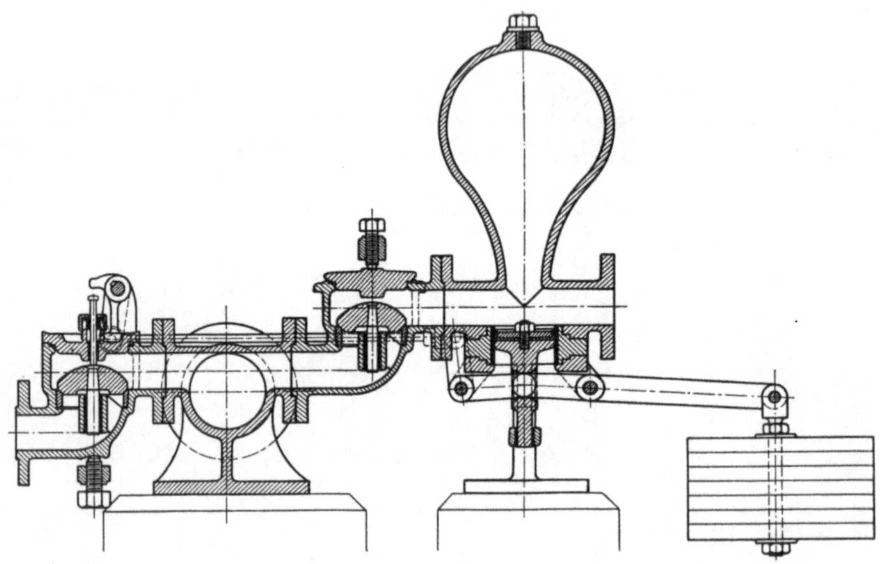

Abb. 63. Schlammpumpe in Berlin-Halensee (A. L. G. Dehne in Halle, Saale).

6,52 Pf. bei einer täglichen Förderung von 5000 cbm, einschl. der Beträge für Verzinsung und Tilgung der Baukosten, bis auf die Baukosten des Wasserturms in Charlottenburg, und bei einem Betrage von 10 Pf. für 1 kWst. Die wirkliche Förderhöhe beträgt hierbei bis zu 69 m und die manometrische Förderhöhe bis zu 85 m.

b) Enthärtungsanlage in Bleicherode, Kalk-Soda-Verfahren. (Abb. 64.)

Bei der von der Sucrofilter- und Wasserreinigungsgesellschaft m. b. H., in Berlin-Schöneberg, gelieferten, nach dem Kalk-Soda-Verfahren arbeitenden Anlage, Bauart Lehmann, ist insbesondere gute Mischung des zu enthärtenden Wassers mit den Zuschlägen und genaue Regelung der Zuschläge in Übereinstimmung mit der Menge des zu behandelnden Rohwassers angestrebt. Die Regelung der Zuschläge erfolgt mittels eines festen, durch Winkelschieber abgeteilten Überlaufwehres. Von hier aus fließt ein Teil des Wassers zum Kalksättiger, während ein zweiter Teil zur Betätigung einer Kippschale mit Meßbecher dient, mittels dessen der jeweiligen Stärke des Wasserzuflusses entsprechend Sodalauge geschöpft und der Mischschale zugeführt wird. Rohwasser, Kalkwasser und Sodalauge gelangen in getrennten Rohrleitungen tangential in die Mischschale, durch wiederholte Querschnitts- und Richtungsänderung wird weiterhin das Rohwasser mit den Zuschlägen gemischt. Die Ausfällung der Niederschläge erfolgt in einem Fällgefäße mit anschließendem Kiesfilter und Rührwerk für die Spülung. (Vgl. S. 108 wegen der Kippschale.)

c) Enthärtungsanlage in Göttingen (Kalk-Soda). (Abb. 65 a/c und Tafel I/II am Schluß.)

Die aus zwei Einheiten von je 60 cbm/st Leistung bestehende Anlage Bauart „Voran“ arbeitet unter Druck und ganz selbsttätig. Jede der beiden Einheiten, bestehend aus je zwei geschlossenen genieteten Gefäßen — und zwar je einem Misch- und Klärbehälter von 3100 mm Durchmesser

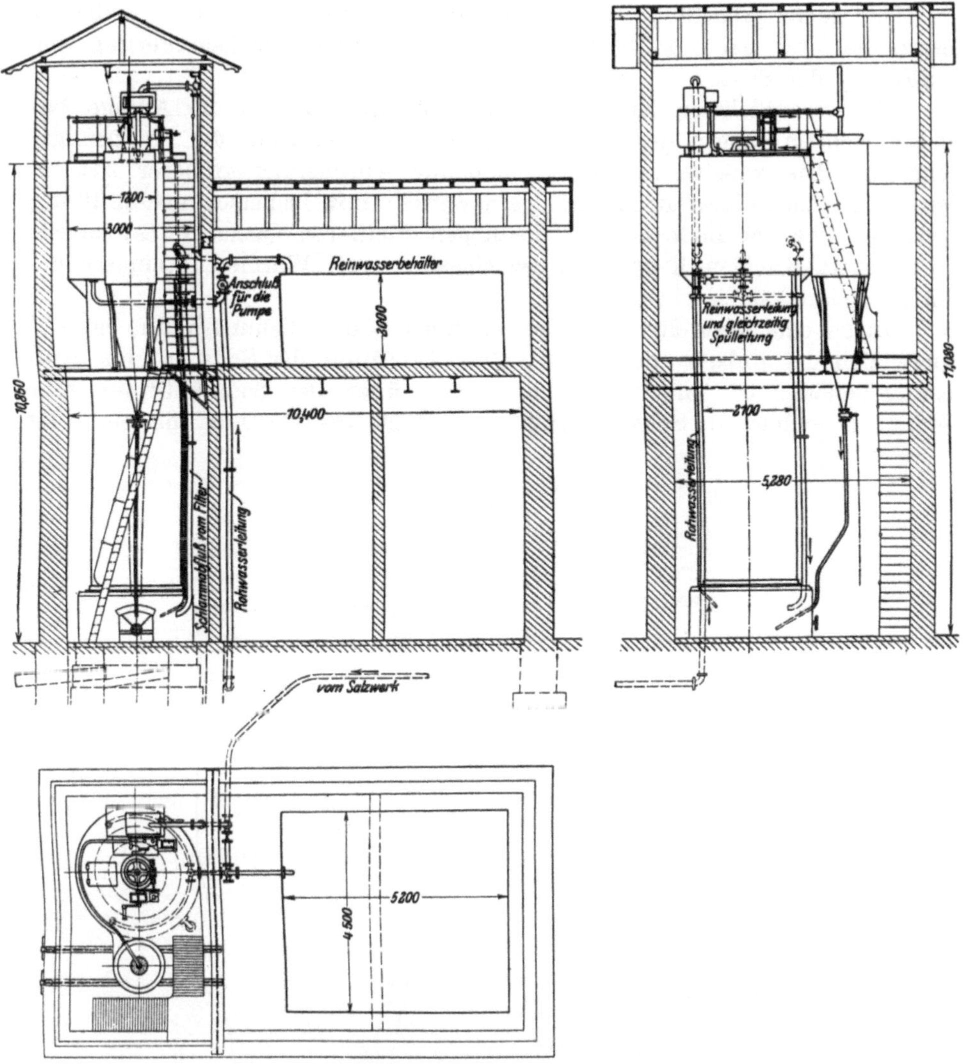

Abb. 64. Enthärtungsanlage in Bleicherode.

und einer zylindrischen Höhe von 11 m, und einem Kalksättiger von 3000 mm oberem Durchmesser und einer Höhe von ebenfalls 11 m —, kann für sich allein betrieben werden, während die andere in Bereitschaft bleibt. Zu der vollständigen Anlage gehören ferner: vier geschlossene durch Mannlochöffnungen zugängliche Kalkauflösungsbehälter und zwei geschlossene gleichfalls unter Druck arbeitende Sodafülltöpfe.

Die Misch- und Klärbehälter bestehen im wesentlichen aus einem zylindrischen Mantel, mit eingebautem, an den oberen Boden angenieteten Mischrohr Bauart „Voran". Im unteren Teile der Behälter befindet sich das auf Siebböden mit dazwischen liegenden Drahtgeweben angeordnete Kiesfilter.

Die Kalksättiger bestehen aus einem teils zylindrischen, teils kegelförmigen Behälter, in dessen Innerem keine wesentlichen weiteren Einrichtungen untergebracht sind. Die Kalkauflösungsbehälter sind geschlossene kegelförmige Gefäße mit gußeisernem Mannlochaufsatz.

Der gemeinschaftliche über den Sodafülltöpfen angeordnete Sodaauflösungsbehälter hat im Inneren eine Heizschlange zur Beförderung der Auflösung der Soda.

Die wesentlichsten Ausrüstungsteile für den Betrieb der Anlage befinden sich im Innern des Maschinenhauses in der Nähe der Auflösungsbehälter. Die gußeisernen Rohre und die Ausrüstung gröberer Art an den im Freien aufgestellten Reinigern werden mit Isolierschnurumhüllung versehen, die schmiedeeisernen Leitungen kleineren Querschnitts, soweit sie nicht in Kanälen liegen, in gemeinsamen mit Wärmeschutzmasse gefüllten Schutzkästen verlegt.

Durch eine Wendeltreppe und anschließende Bedienungsbühne ist der obere Teil der Anlage zugänglich. Zum Einfüllen der Soda in den Auflösungsbehälter ist um diesen herum und über den Sodafülltöpfen eine Bedienungsbühne mit Schwenkkran angeordnet, die ebenfalls mittels einer

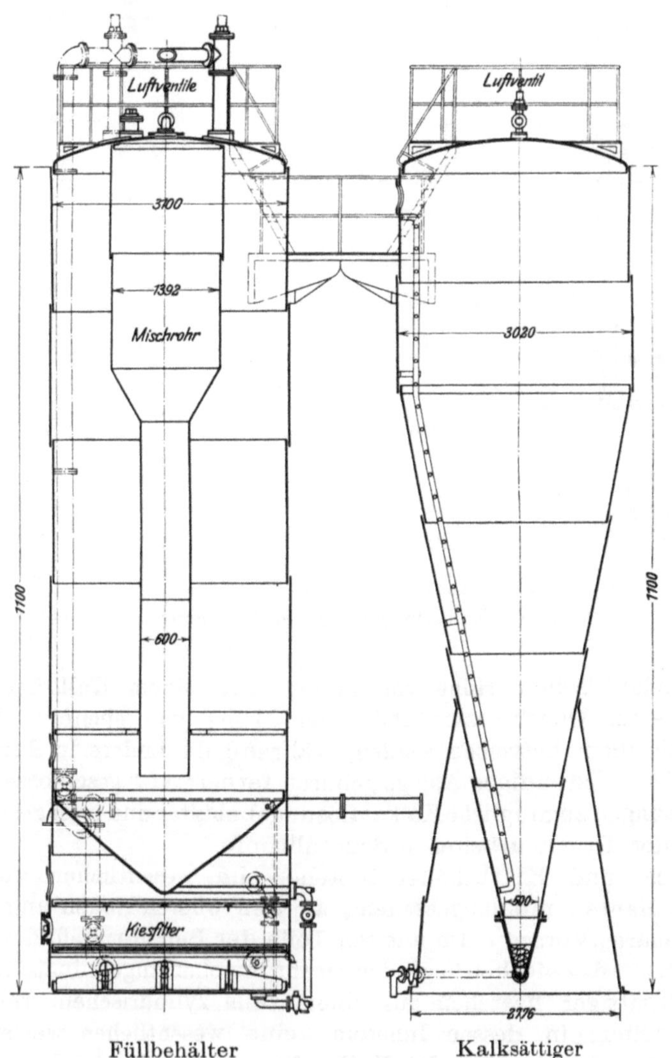

Abb. 65 a. Enthärtungsanlage in Göttingen: Misch- und Klärbehälter.

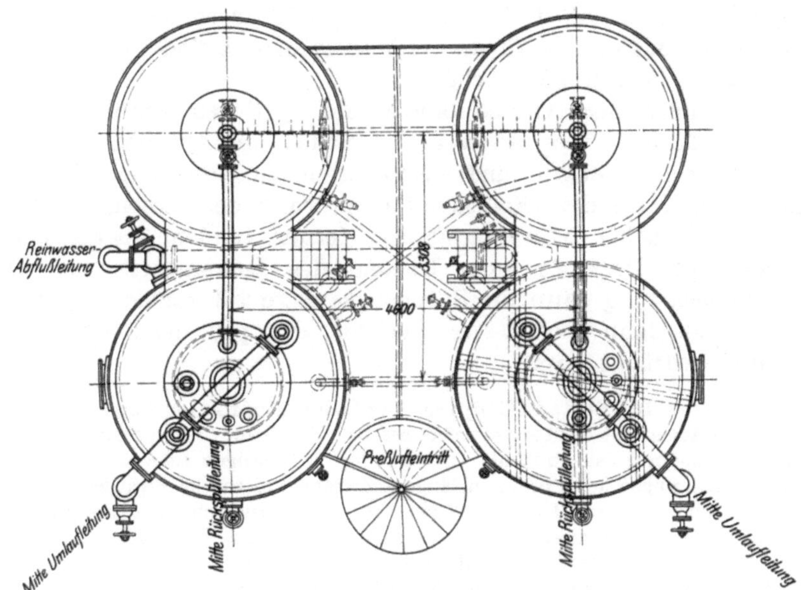

Abb. 65 b. Grundriß der Enthärtungsanlage in Göttingen.

Treppe zu erreichen ist. Bei den Kalkauflösungsbehältern ist eine ähnliche Einrichtung getroffen.

Das zu reinigende Rohwasser wird durch ein in die Hauptdruckleitung eingebautes T-Stück zu den Verteilungsrohren geleitet und von dort aus in drei durch fein stellbare Ventile genau zu regelnde Ströme zerlegt. Der Hauptstrom fließt unmittelbar zum Reiniger, der zweite geht zuvor durch den Kalksättiger, in dem er, unten eintretend, sich mit der zur Reinigung des Rohwassers erforderlichen Kalkmenge sättigt, um dann dem Fällraum als gesättigtes Kalkwasser zuzufließen. Der dritte von dem Rohwasser abgezweigte Strom dient der Bereitung der Sodalauge, die alsdann von dem Sodafülltopfe aus durch den ebenfalls mittels Ventilstellung geregelten Wasserstrom dem Fällraum unter den gleichen Druckverhältnissen und in genau abgemessenen Mengen zugeführt wird.

Alle drei Ströme, Rohwasser, gesättigtes Kalkwasser und Sodalösung, kommen in dem Mischbehälter, in dem durch die Strömung eine stark kreisende Bewegung unterhalten wird, in innige Berührung zur Beförderung der Ausfällung der Sinkstoffe. Insbesondere wird weiterhin durch die Einziehung des Querschnitts des Mischbehälters nach unten hin eine immer innigere Mischung und dadurch ein möglichst vollkommener Verlauf der chemischen Wechselwirkungen und eine gute Ausnutzung der Fällstoffe erzielt.

Nach dem Durchfluß durch den Mischzylinder kehrt der gesamte Wasserstrom um und steigt unter allmählicher Ausfällung der Sinkstoffe im Klärbehälter aufwärts, während die Hauptschlammengen abwärts gleiten und sich im Schlammsammler absetzen, aus dem sie abgelassen werden können.

Um die letzten noch schwebend erhaltenen Niederschläge aus dem Wasser auszuscheiden, wird dieses von der Oberfläche des Klärbehälters aus durch eine seitliche Umlaufleitung auf ein unten eingebautes Kiesfilter geleitet, durchfließt dieses von oben nach unten und gelangt durch die Reinwasserabflußleitung in die im Wasserturm befindliche Steigleitung und durch diese in den Hochbehälter.

Die Bedienung der Anlage besteht im täglichen Einfüllen der vorgeschriebenen Mengen von Ätzkalk und Soda, im Ablassen der niedergeschlagenen Schlammengen und ausgelaugten Kalkreste durch Öffnen der Ablaßhähne, sowie in der täglichen Nachprüfung des gereinigten Wassers mittels eines einfachen Handverfahrens, ferner in dem Auswaschen des Filterkieses durch Preßluft unter Umkehr des Rohwasserstroms. Durch eine Umgehungsleitung kann die Reinigungsanlage vollständig ausgeschaltet werden, so daß dann Rohwasser von den Pumpen unmittelbar in den Hochbehälter gedrückt wird.

Arbeitsweise des Sodafülltopfes. Der Sodafülltopf ist ein durch eine Zwischenwand in zwei Räume getrennter schmiedeeiserner Behälter. Im untern Raum *a* ist Sodalösung, im obern *b* ist Preßluft, die bei der erstmaligen Inbetriebsetzung durch das Ventil 2 einzubringen und dann in längern Zeitabschnitten zu ergänzen ist. Hierzu dient eine besondere kleine Pumpe. Das vom Verteilungsrohr abgezweigte, mittels Feinstellventils genau zugemessene Wasser fließt durch ein Rohr in den obern geschlossenen Raum *b*. Hierdurch wird die bei Beginn des Betriebes in dem Sodafülltopf vorhandene Preßluft nach und nach durch das Rohr *d* in den untern Raum *a* des Sodafülltopfes übergeleitet, wodurch die bei Beginn des Betriebes in diesen Raum eingelassene Sodalösung entsprechend dem Wasserzufluß in *b* fortgedrückt wird. Alsdann kann die Sodalösung bei geöffnetem Hahn 5 durch die Leitung *e* in den Mischraum des Klärbehälters gelangen. Nach Verlauf einer Betriebsschicht ist die Luft in den untern Raum *a* übergetreten und der obere Raum *b* mit Wasser gefüllt. Bei der Neufüllung des Sodatopfes mit Lauge wird die zu deren Herstellung erforderliche Soda in dem über den beiden Fülltöpfen aufgestellten offenen Behälter *B*, in den eine Heizschlange etwa 150 mm über dem Boden eingebaut ist, aufgelöst.

Das in den obern Raum des im Betriebe befindlichen Sodafülltopfes im Laufe einer Betriebsschicht eingedrungene Wasser wird durch Öffnen des sonst während des Betriebes der Anlage geschlossenen Hahns 6 in den unteren Raum abgelassen, nachdem der Hahn 5 geschlossen ist. Hierdurch wird die Luft, die sich während der Betriebsschicht in dem untern Raume gesammelt hat, dem obern Raume zugeführt. Nun werden die Hähne 6 und 3 geschlossen, der Hahn 7 nebst dem Luftventil 4 geöffnet und das nun im untern Raume *a* vorhandene Wasser in den Schlammkessel abgelassen. Nach Entleerung von *a* wird der Hahn 7 wieder geschlossen, während die Hähne 1 und 4 geöffnet werden, so daß die im Behälter *B* bereitete Sodalösung in den untern Raum des Fülltopfes fließt. Werden dann die Hähne 1 und 4 wieder geschlossen, die Hähne 3 und 5 geöffnet, so kann der Betrieb von neuem beginnen.

Etwaige Druckschwankungen der Hauptrohrleitung machen sich nach gleichem Verhältnis in den einzelnen Teilleitungen bemerkbar, so daß sie, innerhalb gewisser Grenzen, keinen Einfluß auf Änderung des bemessenen Verhältnisses der die drei Teilleitungen — für Rohwasser, Kalkwasser und Sodalösung — durchfließenden Wassermassen ausüben können. Mittels zweier Standgläser wird die Höhe des unter Druck stehenden Wasserspiegels in dem Behälter *b* und der Sodalauge in *a* überwacht.

Selbsttätige Schaltanlage für die Pumpen. Für beide Triebmaschinen ist eine gemeinsame Schaltanlage mit dreipoligem Umschalter vorgesehen, die wechselweise für die eine oder die andere Maschine benutzt wird. Mittels einer Zweigleitung für etwa 1 Amp. Stromstärke ist die Schaltanlage der Pumpmaschinen mit einem von dem Hochbehälter aus betätigten Schwimmerschalter verbunden. Ist in dem Hochbehälter der Wasserspiegel um etwa 2 m gefallen, so treten die Pumpen selbsttätig in Betrieb, indem der Schwimmerschalter mittels eines über Rollen geführten Drahtseils von dem Schwimmer aus geschlossen wird, wodurch das Solenoid des im Pumpenhause angebrachten Fernanlassers Strom erhält und den

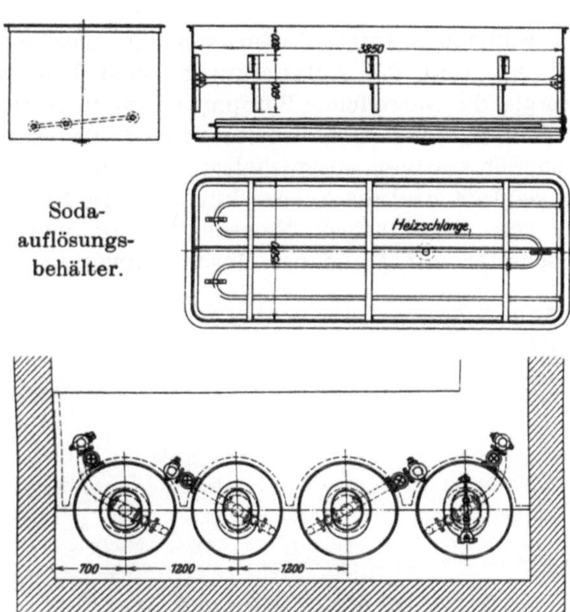

Abb. 65c I. Kalkauflösungsbehälter.

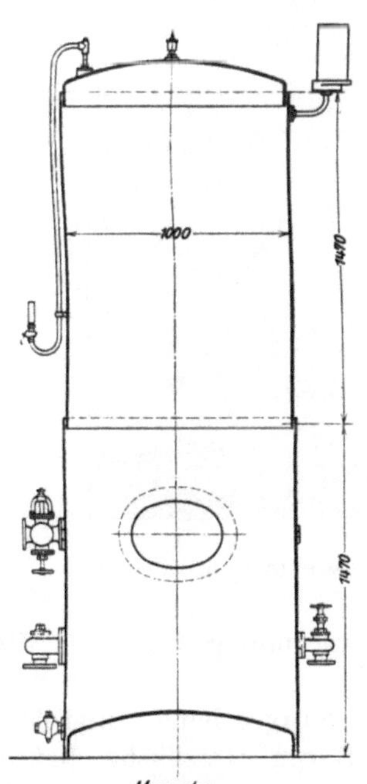

Abb. 65c II.

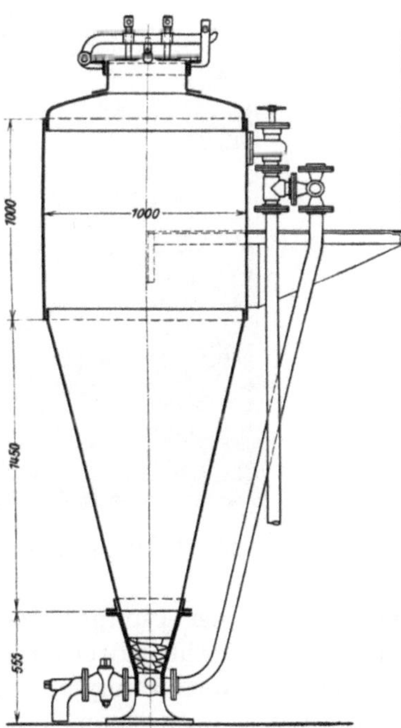

Kalkauflösungsbehälter.

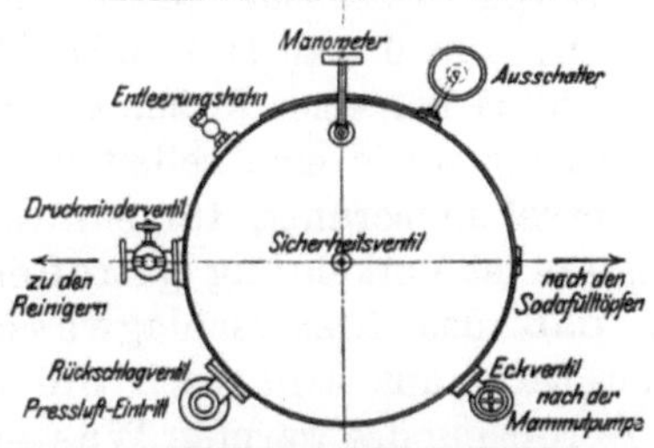

Luftdruckbehälter.

Hauptstromkreis schließt. Infolgedessen werden auch die Magnete des Selbstanlassers erregt und die Anlasserkurbel geht langsam in die Endstellung über, worauf die betreffende Pumpmaschine in regelrechten Betrieb kommt. Nach Füllung des Hochbehälters wird der Hilfsstromschalter wieder durch den Schwimmer ausgeschaltet, der Hauptstromkreis durch den Fernschalter geöffnet und die Anlasserkurbel in die Nullstellung zurückgeführt. Außer dem selbsttätigen Fernschalter ist noch ein einpoliger Momenthebelausschalter zur Hand des Maschinenwärters vorgesehen, um

Abb. 66. Wasserturm und Enthärtungsanlage in Cöln-Eifeltor.

den Betrieb der Pumpen bei Bedarf auch unabhängig von dem Wasserstande des Hochbehälters regeln zu können.

Die in dem Pumpen- und Klärgebäude vorgesehene, mittels eines Strebelschen Gegenstrom-Gliederkessels von 8 qm Heizfläche betriebene Niederdruckdampfheizung mit Rippenheizrohren, für 0,1 at Dampfdruck, ist auf eine zu erreichende Heizwärme von $+5^0$ C bei einer Außenwärme von -20^0 C. berechnet. Ein Sicherheitsstandrohr sowie eine selbsttätige Warnpfeife gegen Wassermangel ist an dem Kessel angeordnet, für etwaige spätere Anbringung eines selbsttätigen Zugreglers ist Vorkehrung getroffen. Die Dampfheizrohre sind so hoch gelegt, daß das Niederschlagwasser selbsttätig zum Kessel zurückfließt. Von letzterm aus wird auch die in den Sodaauflösungsbehälter eingebaute, zur Bereitung des warmen Wassers für die Sodaauflösung bestimmte Heizschlange von 1″ l. W. und 1 qm Heizfläche bedient, mittels deren etwa 1400 l Wasser/st von 5 auf 40° C. erwärmt werden können. Nach der Auflösung der Soda mit dieser erwärmten Wassermenge wird das weiter erforderliche Wasser kalt zugesetzt.

Die Leitungen für Niederschlagwasser sind über Dach entlüftet, eingelegte Wasserschleifen verhindern das Durchschlagen des Heizdampfes. Zu den Rohrleitungen ist nahtloses Mannesmann-Gasrohr verwendet. Der Heizkoks wird von einer Seilbahn in einen Fülltrichter eingeworfen und

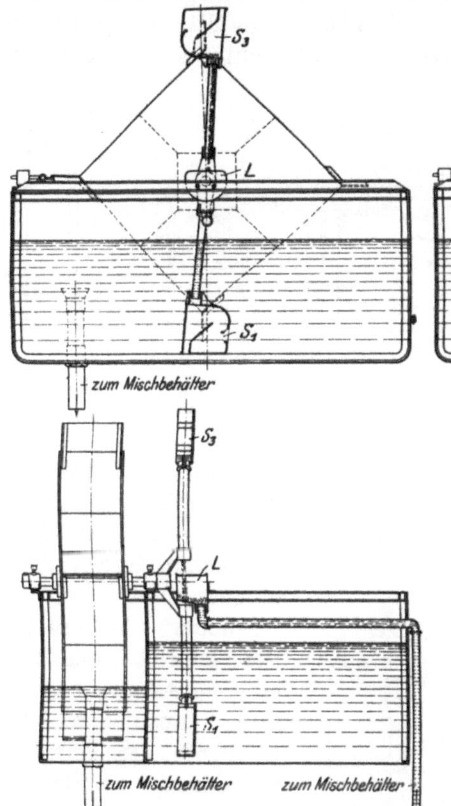

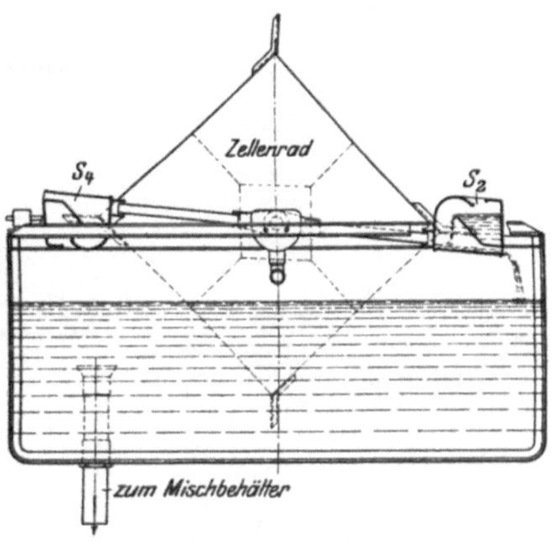

Abb. 67. Sodaschöpfer in Cöln-Eifeltor. (Wwe. Joh. Schumacher, Cöln.)

rutscht bei Öffnung eines Schiebers selbsttätig in den Kesselraum.

Die Mammutpumpe dient der Beförderung der in den Klärbehältern gesammelten Schlammmassen in Kesselwagen zur Abfuhr.

Bei Enthärtungsanlagen mit offenen Behältern sind, wie früher erwähnt, verschiedenerlei Arten der Zumessung der erforderlichen Menge Soda möglich und üblich. Vielfach wird, wie in Berlin-Halensee (S. 93) und in Hannover, ein kleines in die Zuleitung eingeschaltetes bewegliches und mittels Schwimmers eingestelltes Heberrohr verwendet. Noch zuverlässiger erscheint die auf dem Bahnhofe Cöln (Eifeltor) bei einer Reinigeranlage von 75 cbm/st Leistung erprobte Einrichtung[1]) (Abb. 67), die in einem kleinen von dem zur Bereitung der Sodalauge dienenden Teilstrom umgetriebenen Schöpfwerk besteht. Die Schöpfer, deren bei kleineren Anlagen nur einer angeordnet wird, tauchen bei der Umdrehung so tief in die Soda ein, daß sie stets ganz gefüllt werden. Durch die Form der Schöpfer ist dafür gesorgt, daß sie bei der Drehung aus der Stellung $S_1 S_3$ in die Stellung $S_2 S_4$ gefüllt bleiben, bis die Wagerechte durch die Umdrehungsachse überschritten ist. Alsdann erfolgt der Abfluß der Soda-

[1]) Deutsche Straßen- u. Kleinbahnztg. (Berlin) 1907, S. 350.

lösung durch die hohlen Arme der Schöpfer in eine zu den Misch- und Klärbehältern führende Rohrleitung. Das Aufschlagwasser des Treibrades fließt ebenfalls zu dem Mischbehälter ab.

Der Vollständigkeit halber sei eine andere Einrichtung erwähnt, wie sie von L. & C. Steinmüller in Gummersbach ausgeführt wird. Die Schöpfer sind hier durch eine Kippschale ersetzt, die ebenfalls von einem Zweigteile des Rohwassers bedient wird, der stets im gleichen Verhältnis zu der gesamten Wassermenge bleibt. Ist die Schale mit Wasser gefüllt, so kippt sie um, entleert sich und richtet sich sofort durch die Wirkung des daran angebrachten Gewichthebels wieder auf. Hierbei wird ein in die Sodalösung eingetauchter, mit beweglicher Abflußleitung versehener kleiner Becher so hoch gehoben, daß die Soda ausfließen kann (Abb. 68). Der Zufluß der Sodalösung zu dem betreffenden Behälter wird mittels Schwimmers geregelt. Eine Enthärtungsanlage dieser Bauart für kleinere Leistungen ist in Abb. 69 dargestellt. Ein Vorwärmer ist hier vorgesehen. Von dem Verteilungsüberlauf des Wasserverteilers A wird der gesamte Wasserstrom durch stellbare Zungenschieber in drei Zweige geteilt. Der Hauptstrom fließt durch den Vorwärmer B in die Mischschale e des Klär-

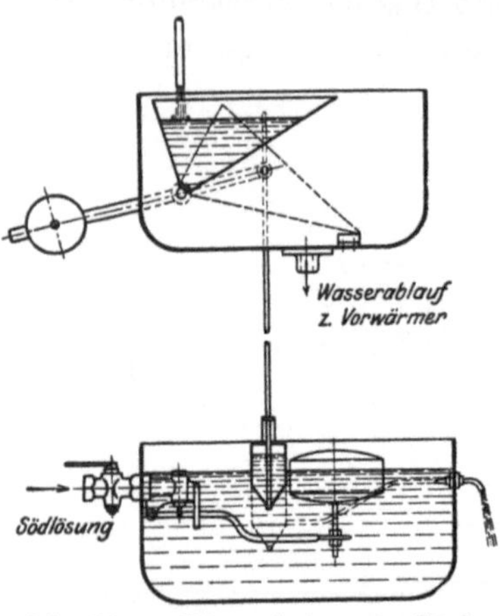

Abb. 68a. Kippschale von Steinmüller in Gummersbach (Rheinl.).

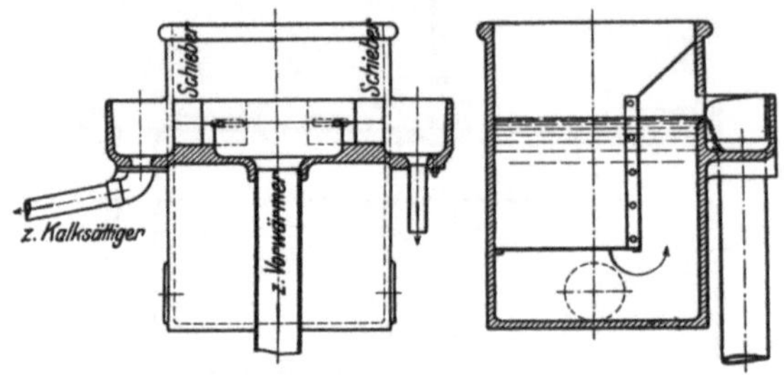

Abb. 68b. Verteilungsüberlauf.

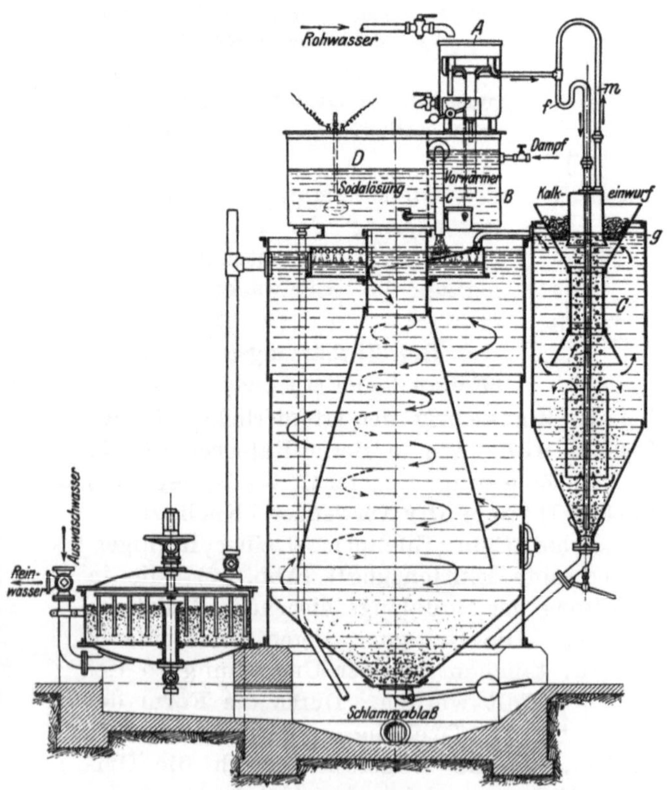

Abb. 69. Erhärtungsanlage von Steinmüller in Gummersbach (Rheinl.).

behälters, während der zweite schwächere Strom durch die Leitung *f* in die untere Spitze des Kalksättigers gelangt, wobei durch das Rohr *m* Luft angesaugt und mit in den Kalksättiger geleitet wird. Hierdurch entsteht der erforderliche Wasserumlauf im unteren Teile des Kalksättigers. Der Kalk wird auf dem oberen Siebboden eingeworfen. Das gesättigte Kalkwasser wird ebenso wie die Sodalösung in die Mischschale geleitet.

d) Verfahren von Steinfrei-Schmidt.[1]) (Abb. 70.)

Vor den meisten andern Enthärtern zeichnet sich die Einrichtung von Steinfrei-Schmidt dadurch aus, daß die Zusatzmittel dem Wasser auf seinem Wege zum Klärgefäß unmittelbar, ohne besonderen Kalksättiger, zugeführt werden, wobei die Menge des Zusatzes selbsttätig der Stärke des Rohwasserzuflusses angepaßt wird. Die Einrichtung besteht im wesentlichen, wie aus Abb. 70 zu ersehen ist, aus einer verschlossenen Trommel (*D*), in der die gepulverten Fällmittel durch eine mit Schaufeln versehene Welle der im Boden befindlichen Öffnung zugeführt werden. Das Rohwasser treibt, bei *B* eintretend, ein Schaufelrad, das mit der Welle durch ein Getriebe verbunden ist. Die Fällmittel werden auf ein schräges Blech aufgeliefert und werden von dem aus dem Wasserrad ausströmenden und über diese Bleche laufenden Rohwasser mitgerissen. Durch das Rohr *F* hindurch sinkt das in genau abgemessenen Mengen zufließende Wasser bis auf die Sohle des Klärbehälters und steigt alsdann in diesem hoch. Vor seinem Ausfluß muß das Wasser durch die bei *H* zwischen zwei gelochte Bleche eingepreßte besondere Filtermasse hindurchdringen, die keines Wiederherstellungsverfahrens bedarf, um aufs neue gebrauchsfähig zu werden, Die aus dem Rohwasser als Schlamm ausgefällten Härtebildner werden zeitweilig durch einen Hahn im Boden des Behälters abgelassen.

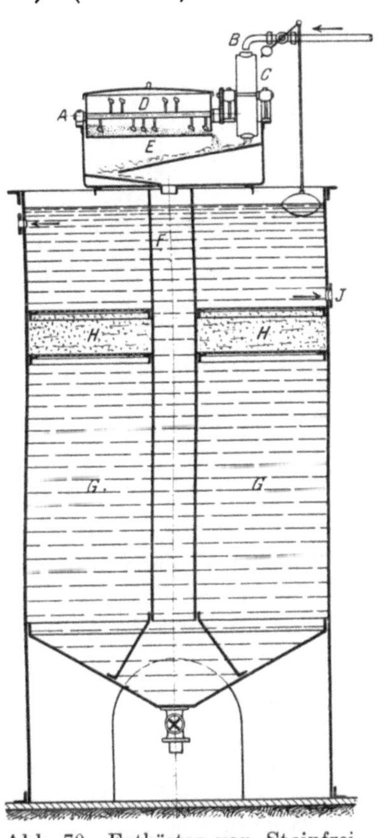

Abb. 70. Enthärter von Steinfrei-Schmidt, München.

e) Enthärtungsanlage in Hildesheim s. Nordstemmen, S. 113.

f) Enthärtungsanlage in Kreiensen, Kalk-Soda-Verfahren. (Abb. 71 a/c—72.)

Die Anlage ist im Jahre 1908 von Hans Reisert in Cöln errichtet und hat seitdem zufriedenstellend gearbeitet. Eine jetzt vorgenommene gründliche Reinigung sämtlicher Behälter zeigt nach den vorgefundenen Ablagerungen, daß es sehr zweckmäßig ist, eine solche Reinigung alle 5 bis 6 Jahre vorzunehmen. Die Enthärtungsanlage besteht aus zwei

[1]) Bayer. Industr.- u. Gewerbebl. 1913, S. 430.

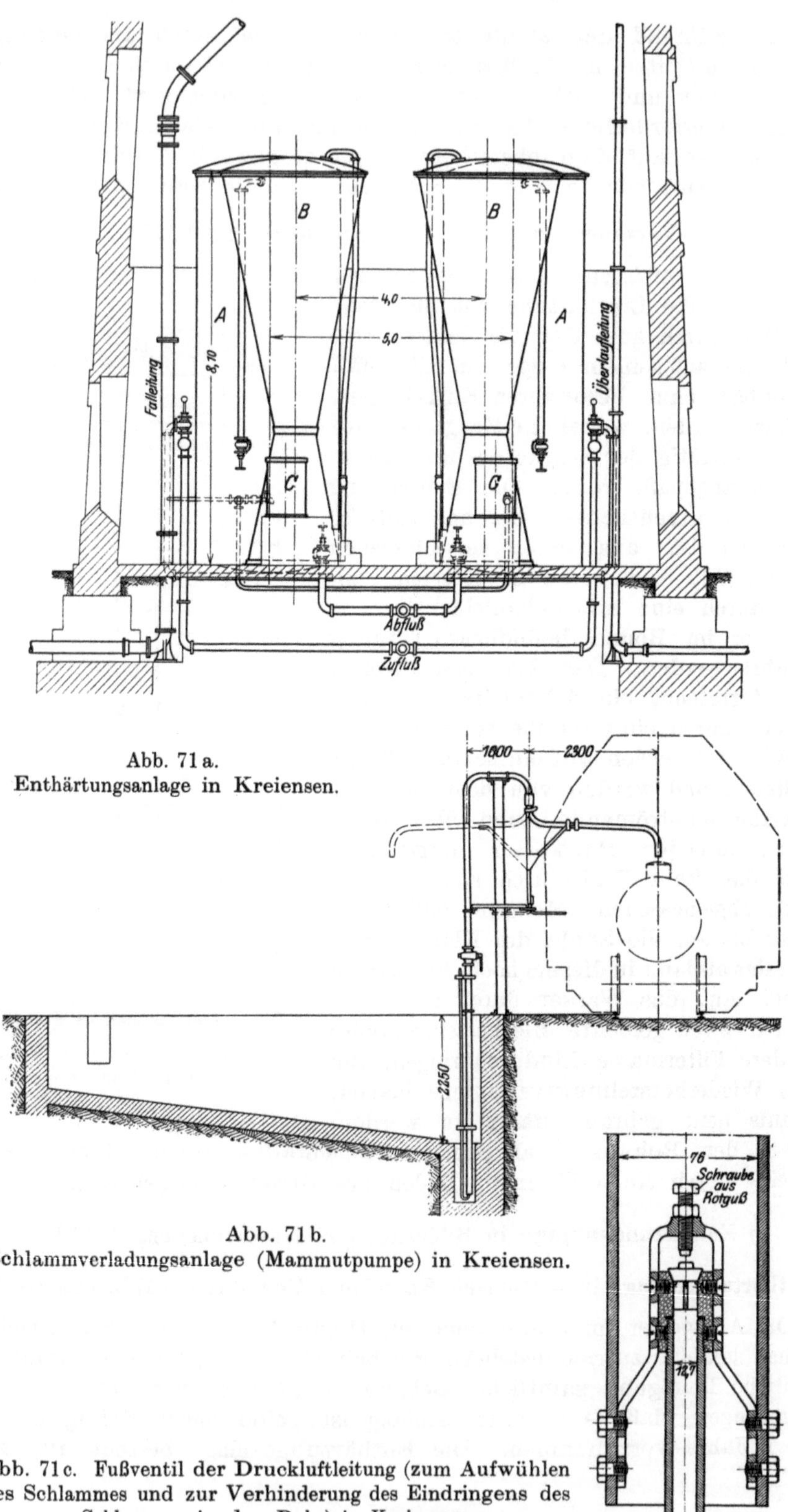

Abb. 71a.
Enthärtungsanlage in Kreiensen.

Abb. 71b.
Schlammverladungsanlage (Mammutpumpe) in Kreiensen.

Abb. 71c. Fußventil der Druckluftleitung (zum Aufwühlen des Schlammes und zur Verhinderung des Eindringens des Schlammes in das Rohr) in Kreiensen.

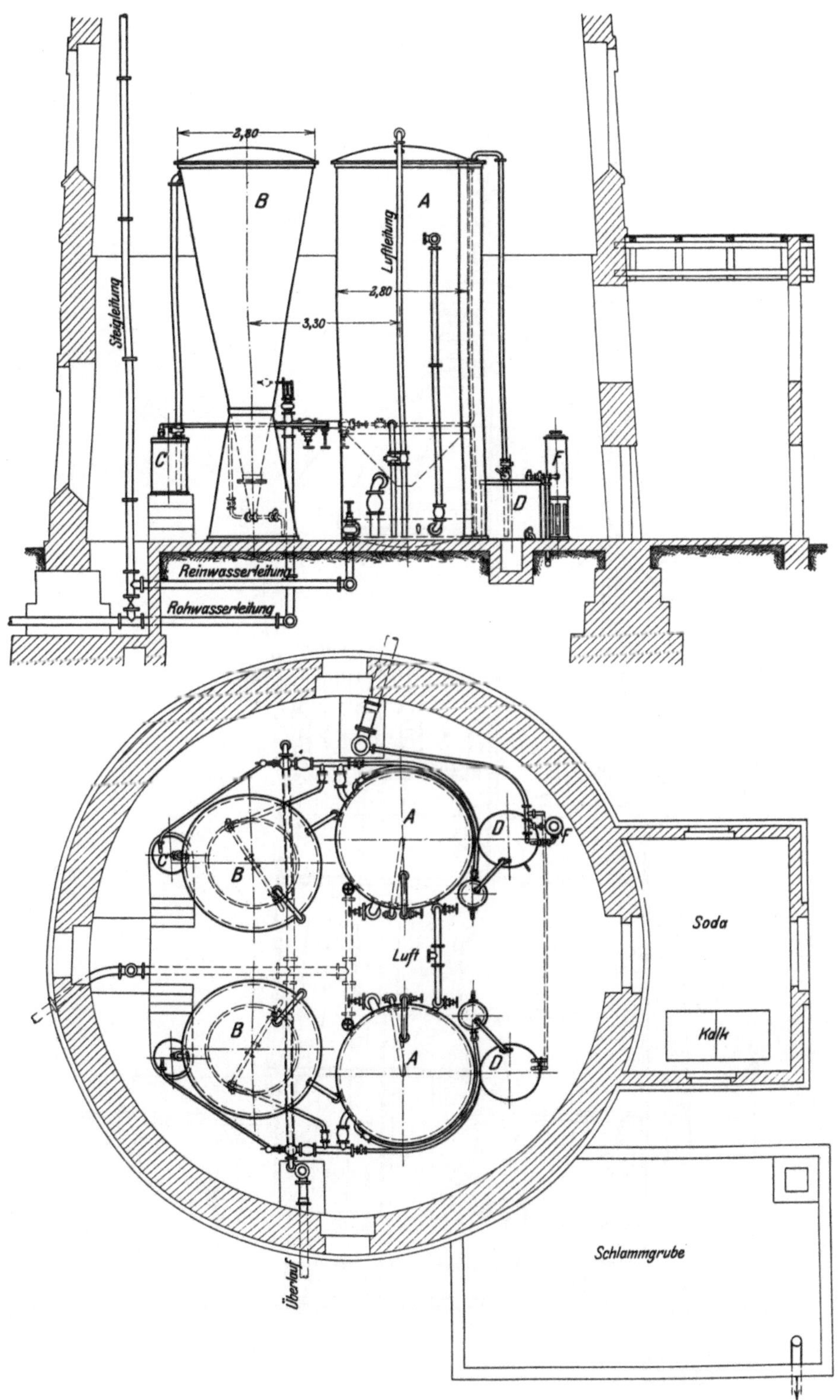

Abb. 71 d. Enthärtungsanlage in Kreiensen.

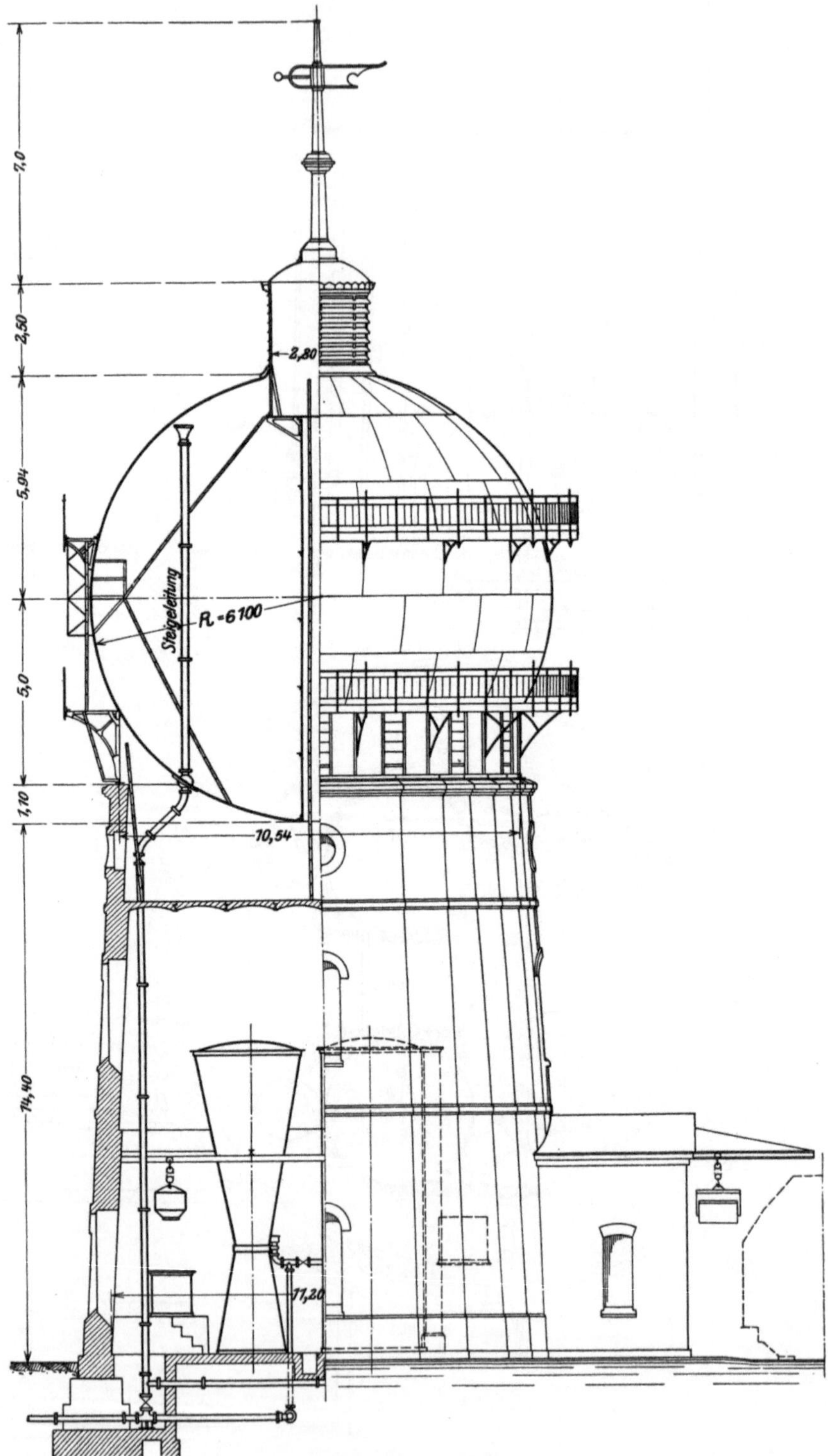

Abb. 72. Wasserturm in Kreiensen.

Sätzen, deren jeder 40 cbm/st enthärtetes Wasser liefern kann. Die beiden Sätze können auch zusammengeschaltet und so betrieben werden. Durchschnittlich werden in 12 Stunden 600 bis 700 cbm enthärtetes Wasser verbraucht. Ein Mann genügt zur Bedienung.

Das Rohwasser besitzt 16 bis 22° deutsche Härte, also etwas weniger als in Hannover (22°, auch in der Leine). Die Härte wird bis auf etwa 8° heruntergearbeitet, geht man weiter, so entsteht leicht Überschuß an Soda und die Lokomotiven neigen zum Spucken. Zur Enthärtung von 1 cbm Rohwasser von 20° deutsche Härte auf 8° werden ungefähr 0,15 kg Kalk und $^1/_{12}$ kg Soda benötigt.

g) Enthärtungsanlagen in Nordstemmen und Hildesheim; Kalk-Baryt-Verfahren. (Abb. 73/74.)

Die kleine, früher mit Pulsometer, jetzt mit einer in einem Anbau des Wasserturms aufgestellten vierfach wirkenden Oddesse-Dampfpumpe betriebene Anlage in Nordstemmen (Abb. 73) leistet 18 bis 20 cbm/st. Die Gesamtförderhöhe beträgt 22 m. Die Pulsometer stehen jetzt in Bereitschaft. Der Wasserturm mit der Reinigungsanlage und den beiden Rohwasserbehältern, aus denen auch das Trinkwasser entnommen wird, ist neu errichtet, über den Rohwasserbehältern ist für später ein eiförmiger Behälter der Bauart Schäfer mit 200 cbm Inhalt vorgesehen. Im übrigen ist die ganze jetzige Anlage durch den Umbau und die Erweiterung der früheren entstanden.

Das Rohwasser wird aus dem Brunnen in die beiden Behälter im Wasserturm geschafft und fließt von hier aus durch Gefälle zur Reinigungsanlage und zu den im Übernachtungsgebäude aufgestellten Reinwasserbehältern von insgesamt 107 cbm Inhalt, nachdem es zur vollständigen Klärung noch durch ein mit Holzwolle gefülltes Gefäß hindurchgegangen ist. Die Anlage ist eine der ersten nach dem Kalk-Baryt-Verfahren von Hans Reisert in Cöln eingerichteten.

Eine ganz neu nach einheitlichem Plan entworfene, aber erst seit Juni 1913 teilweise in Betrieb befindliche Anlage dieser Art für Hildesheim zeigt Abb. 74. Das hier verwendete Wasser der Innerste wird von ursprünglich etwa 15° d. H. auf 6—7° enthärtet. Das Rohrlecken der Lokomotiven hat infolgedessen schon etwas nachgelassen. Mit einem Reiniger werden täglich, in 20 Stunden, durchschnittlich 400 bis 500 cbm Wasser enthärtet, unter Zusatz von etwa 150 kg Baryt und 125 kg Kalk.

Bei dem Kalk-Baryt-Verfahren wird die Anreicherung des Speisewassers mit Natriumsalzen vermieden, indem der Baryt (Baryumkarbonat) in Gegenwart von schwefelsaurem Kalk in zwei unlösliche Salze: schwefelsaures Baryum und kohlensauren Kalk zerfällt, die sich beide niederschlagen. Der schwer lösliche Baryt muß immer wieder aufgerührt und mit dem zu enthärtenden Wasser gemischt werden. Das Verfahren ist erheblich teurer als das Kalk-Soda-Verfahren.[1]) (Vgl. S. 98.)

[1]) Näheres siehe: v. Stockert, Handb. d. Eisenbahnmaschinenw. Bd. II; Z. Ver. deutsch. Ing. 1905, S. 147; Zeitschr. f. Dampfkessel- u. Maschinenbetr. 1904, Nr. 34, S. 327.

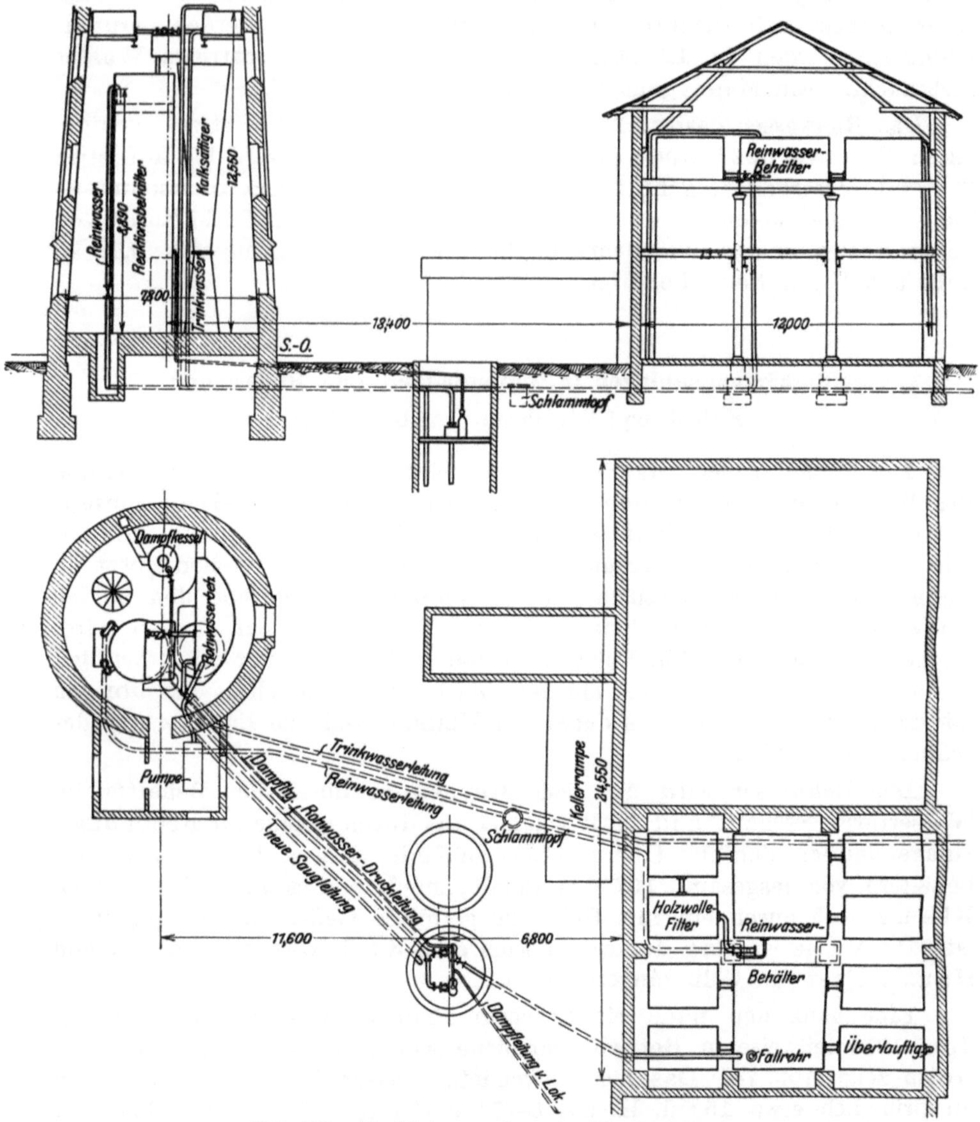

Abb. 73. Enthärtungsanlage in Nordstemmen.

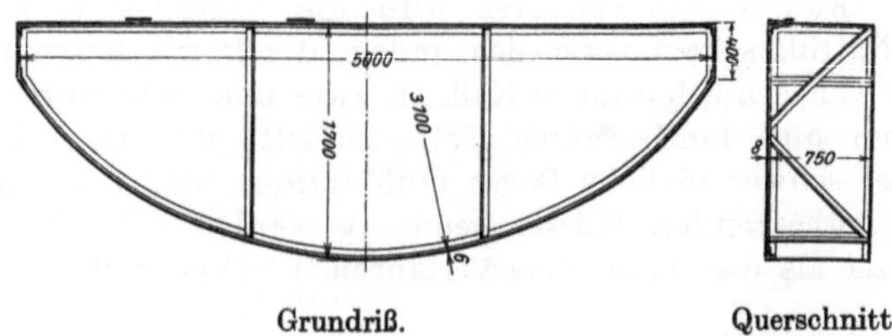

Grundriß. Querschnitt.

Abb. 73a. Trinkwasserbehälter (Rohwasser) in Nordstemmen.

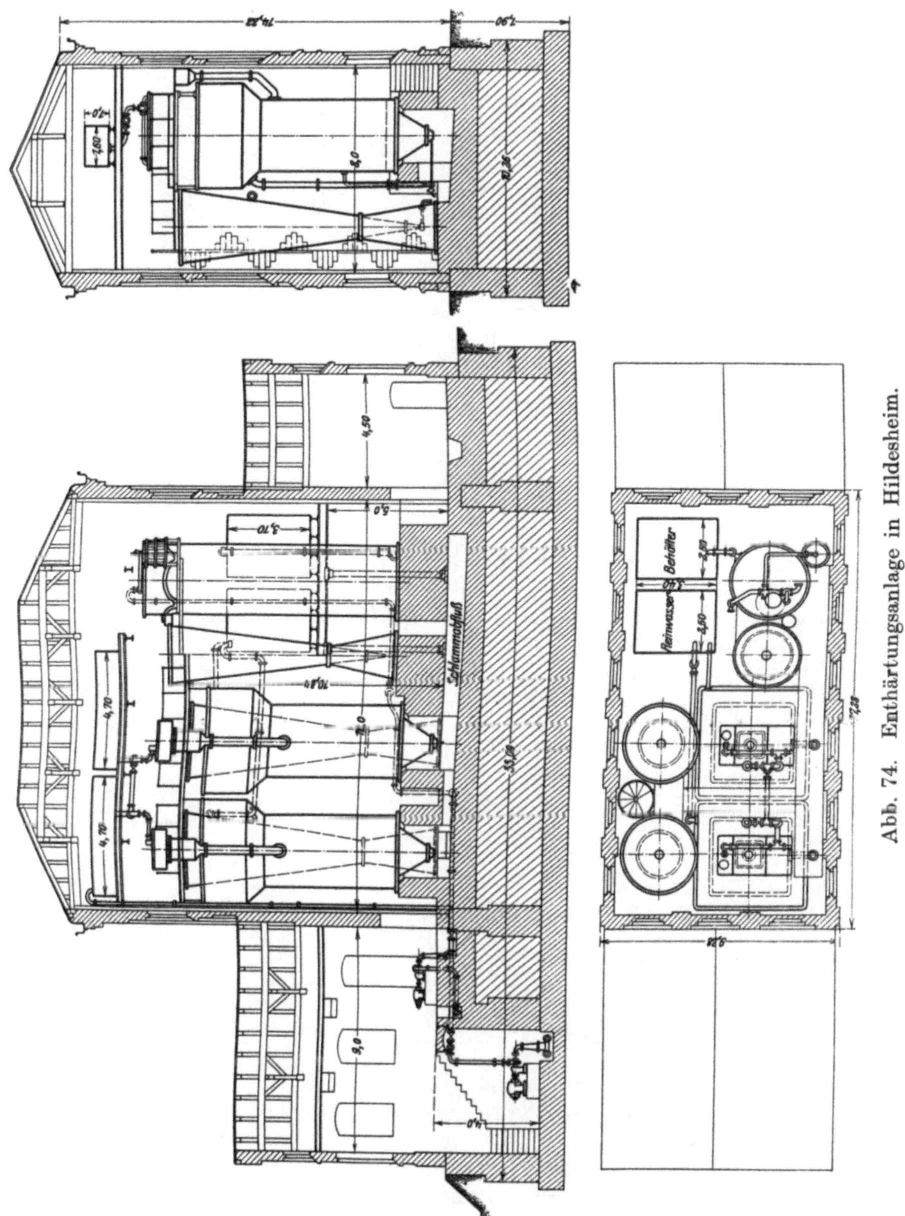

Abb. 74. Enthärtungsanlage in Hildesheim.

C. Filteranlagen.

a) Filteranlage in Berlin, Potsd. Bhf.: Wurlsche Schnellfilter. (Abb. 75, 75a.)

(Wassergewinnung und Wasserförderung s. S. 62—64.)

Die Anlage besteht aus Schnellfiltern der Maschinenfabrik Wilhelm Wurl in Weißensee-Berlin. Die innere Einrichtung und die Betriebsweise der Filter zeigt Abb. 75a. Die Leistung jedes der drei Filter beträgt der Leistung der Pumpen entsprechend 80 cbm/st. Die Filter sind innerhalb jedes der drei Filterkessel in je vier etwa 300 mm hohen Schichten Quarzsand von 2 mm Korngröße übereinander angeordnet. Der Sand ist auf

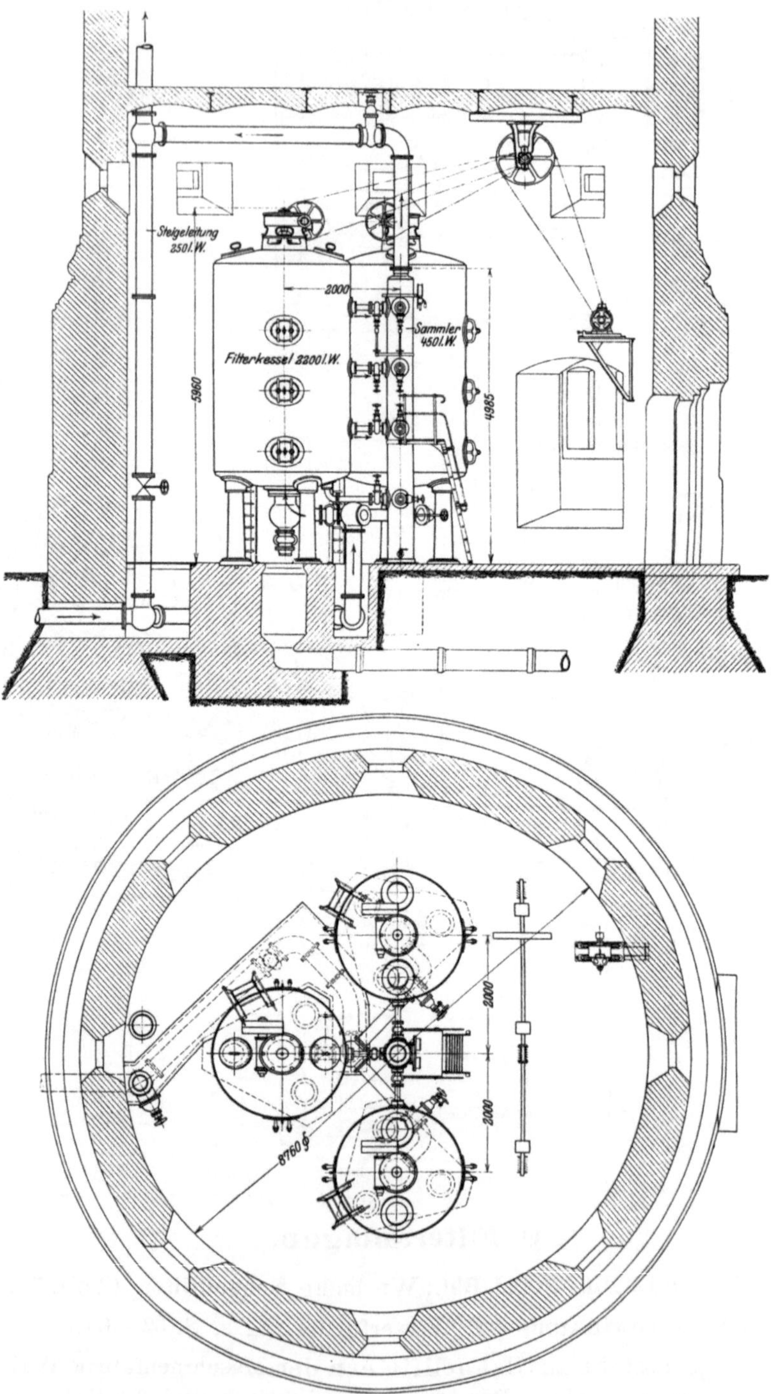

Abb. 75. Schnellfilter (Wurl) am Potsdamer Bahnhof, Berlin.

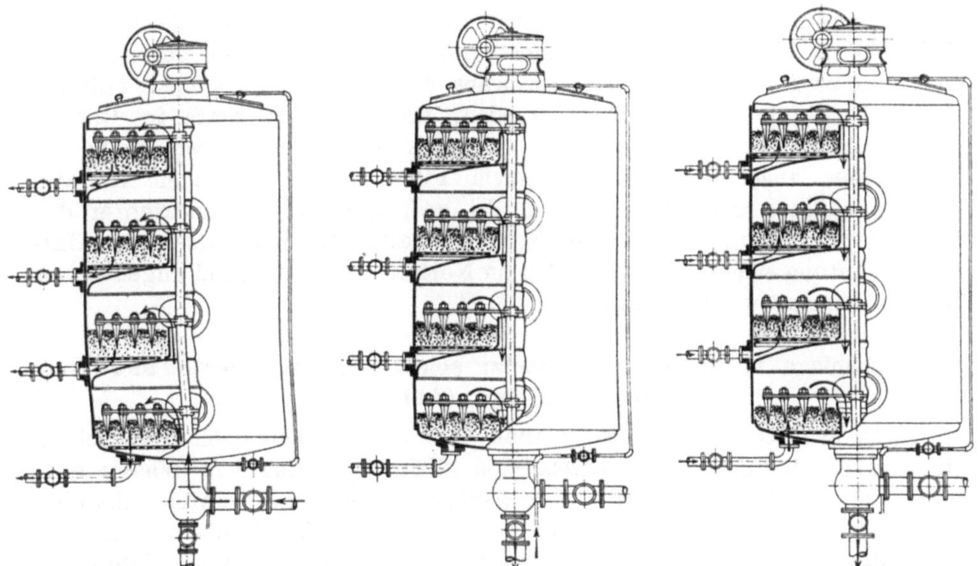

I. Regelrechter Betrieb. IIa. Auslaufen des Wassers. IIb. Rückspülen unter Betätigung des Rührwerkes.

Abb. 75a. Betriebsweise der Wurlschen Schnellfilter.

einem Siebboden gelagert, der aus gelochtem Blech mit Löchern von 10·30 mm Größe besteht und mit feiner Messingdrahtgaze von 1 mm Maschenweite überzogen ist. Dieser flache Siebboden wird durch ein nach oben gewölbtes ungelochtes Bodenblech gestützt. Das zu filtrierende Wasser tritt von unten her durch die Mitte der einzelnen Filterböden ein, durchfließt die Filterschicht von oben nach unten, tritt zwischen dem Siebboden und dem gewölbten Stützboden in eine gemeinsame Rohrleitung über und wird dann zum Hochbehälter geleitet. Die Einrichtung hat sich gut bewährt, die Rauminanspruchnahme ist gering im Verhältnis zur Leistung. Insbesondere ergibt die Anordnung eine gute selbsttätige Entlüftung des Wassers. Zum Spülen der Filter werden zunächst die Ventile nach IIa in Abb. 70 eingestellt, bis alles Wasser ausgelaufen ist. Alsdann erfolgt die Rückspülung durch Wasser, welches vom Hochbehälter aus unter die Filterschichten geleitet wird und diese von unten nach oben durchfließt. Hierbei wird gleichzeitig ein Rührwerk in Betrieb gesetzt, das den Filtersand mittels kräftiger tief einsetzender Stahlzinken aufrührt. Der Kraftbedarf des von Kugellagern getragenen Rührwerkes beträgt $^1/_2$ bis 1 PS je nach der Stärke der Verunreinigung der Filter. Das Innere der Filterkessel ist durch Einsteigöffnungen, die für jeden Filterboden besonders angeordnet sind, zugänglich gemacht. Die Spülung wird täglich einmal vorgenommen. Die Bauart der Filter ist der Fabrik gesetzlich geschützt.

b) Sandfilteranlage in Dirschau.

(Zeichnung und Beschreibung der Wasserförderungsanlage s. S. 73/76).

Bis zu Anfang des Jahres 1911 sind 2 Sandfilter mit je 180 qm Filteroberfläche angelegt. Die Filter sind ähnlich wie in Salbke ausgeführt und in üblicher Weise mit Steinen, Kies und Sand gefüllt. Jedes Filter besitzt eine mittlere Durchlaßfähigkeit von 80 cbm/st, so daß die Leistung eines Filters mit der Leistung einer Mammutpumpe übereinstimmt. Der Bau von zwei weiteren Filtern ist beabsichtigt. Alsdann können ständig drei Filter in Betrieb gehalten werden, während das vierte in Bereitschaft bleibt und zur Reinigung verfügbar ist. Um in dem Falle erforderlicher Ausbesserungen an einem Filter gegen Störungen für die Wasserförderung gesichert zu sein, ist zwischen den Ausgußtrichter der Mammutpumpenanlage und den Sammelbehälter für Reinwasser eine Umgehungsleitung eingeschaltet, so daß im Notfalle vorübergehend ungefiltertes Wasser benutzt werden kann.

c) Filteranlage in Hannover-Hainholz; schwefelsaure Tonerde und Soda mit Sandfilter. (Abb. 76.)

Das benutzte Leinewasser enthält viele fein verteilte Schlammteilchen, die sich durch Filtrierung mittels Sand allein nicht aus dem Wasser entfernen lassen. Es ist deshalb eine Reinigung des Wassers durch schwefelsaure Tonerde und Soda[1]) angewendet worden. Durch die hierbei entstehenden starken flockigen Niederschläge werden die feinen Schlammteilchen eingehüllt und lassen sich dann durch Filter entfernen. Das gereinigte Wasser fließt in Sammelbehälter und wird von dort aus in den Hochbehälter gedrückt. Die gleiche Einrichtung kann auch zur Enthärtung des Wassers mittels Ätzkalk und Soda nach dem Reisertschen Verfahren benutzt werden. Die Hainholzer Anlage leistet 50 cbm/st.

d) Sandfilteranlage in Magdeburg s. Salbke.

e) Sandfilter in Mainz.

Die aus Grob- und Feinfiltern üblicher Anordnung bestehende Sandfilteranlage (Abb. 46) dient zur Klärung des aus dem Floßhafen in Mainz entnommenen Rheinwassers. Wasserförderungsanlage s. S. 79/80.

f) Sandfilteranlage in Salbke bei Magdeburg.[2]) (Abb. 77/80.) (Wasserförderungsanlage s. S. 81.)

Das in dem alten Wasserwerk in Salbke unmittelbar aus der Elbe geförderte Wasser wird auch als Trinkwasser benutzt und muß deshalb von allen gesundheitsschädlichen Keimen befreit werden. Zu diesem Zwecke dient die auf eine tägliche Leistung von 3200 bis 3500 cbm in 24 Stunden bemessene Sandfilteranlage mit Vorklärung und Vorfiltrierung.

In den Vorklärbehältern setzt das Wasser zunächst die gröbsten schwebenden Bestandteile während langsamen Durchfließens ab. Die beiden in Bruchstein gemauerten Behälter sind im Mittel 5,5 m breit und haben eine Länge von 66,5 m. Der Querschnitt beträgt je 198 qm, der Inhalt 1315 cbm. Die Sohle ist der besseren Entwässerung bei der Reinigung halber mit Gefälle angelegt. Das von den Rohwasserpumpen geförderte Wasser tritt am einen Ende der Behälter mittels eines die ganze Breite

---

[1]) Vgl. von Stockert, Handbuch des Eisenbahnmaschinenwesens, Bd. II.

[2]) Vgl. Journal f. Gas- u. Wasserversorgung 1895, S. 601, Filteranlage des Elbwasserwerks in Hamburg m. ausführl. Zeichn. Zeitschrift des Vereins deutscher Ingenieure 1894, S. 711.

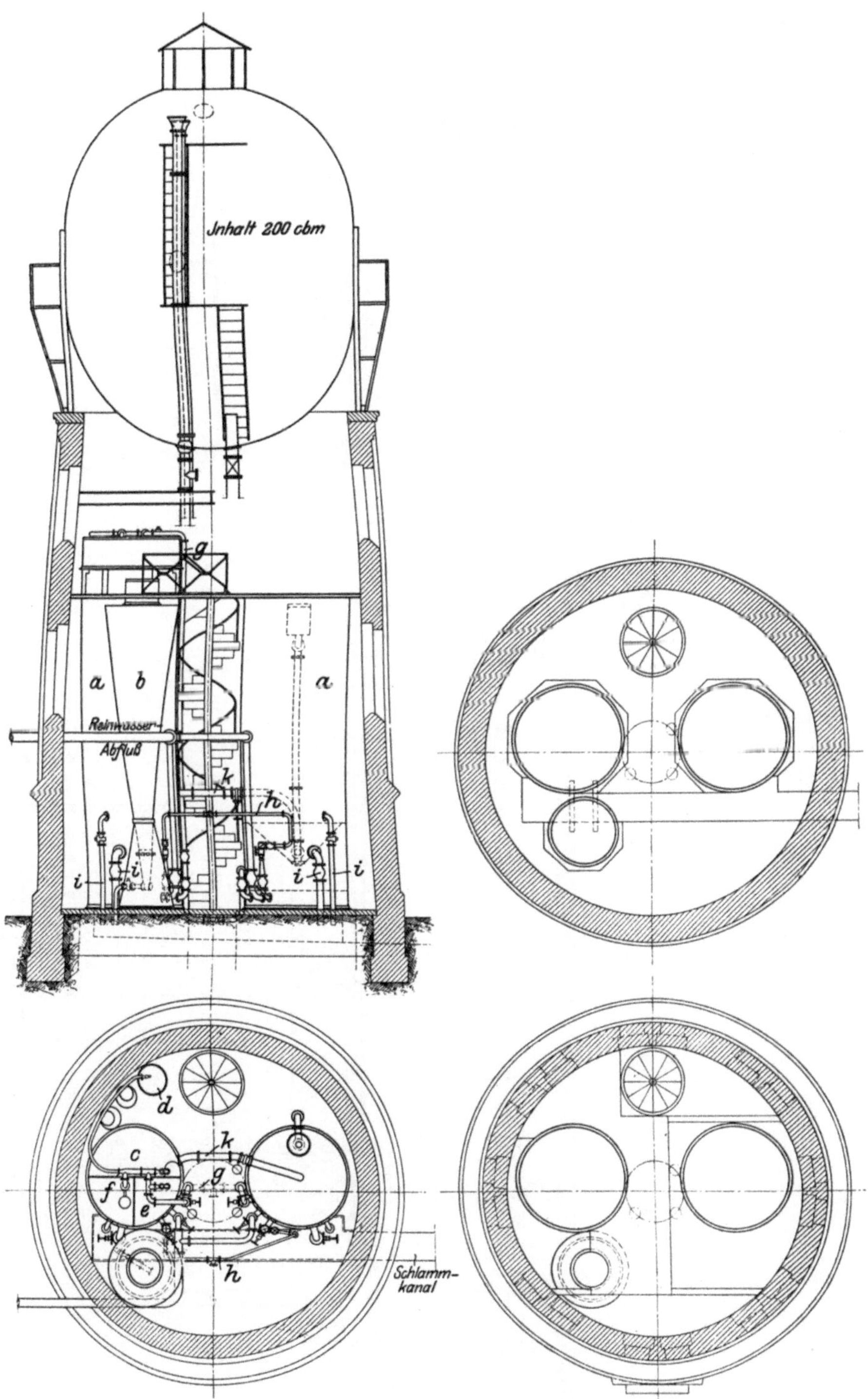

Abb. 76. Enthärtungsanlage in Hainholz.

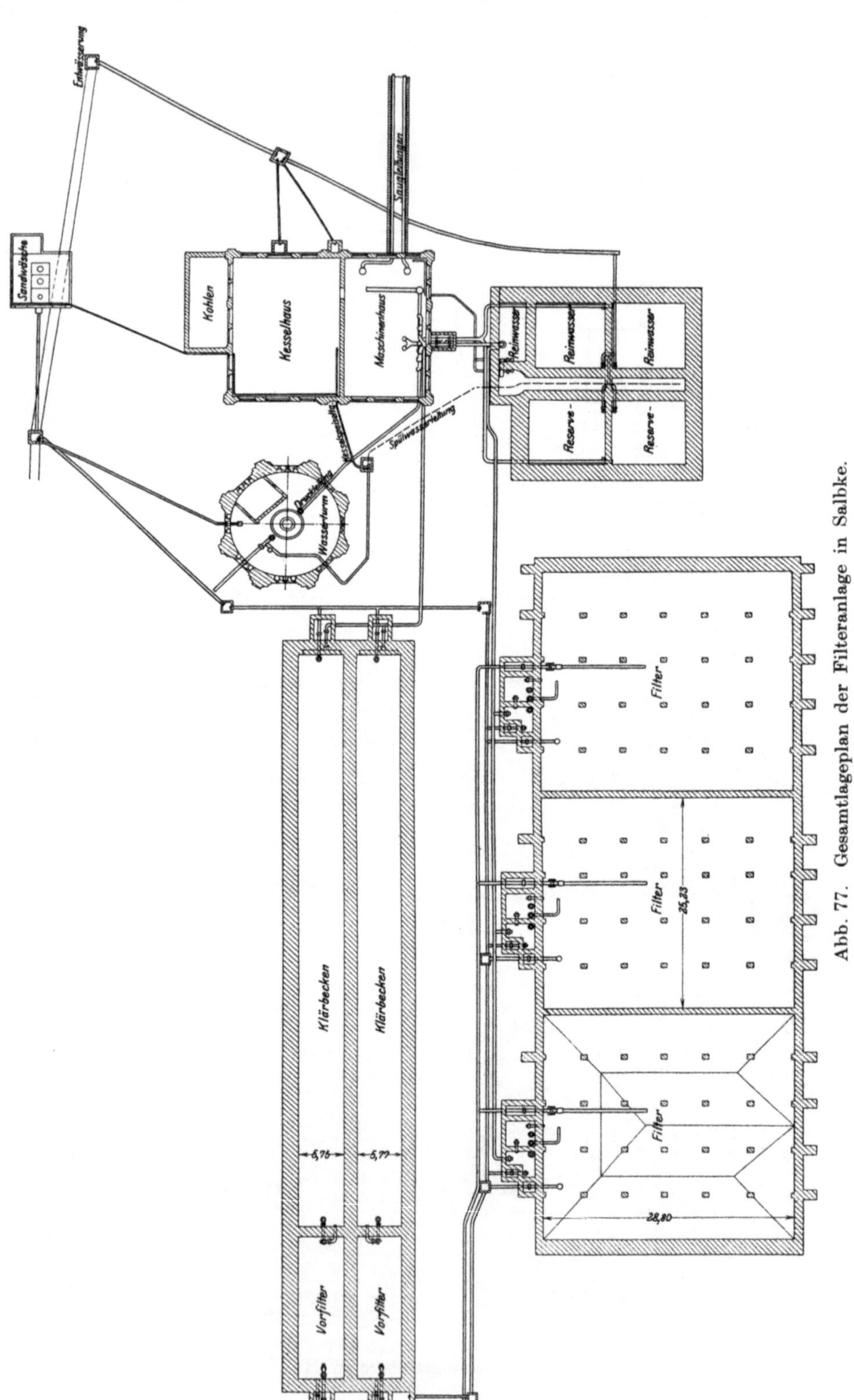

Abb. 77. Gesamtlageplan der Filteranlage in Salbke.

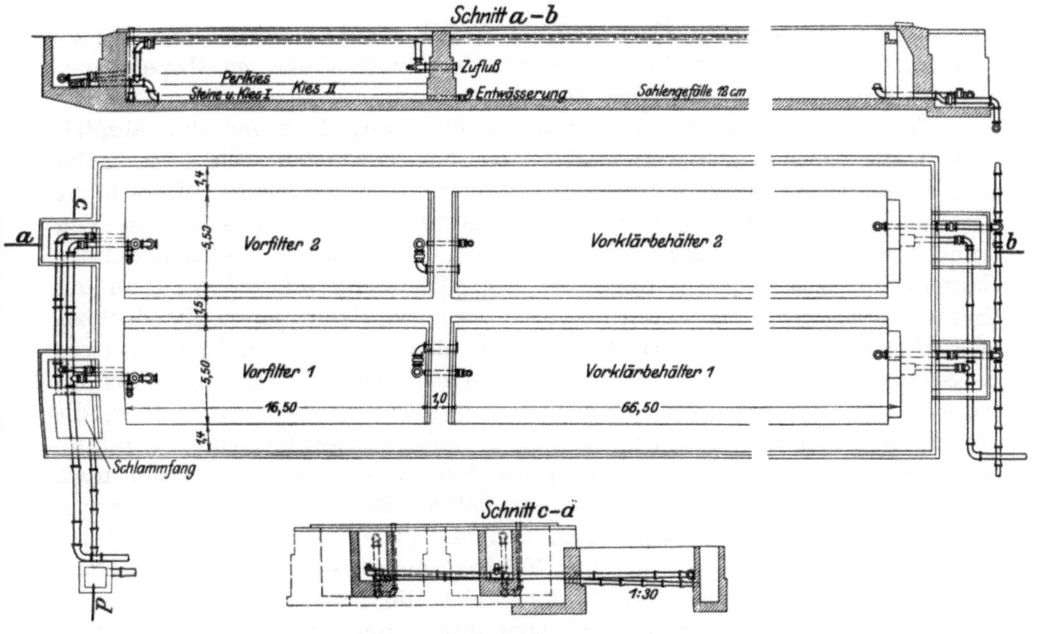

Abb. 77a. Filteranlage in Salbke.
Lageplan und Schnitte der Vorfilter und Vorklärbehälter.

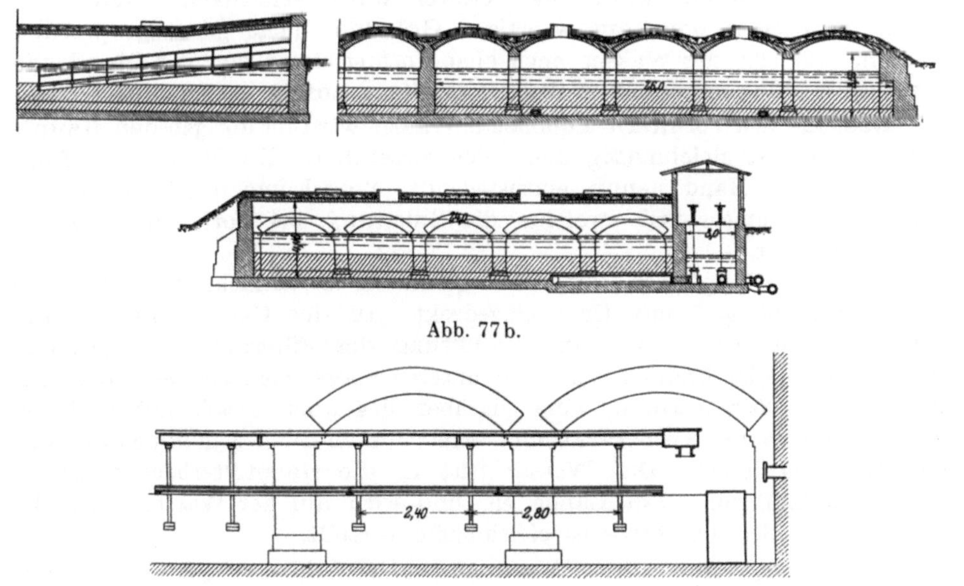

Abb. 77b.

Abb. 77c.

Abb. 77b u. c. Schnitt durch die Hauptfilter, nebst Einsteigbrücke.

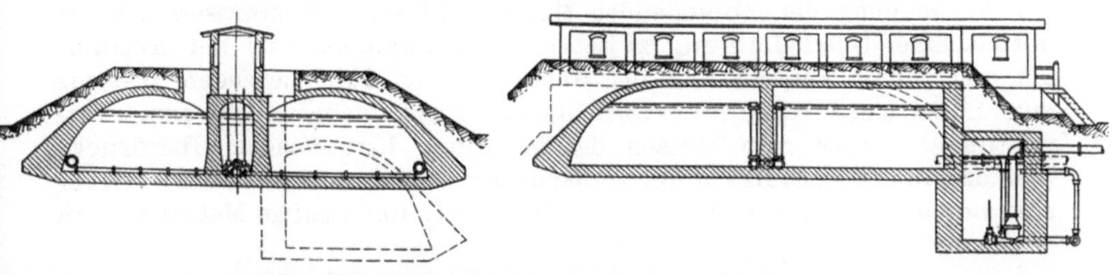

Abb. 77d. Schnitte durch die Reinwasserkammern.

derselben einnehmenden Überlaufs ein und am andern Ende ungefähr in der Mitte des Querschnitts wieder aus, und fließt durch ein absperrbares Verbindungsrohr zu den Vorfiltern über.

Die Vorfilter dienen zur Entlastung der Hauptfilter und sind ähnlich wie diese, nur mit gröberem Filtermaterial ausgestattet. Die Filterfläche der Vorfilter beträgt je 90 qm. Die unterste, 400 mm starke Filterschicht ist aus grobem Kies von etwa 25 mm Korngröße, die obere Schicht von rund 1 m Stärke, aus grobem Sand gebildet. Das von den Vorklärbehältern kommende Wasser fließt oben auf den Filtersand auf und wird an der Sohle durch einen gemauerten und oben durch Sandsteinplatten abgedeckten Kanal mit seitlichen Eintrittsöffnungen abgeleitet und den Hauptfiltern zugeführt. Zur Ableitung des Schlammes bei der Reinigung der Vorfilter sind in der Höhe der Sandoberfläche Entwässerungsrohre angeordnet, die zu einem an die Entwässerung der ganzen Anlage angeschlossenen Schlammbehälter führen. Unmittelbar über der Sohle der Vorfilter ist ferner noch je ein nach dem zugehörigen Vorklärbehälter hin entwässerndes Rohr vorgesehen. Die Vorfilter sind zum Schutze gegen Einfrieren mit einem Überbau aus Holz mit doppelter Verschalung versehen, deren Zwischenräume mit Torfmull ausgefüllt sind. Um die Filterbecken herum sind Bühnen zur Ablagerung des Filtermaterials bei den Reinigungen vorgesehen.

Für den Notfall, wenn die Vorfilter stark verschlammt sind und wegen Einfrierens oder aus sonstigen Gründen nicht gereinigt werden können, läßt sich das Wasser auch ohne Vorfiltrierung von der Oberfläche der Vorfilter aus unmittelbar den Hauptfiltern zuführen.

Das aus den Vorfiltern kommende Wasser wird im übrigen den Hauptfiltern möglichst gleichmäßig und ruhig zugeführt. Die Regelung erfolgt durch ein von Hand genau einzustellendes Ventil und durch ein selbsttätiges Schwimmerventil, welches die Zuleitung bei normalem Wasserstande absperrt.

Die drei Hauptfilter mit einer gesamten Filterfläche von 2200 qm sind überwölbt und mit Erde eingedeckt. In den Gewölbekappen sind Öffnungen zur Belichtung und Entlüftung der Filterräume vorgesehen. Das Filtermaterial besteht aus einer unteren Kiesschicht von 50 mm Kornstärke und 200 mm Höhe, einer darüber liegenden gleich hohen Kiesschicht von 25 mm Kornstärke und einer oberen rund 1 m hohen Schicht von feinerem Sande. Das Wasser tritt in die Hauptfilterbecken durch einen Überlauf von 10 m Länge ein und wird auf der Wasseroberfläche mittels eines Schwimmerrostes gleichmäßig verteilt.

Das filtrierte Wasser tritt an der mit Gefälle verlegten Sohle der Hauptfilter wieder durch Kanäle gleicher Anordnung wie bei den Vorfiltern aus. Der Abfluß in die Meßkammer wird durch Ventile geregelt. Die Feststellung der abfließenden Menge gefilterten Reinwassers erfolgt mittels einer Überfallöffnung zwischen der Meßkammer und der Auslaufkammer, durch Bestimmung der Höhe des hier durchfließenden Wassers mit Hilfe einer Schwimmervorrichtung. Zwei weitere Schwimmervorrichtungen dienen zum Messen des im Filter herrschenden Überdrucks und des in der Auslaufkammer vorhandenen Wasserstandes, welch letzterer eine bestimmte Höhe nicht überschreiten darf, um richtige Messungen zu erlangen.

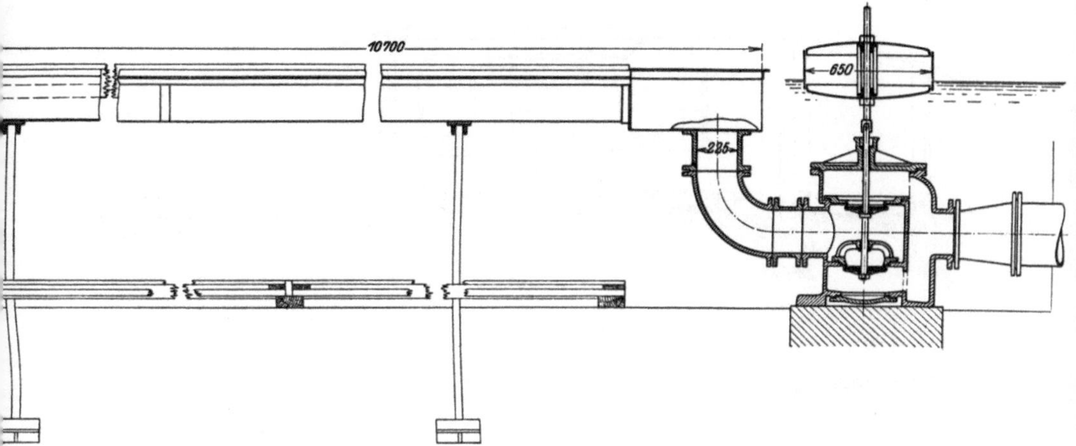

Abb. 78. Überleitung des Wassers aus den Vorfiltern zu den Hauptfiltern, nebst Schwimmerventil.

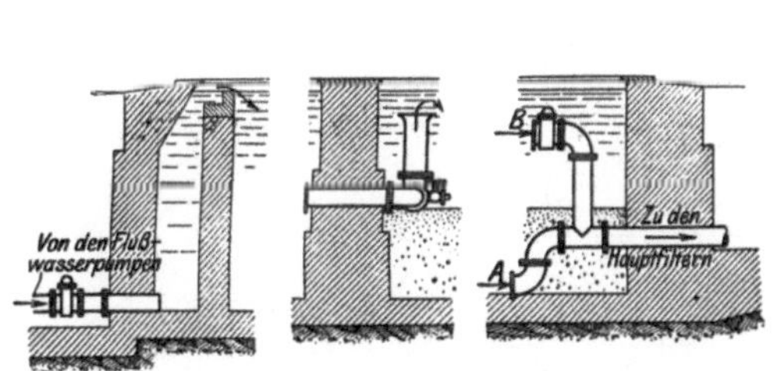

Abb. 79a. Eintritt des Wassers in die Vorklärbehälter und Überleitung zu den Filtern.

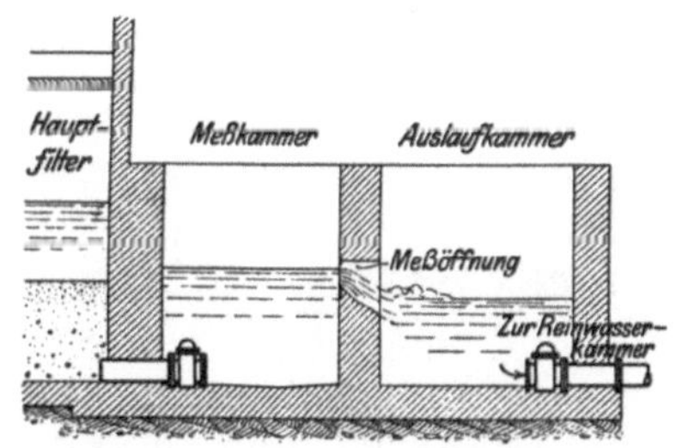

Abb. 79b. Austritt des Wassers aus den Hauptfiltern und Überführung zu den Reinwasserkammern.

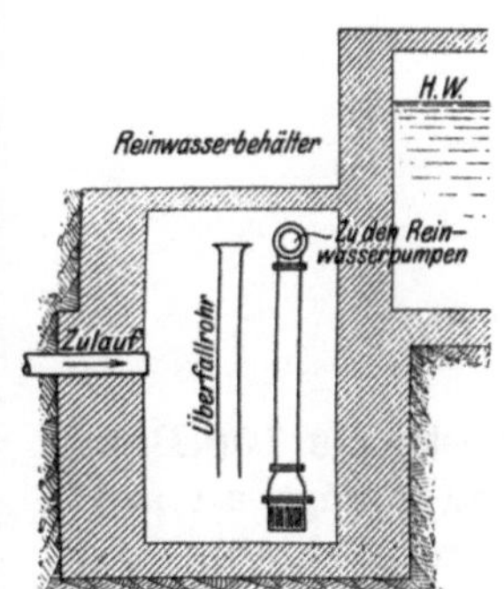

Abb. 79c. Schnitt durch die Reinwasserkammern.

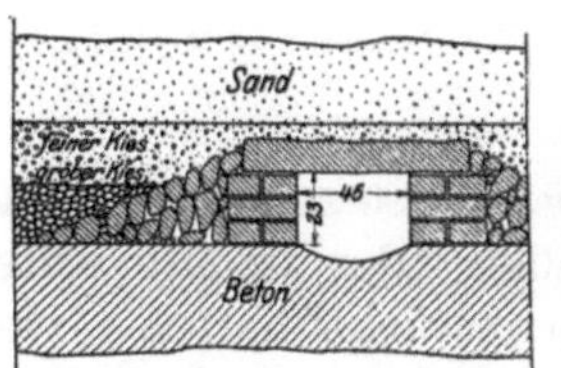

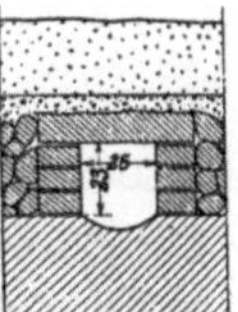

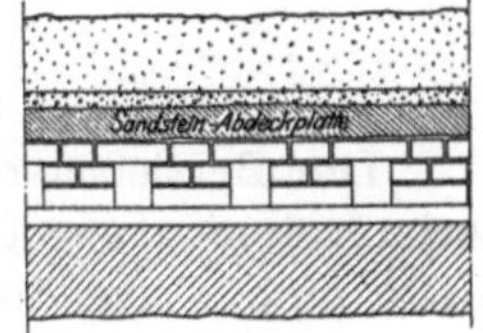

Abb. 79d. Schnitt durch den Filterboden (vergrößert).

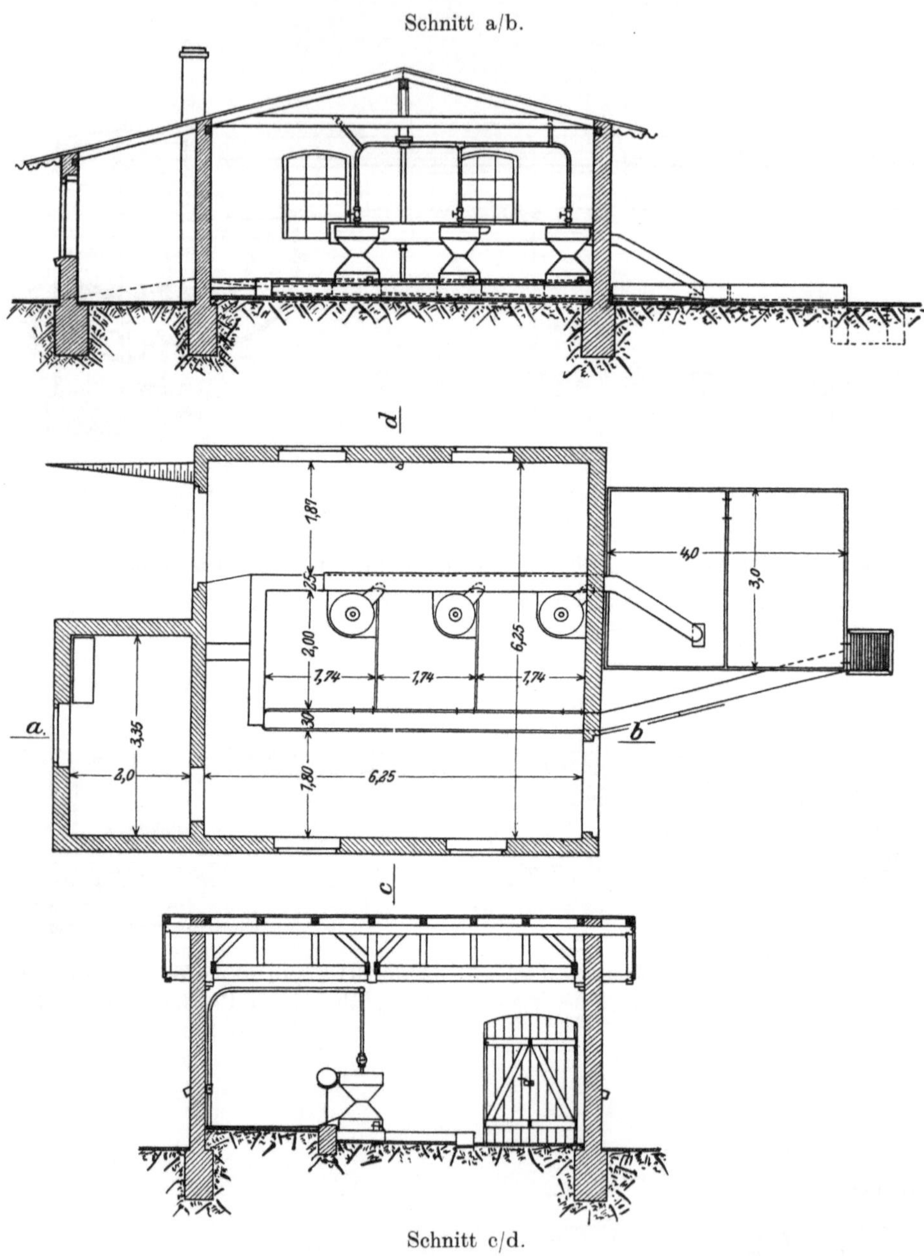

Abb. 80. Sandwäsche in Salbke.

Der Betrieb der Filteranlage ist so zu führen, daß höchstens 100 Bakterienkolonien auf 1 ccm entfallen. Der feinste Filtersand genügt an sich noch nicht, um die Bakterien zurückzuhalten, vielmehr ist hierzu die Bildung einer feinen Schlammschicht auf dem Sande erforderlich. Zur Bildung und gleichmäßigen Verteilung dieses Schlammes bei der Inbetriebnahme eines neuen Filters muß zunächst das Rohwasser 16 Stunden lang ruhig auf der Sandschicht stehen bleiben, alsdann wird das Filter allmählich in Betrieb genommen, indem die Filtergeschwindigkeit ganz allmählich von 8 mm auf die normale Geschwindigkeit von 57 bis 66 mm gesteigert wird. Die höchste zulässige Geschwindigkeit beträgt 100 mm.

Der Filterdruck darf höchstens 100 cm betragen. Ist nach und nach dieser Druck durch Verschmutzung der Filteroberfläche erreicht worden, so muß der Sand gewaschen werden. Dies geschieht in der mit drei Waschvorrichtungen ausgerüsteten Sandwäsche (Abb. 80), in der 20 bis 30 cbm Sand in 10 Stunden gewaschen werden können. Die Wäscher bestehen aus Blechgefäßen in der Form doppelter Kegel, die mit ihren Spitzen zusammenstoßen. In der Achse der Wäscher ist ein Rohr bis zum Boden herabgeführt und dort mit einer Brause versehen, durch welche Druckwasser austritt und die Unreinigkeiten aus dem Sande herausschwemmt. Die Sandwäsche ist nach dem Vorbilde derjenigen des Braunschweiger städtischen Wasserwerks angelegt.

3. Aufspeicherung und Verteilung des Wassers.

A. Wassertürme und Behälter.

1. Wassertürme mit eisernem Behälter.

a) Wasserturm in Berlin, Potsdamer Bahnhof. (Abb. 81.)

In dem Wasserturm (Abb. 81) sind zwei Behälter übereinander angeordnet. Der obere Behälter ist ein Doppelbehälter, der untere dient zur Aufspeicherung von städtischem Leitungswasser für den Notfall, der bei Wassermangel im Landwehrkanal, aus dem sonst die Wasserentnahme stattfindet, eintreten kann. Der Boden des oberen Behälters liegt 32 m über dem Gelände.

b) Wasserturm in Berlin-Halensee. (Abb. 1.)

Der Wasserturm ist vollständig aus Eisen gebaut (Abb. 1, S. 14). Der höchste Wasserspiegel liegt 35 m über Geländehöhe, der Behälter faßt 150 cbm.

c) Wasserturm in Bielefeld. (Abb. 82.)

Mit Rücksicht auf seine Umgebung ist der Wasserturm auf dem Bahnhofe Bielefeld in besonders ansprechender äußerer Formgebung ausgeführt (Abb. 82). Über den Behälter der Bauart Schäfer-Barkhausen-Klönne s. weiter unten.

d) Wasserturm in Berlin-Rummelsburg.

In dem Wasserturm auf dem Bahnhof Rummelsburg sind zwei Behälter übereinander eingebaut. Der niedrigste Wasserstand des obern Behälters liegt 34,54 m über S.O. der Stadt- und Ringbahn und 38,85 m über S.O. der Fernbahn. Der Niedrigwasserspiegel des untern Behälters liegt 20 m tiefer.

e) Wasserturm in Stargard i. P. (Abb. 20.) s. S. 39.

f) Wasserturm in Ülzen. (Abb. 83.)

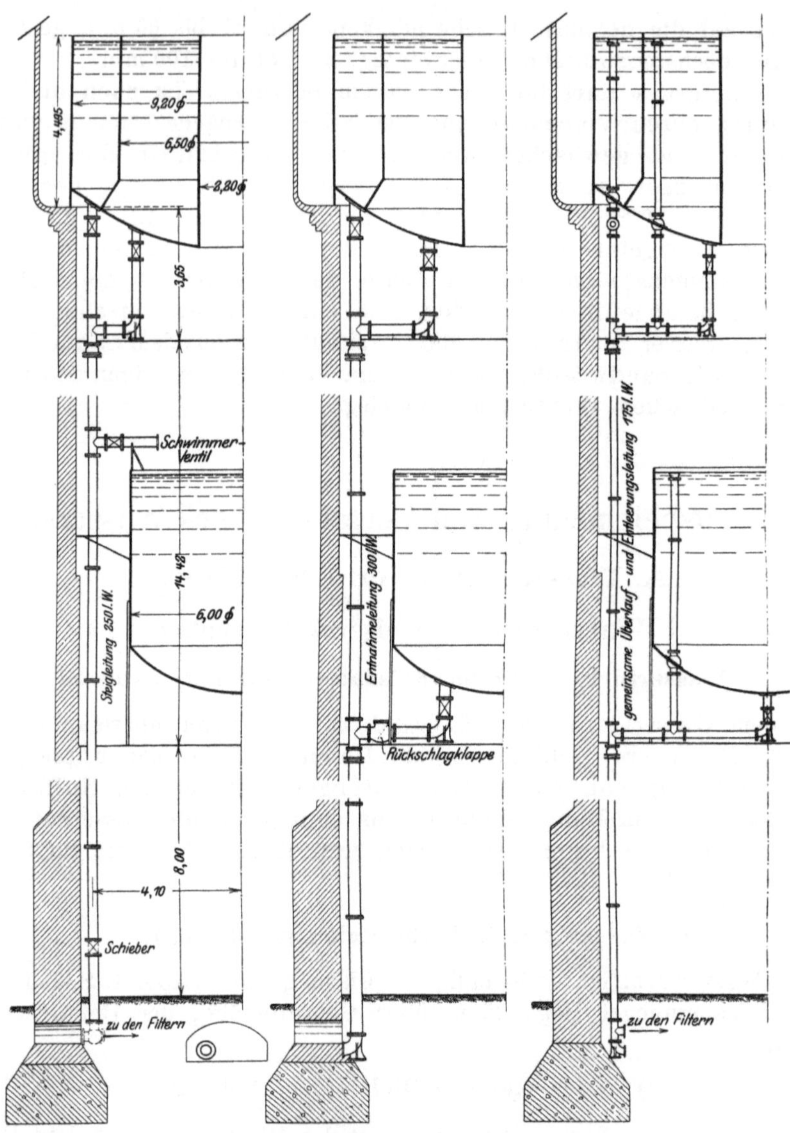

Abb. 81. Wasserbehälter am Potsdamer Bahnhof.

g) Wasserturm in Wustermark. (Abb. 84.)

Der Wasserturm auf dem Bahnhofe Wustermark übertrifft die vorstehend aufgeführten hohen Wassertürme in Berlin und Halensee noch bedeutend an Höhe, indem die Unterkante des halbkugelförmigen Doppelbehälters der Bauart Klönne von 2200 cbm Inhalt 40 m über dem Gelände liegt. (Abb. 84.)

h) Wasserbehälter der Bauart Schäfer-Barkhausen, Klönne. (Abb. 83a.)

Die Eiform der Behälter (vgl. Abb. 83a) ist von Geh. Baurat Schäfer, die infolge der Gestaltung der Behälter sehr einfache, die Außenseiten der Behälter völlig freilassende Stützung von Prof. Barkhausen angegeben.[1])

[1]) Z. Ver. deutsch. Ing. 1900, S. 1594; Annal. f. Gew. u. Bauw. 1905, Bd. 57, S. 194.

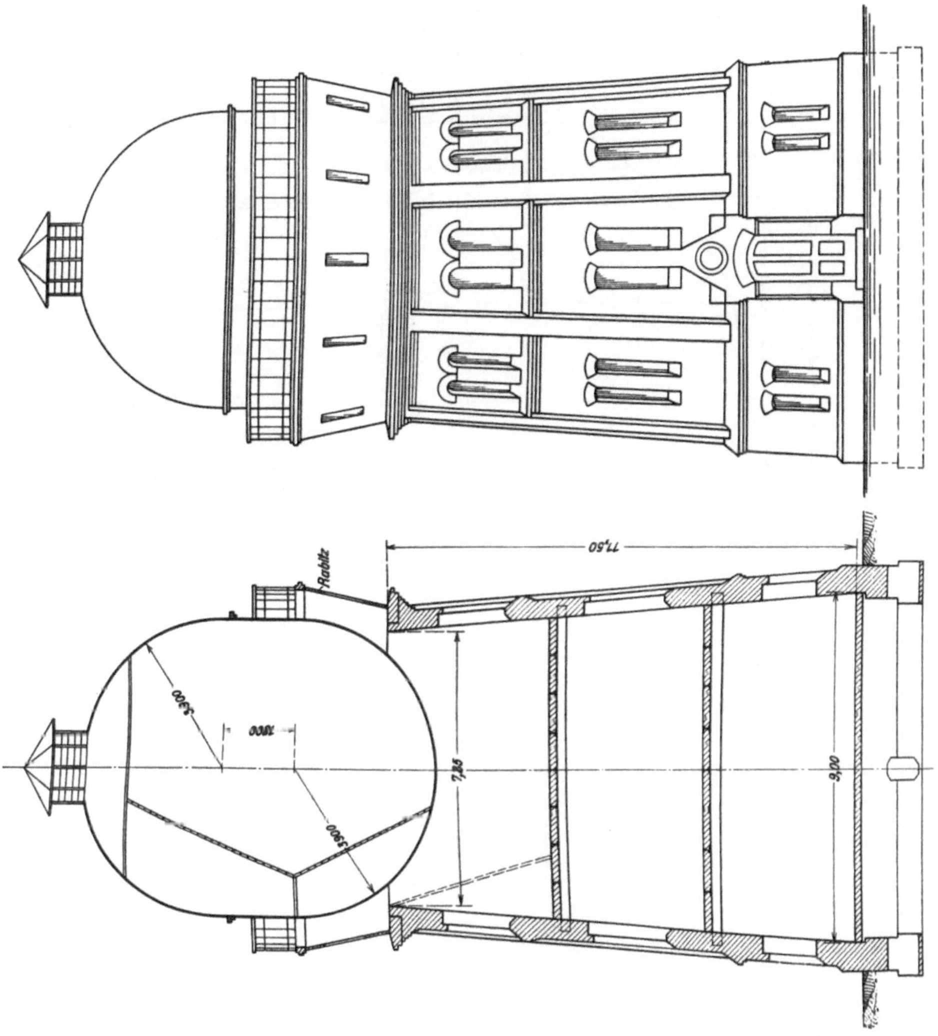

Abb. 83. Wasserturm in Ülzen.

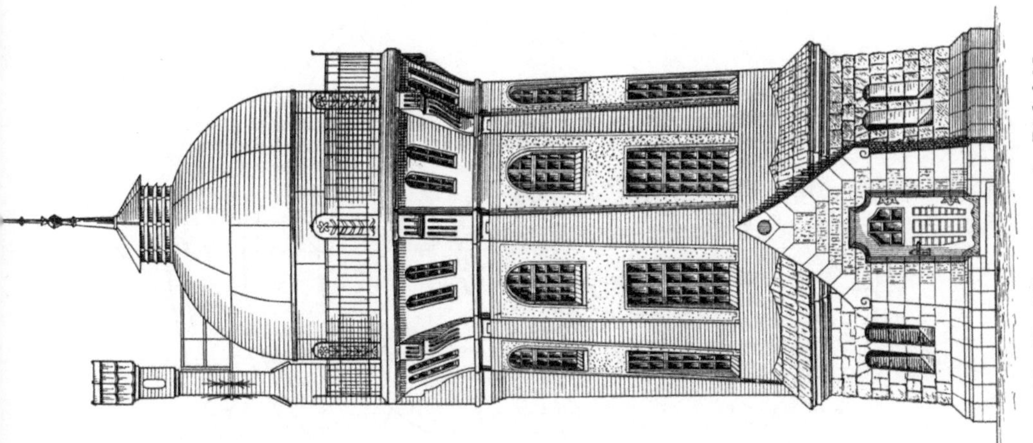

Abb. 82. Wasserturm in Bielefeld.

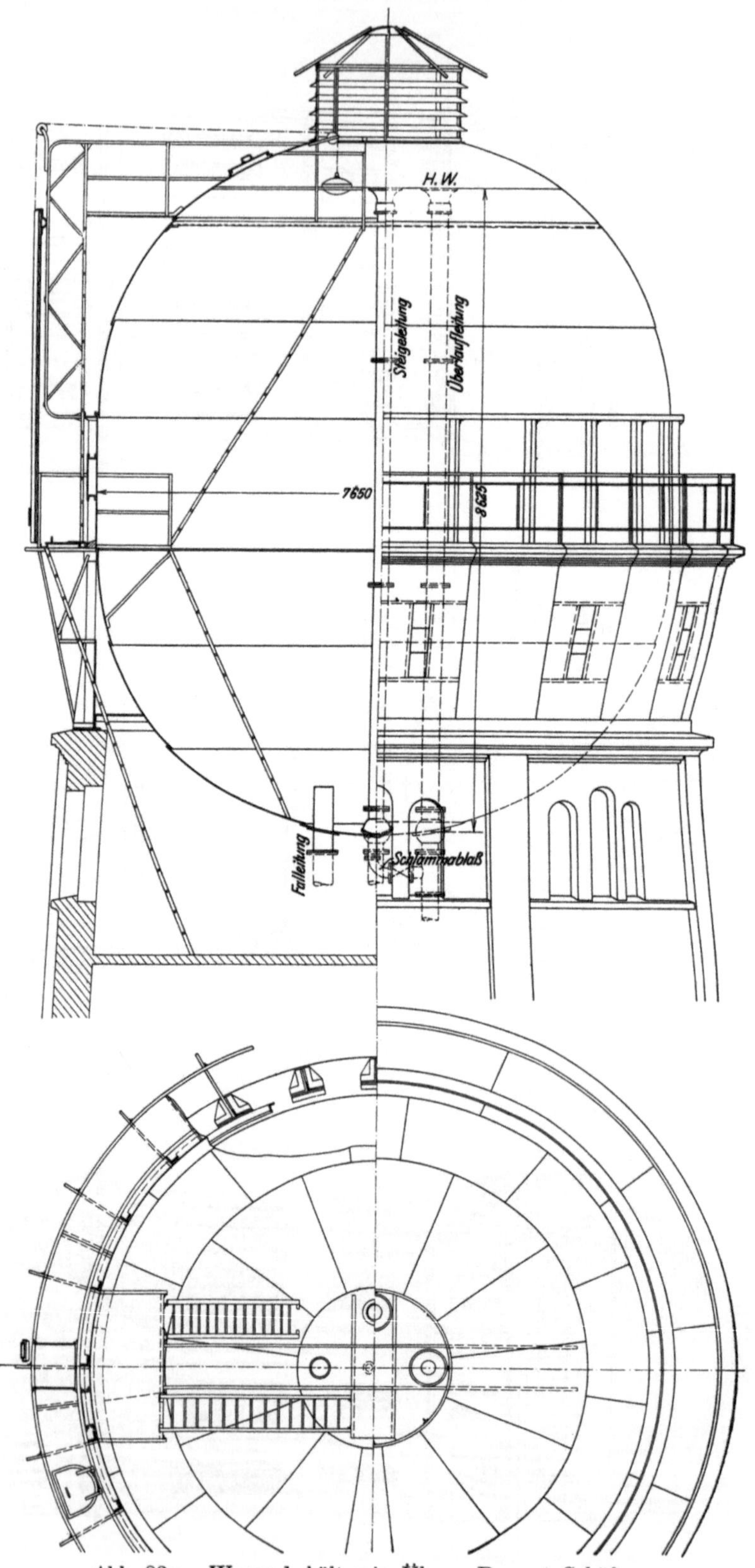

Abb. 83a. Wasserbehälter in Ülzen, Bauart Schäfer.

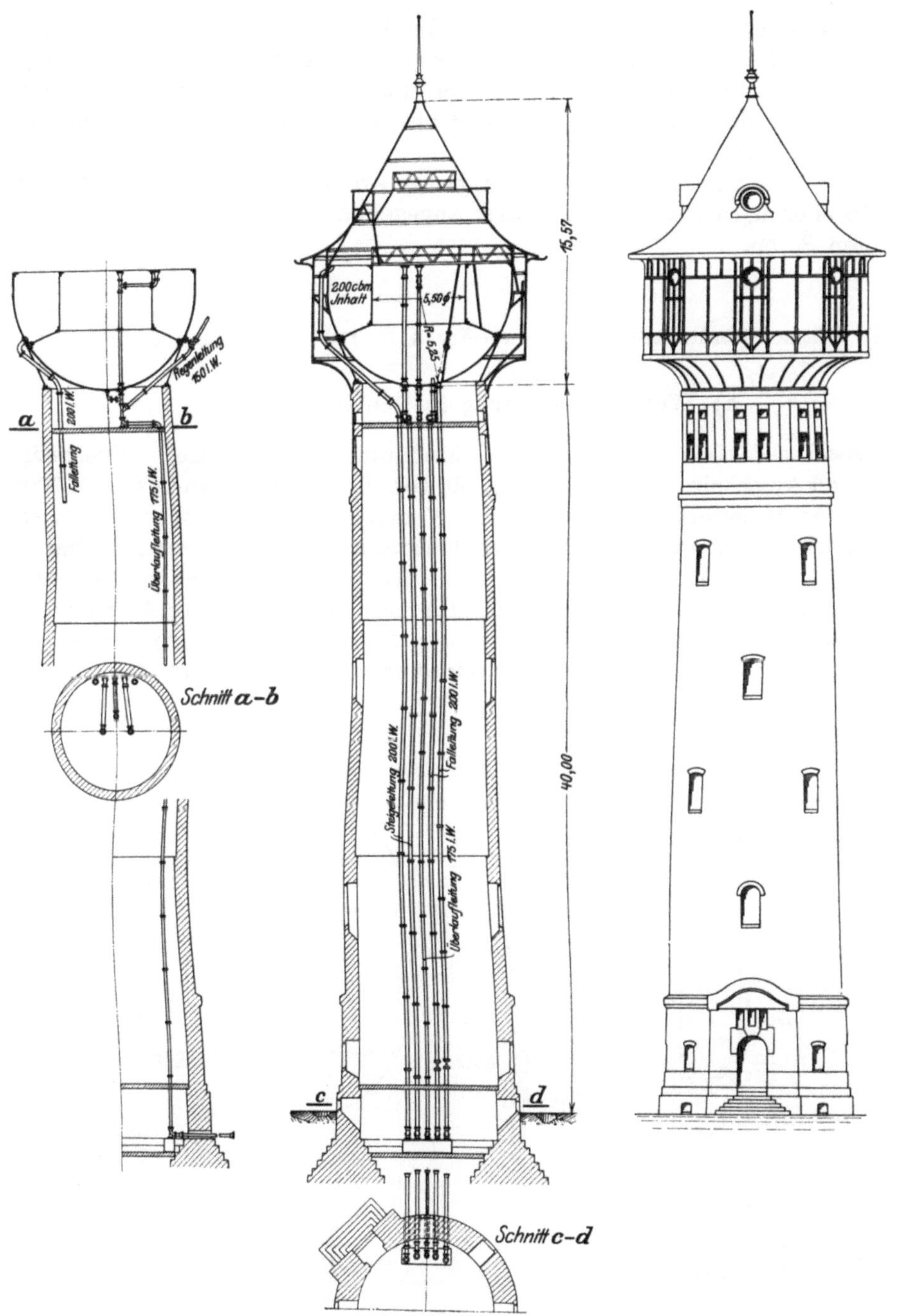

Abb. 84. Wasserturm in Wustermark.

Die ganze Anordnung ist dem Werk Aug. Klönne in Dortmund durch Patent geschützt, D. R. P. Nr. 107890. Die Behälter sind nach oben bis auf den Lüftungsaufsatz vollständig geschlossen. Durch diese Formgebung ist das statische Gleichgewicht ohne Anwendung irgendwelcher Aussteifungen gesichert. Im Inneren sind eiserne Leitern und Bühnen zur Vornahme der Reinigung und Untersuchung angebracht, die Überlaufleitung ist im Inneren bis nahe unter die Decke des Behälters hochgeführt. Die Kuppe des Behälters liegt vollständig frei, ohne Dach und Ummantelung. Die inneren Einrichtungen sowie die äußeren Bühnen nebst Einsteigeöffnungen in der Mitte und oben sind aus der Abbildung des Wasserturms in Ülzen zu ersehen.

Der Einbau der Wasserreinigungsanlagen Schäferscher Bauart in die eiförmigen Behälter ist früher angegeben (s. u. II. Wasserreinigungsanlagen S. 92).

i) Wasserstandsfernzeiger von Götz s. S. 143, Literatur. (Abb. 95.)

k) Weckervorrichtung in Seelze. (Abb. 85.)

Zwei elektrisch angetriebene Kreiselpumpen sind durch selbsttätige Ein- und Ausschaltung in Abhängigkeit von dem Wasserstande des 1400 m entfernten Behälters gebracht. Beim Versagen des elektrischen Antriebs wird nach Erreichung eines gewissen Tiefstandes des Wassers im Behälter, mittels der Weckervorrichtung eine im Lokomotivschuppen angebrachte Alarmglocke zum Ertönen gebracht. Der zur Betätigung der Alarmglocke dienende, von sechs Trockenelementen gelieferte Batteriestrom wird geschlossen und wieder geöffnet durch eine ringförmige, in senkrechter

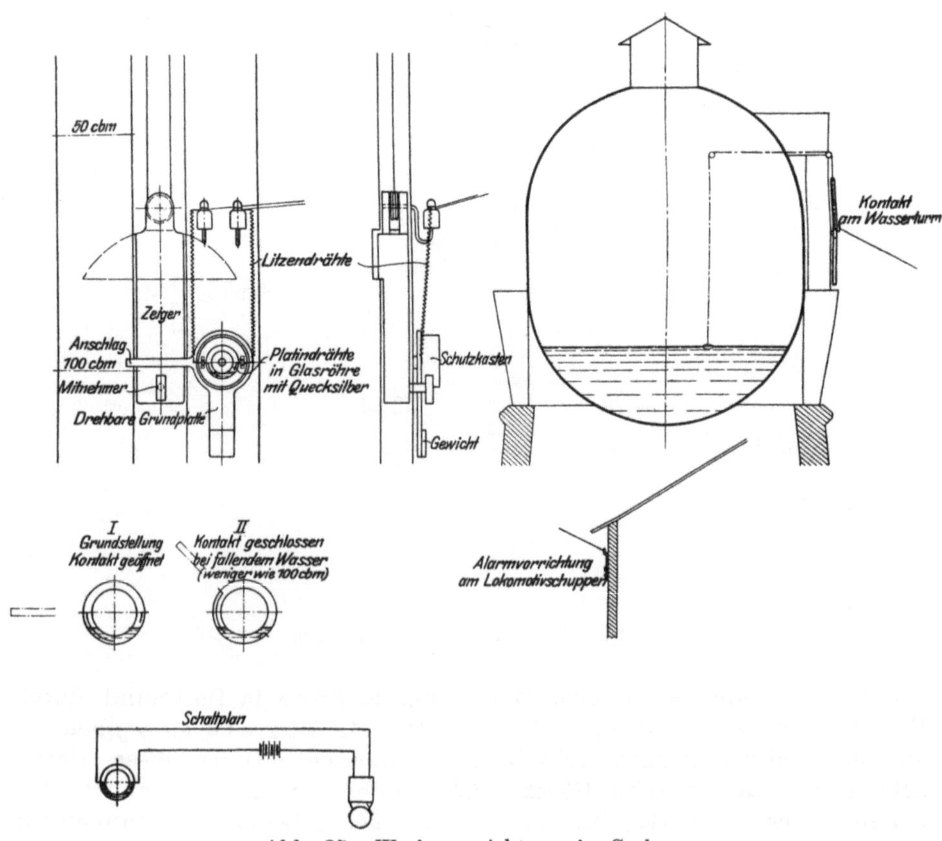

Abb. 85. Weckervorrichtung in Seelze.

Ebene sich drehende und zum Teil mit Quecksilber gefüllte geschlossene Glasröhre, in der zwei Platindrähte eingeschmolzen sind. Einer dieser Drähte taucht stets in das Quecksilber ein, taucht auch der zweite ein, so ist der Strom geschlossen (Abb. 85).

Die ringförmige Kontaktröhre ist auf einer um eine wagerechte Achse drehbaren Grundplatte befestigt. Die zur Schließung des Batteriestroms erforderliche Drehung der Grundplatte nebst der Schlußvorrichtung wird durch einen Mitnehmerstift des außen am Wasserbehälter sich auf und ab bewegenden Wasserstandzeigers in Verbindung mit einem Anschlaghebel der Grundplatte bewirkt. Sinkt der Wasserstand bis auf ein gewisses Mindestmaß, hier 100 cbm, so wird der Anschlaghebel durch den Mitnehmerstift des steigenden Wasserstandzeigers angehoben, die Grundplatte mit der Kontaktröhre dreht sich und der in der Abbildung rechtsseitige Anschlußdraht taucht ebenfalls in das Quecksilber ein. Die Weckerglocke ertönt, die Anlasser der Pumpen werden von Hand eingerückt, der Wasserstand im Behälter steigt, der Wasserstandzeiger sinkt und die Schlußvorrichtung kehrt durch Gewichtwirkung in die Grundstellung (I) zurück. Von den Anschlußklemmen der Schlußvorrichtung bis zu den Isolatorglocken ist die Leitung aus leicht biegsamen Litzendrähten ausgeführt, um ein bequemes Drehen der Schlußvorrichtung zu gestatten.

Die ganze Vorrichtung ist auf der Rückseite des Wasserstandzeigers möglichst geschützt angebracht.*)

2. Betonbehälter.

a) Betonbehälter in Buchholz. (Abb. 86.)

Der kleine in Beton ausgeführte Doppelbehälter von 2×50 cbm Inhalt auf dem Bahnhof Buchholz ist unterirdisch unmittelbar neben dem hochliegenden Maschinenhause und der Brunnenstube eingebaut.

b) Eisenbetonbehälter in Hagen i. W. (Abb. 87/88.)

(Wasserförderungsanlage s. S. 25/33.)

Der aus Eisenbeton errichtete, auf Felsboden gegründete und mit Rasen eingedeckte Hochbehälter des Güterbahnhofs Hagen i. W. (Abb. 87) faßt rund 1200 cbm. Der Behälter hat annähernd halbkreisförmigen Querschnitt, eine Breite von etwa 9 m und eine Länge von 50 m. In der Mitte des Behälters ist eine Stube eingebaut, von der aus die beiden durch eine Querwand voneinander getrennten Hälften des Behälters betreten und die Schieber bedient werden können. Die Anordnung der nach den beiden Hälften des Behälters verzweigten Druckrohrleitung, der Entnahmeleitung und der zum Ablassen des Behälters dienenden Entleerungsleitung nebst den zugehörigen Schiebern, sowie der Überlaufleitungen ist aus der Abbildung ersichtlich.

---

*) Vgl. Registrier- u. Kontaktwerke, Bauart Spohr, in Herford u. Löhne, v. Stockert, Handb. d. Eisenbahnmaschinenw., II. Bd., S. 429.

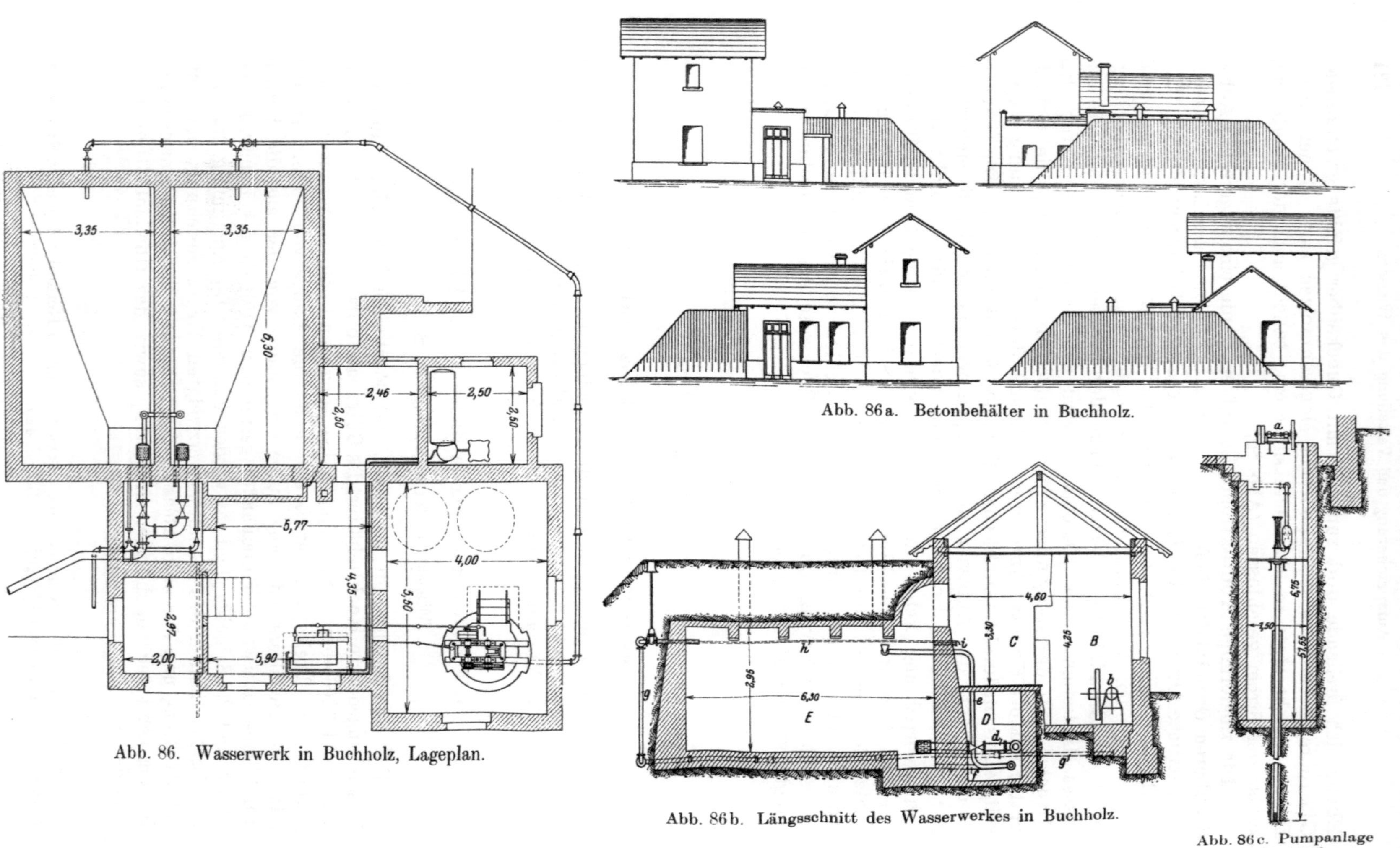

Abb. 86. Wasserwerk in Buchholz, Lageplan.

Abb. 86a. Betonbehälter in Buchholz.

Abb. 86b. Längsschnitt des Wasserwerkes in Buchholz.

Abb. 86c. Pumpanlage in Buchholz.

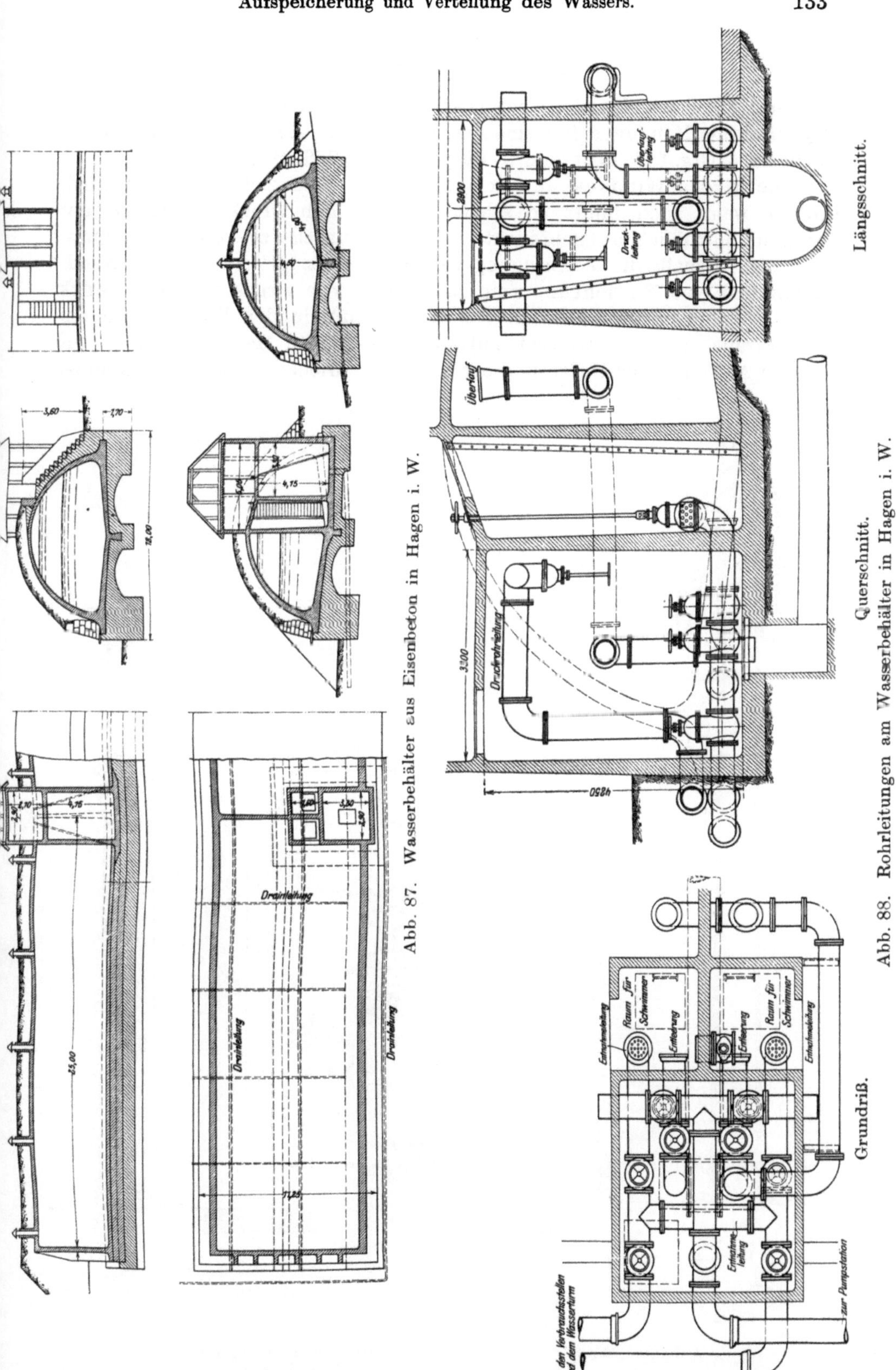

Abb. 87. Wasserbehälter aus Eisenbeton in Hagen i. W.

Abb. 88. Rohrleitungen am Wasserbehälter in Hagen i. W.

B. Wasserkräne.

In Abb. 89 ist ein nicht normaler freistehender Wasserkran der Eisenbahndirektion Hannover für eine Leistung von 5—10 cbm/min dargestellt. (Näheres s. Org. f. d. Fortschr. d. Eisenbahnw. 1906, S. 179.)

Die in den Windkesseln der Wasserkräne eingeschlossene Luft wird, ähnlich, wenn auch nicht so schnell wie bei den Druckwindkesseln der Pumpen, allmählich aufgebraucht. Um Rohrbrüche zu vermeiden, empfiehlt sich deshalb die Anbringung von Wasserstandgläsern an den Windkesseln und eine Einrichtung zum Nachfüllen von Druckluft. Im Bezirk der Eisenbahndirektion Hannover wird die Luft in den Windkesseln der Wasserkräne von Zeit zu Zeit mittels einer kleinen Handluftpumpe, wie sie zum Auffüllen der Luftreifen der Fahrräder dienen, oder auch aus einer

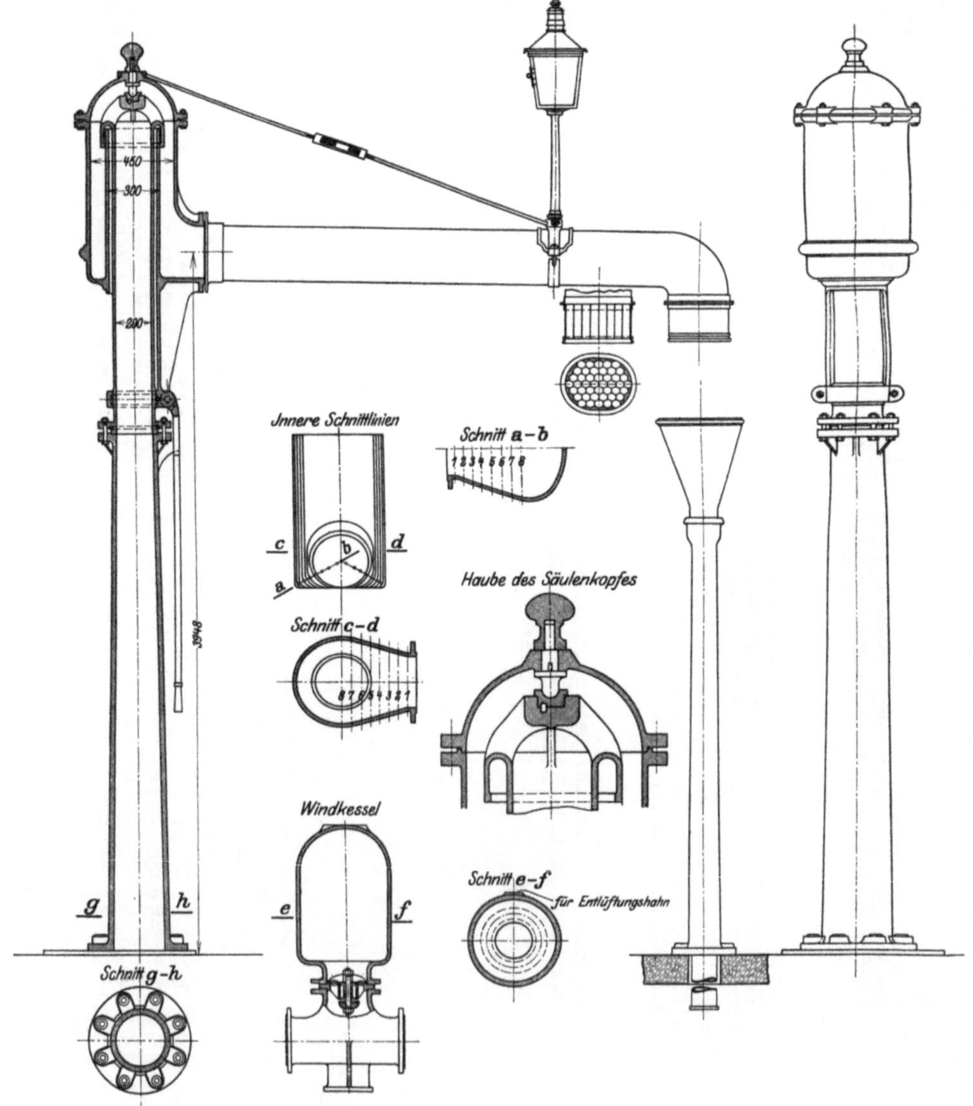

Abb. 89. Wasserkran für eine Leistung von 10 cbm/min.

Luftdruckbremsleitung ersetzt. Um die Berührung der Luft mit dem Wasser nach Möglichkeit einzuschränken und die Bildung von Wirbeln beim Öffnen und Schließen der Schieber zu verhindern, wird ein Lufthalterventil (Abb. 90) der Bauart Schäfer — D. R. G. M. — oder auch eine einfache mit Schlitzen versehene Platte (Abb. 91) zwischen den Windkessel und die Kranwasserleitung eingeschaltet. Das zweisitzige Lufthalterventil öffnet sich bei Stößen von der Kranwasserleitung aus

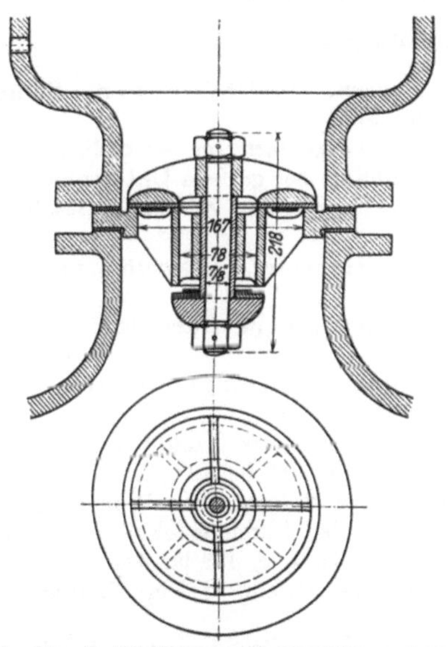

Abb. 90. Lufthalterventil für Wasserkräne, Bauart Schäfer.

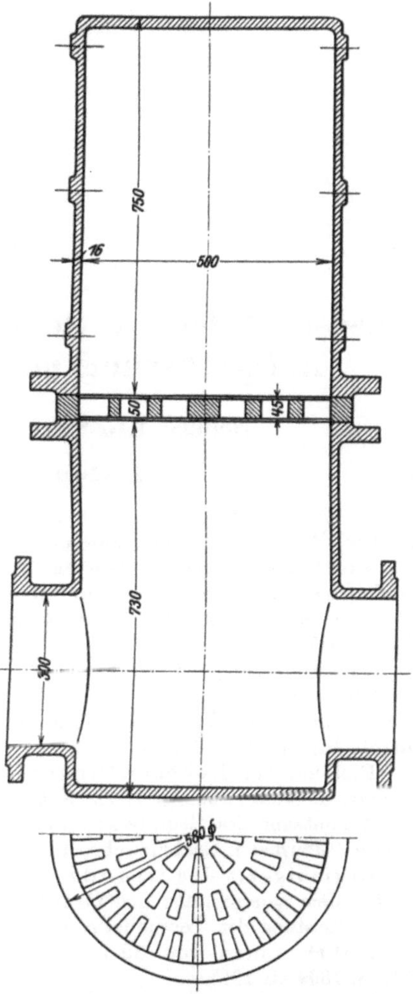

Abb. 91. Windkessel mit durchlochter Zwischenplatte, Bauart Schäfer.

und gestattet beim Auffüllen der Luft dem Wasser den Durchtritt vom Windkessel aus in die Kranleitung.

Ausziehbare Kranausleger, wie sie früher zur Erleichterung des Wassernehmens auf Zwischenstationen verwendet wurden, sind durch die jetzige größere Länge der Tendereinfüllöffnung, namentlich auch durch die langen seitlichen Einfüllöffnungen nach Gölsdorf, entbehrlich geworden.

Anhang.

Neuere Mittel zur Gewinnung, Förderung, Reinigung, Aufspeicherung und Verteilung des Wassers.

Neuere Literatur über Wasserversorgung.

I. Gewinnung des Wassers.

Gewinnung von Trink- und Nutzwasser in Bayern, Quellfassungen, Sammelschächte, Filterung. Gesundheitsing. 1912, S. 970 bis 975.

Tiefbrunnenanlage mittels Senkpumpen, ausgeführt im westfälischen Industriegebiet nach dem Verfahren von Wegelin & Hübner, bei großem Unterschiede der Höhenlage des abgesenkten und des natürlichen Wasserspiegels. Z. Ver. deutsch. Ing. 1911, S. 571.

Tiefbrunnen von 15 bis 20 m Wassertiefe in Hannover. Gesundheitsing. 1912, S. 577 bis 585.

Brunnen mit Heberleitung des neuen Wasserwerks in Düsseldorf. Z. Ver. deutsch. Ing. 1912, S. 698 bis 701.

Dichtung von Heberleitungen durch gespannte Gummiringe. Journal f. Gasbeleucht. u. Wasserversorg. 1912, S. 402 bis 405.

Ausnutzung des Grundwasserstroms bei Leipzig (Wasserwerk Naunhof), Brunnenanlage. Journal f. Gasbeleucht. u. Wasserversorg. 1911, S. 789 bis 797.

Ergiebigkeit des Grundwassers, Vergleich der rechnerischen Werte aus dem Gefälle, dem Querschnitte des Grundwasserstroms und der Durchlässigkeit des Bodens mit der Leistung der Versuchsbrunnen. Gesundheitsing. 1911, S. 438 bis 446.

Rohrbrunnen von 30 m Tiefe im Schwentinetal (Kiel). Z. Ver. deutsch. Ing. 1911, S. 1009 bis 1015.

Versuchsbrunnen in Magdeburg, Erschließung des Grundwassers durch 25 m tiefe Brunnen. Journal f. Gasbeleucht u. Wasserversorg. 1910, S. 1136 bis 1142.

Auffindung von Wasser durch Rutengänger:

Annal. f. Gew. u. Bauw. (Glaser), 07, Bd. 61, S. 71/72 (Skalmierzyce, 80 cbm/24 St.); desgl. 1913, Bd. 72, S. 109/11 (nach Z. d. Verb. deutsch. Arch.- u. Ing.-Ver. 1912): Wirkl. Geh. Admiralitätsr. G. Franzius, Kiel: Die Wünschelrutenbewegung in Deutschland.

H. Mayer (Paris, 1913, H. Dunod & E. Pinat), Les sourciers et leurs procédés. La Baguette, la Pendule (314 S. u. 107 Abb., 4,50 frcs.).

II. Förderung des Wassers.

Delphin-Pumpwerke, Bauart Borsig-Scheven, eignen sich namentlich für kleinere Anlagen, sowie zur Erweiterung bestehender Anlagen. Abb. 92 zeigt als Beispiel das Schema eines Delphin-Pumpwerks mit nur einem Brunnen bei niedrigem Grundwasserstande. Die Anlage arbeitet selbsttätig mit elektrischem Antriebe, der Wasserturm ist durch einen großen Windkessel ersetzt. Der letztere Umstand bildet das Charakteristische der Anlagen. Durch die Einschaltung des Windkessels ist es möglich, bei Bedarf, etwa bei Feuersgefahr, den Leitungsdruck zu erhöhen und bei bestehenden größeren Wasserwerken besondere Hochdruckzonen einzurichten. Bei Erreichung eines gewissen einstellbaren Druckes im Windkessel schaltet sich zunächst die erste und gegebenenfalls nach und nach eine zweite und dritte Pumpe selbsttätig ein, ebenso erfolgt selbsttätiges Ausschalten, wenn der jeweilig eingestellte normale Druck erreicht ist.

Eine solche, mit zwei Windkesseln arbeitende Anlage ist im Jahre 1909 zur Wasserversorgung der hochgelegenen Stadt Gerresheim bei Gelegenheit von deren Aufnahme in die Stadtgemeinde Düsseldorf errichtet worden. Für Eisenbahnzwecke könnten solche Anlagen zur Erweiterung vorhandener größerer Wasserversorgungsanlagen, zur Erhöhung des Leitungsdruckes mit Rücksicht auf die Feuersgefahr in Werkstätten und für kleinere Anlagen zur Versorgung mit Speise- oder Trinkwasser in Betracht kommen.

Die Düsseldorfer Anlage ist errichtet von Heinrich Scheven in Düsseldorf 23. (Vgl. Journal f. Gasbeleucht. u. Wasserversorg. 1910, S. 311.) Delphinpumpwerke mit selbsttätigem Betrieb, elektrisch oder mit Verbrennungsmaschinen, Dingl. Polyt. Journ. 1912, S. 794 bis 796; Das Delphin-Pumpwerk und seine Anwendung, Kostenvergleich. Z. Ver. deutsch. Ing. 1912, S. 1058.

Körtings Wasserstrahl-Tiefbrunnenpumpe (Abb. 93). Das Wasser wird durch eine nahe dem Boden des Brunnens eingebaute Wasserstrahlpumpe gefördert, die ihr Betriebswasser von einer über Tage aufgestellten Kreiselpumpe erhält. Das Steigrohr A liegt innerhalb des Rohres D, durch das der Wasserstrahlpumpe das Betriebswasser von der Kreiselpumpe aus zugeführt wird. Durch das Zweigrohr R wird der Kreiselpumpe ihr Betriebswasser zugeführt. Beim Beginn des Betriebes saugt die Kreiselpumpe aus dem Brunnen oder, falls darin das Wasser nicht hoch genug steht, aus dem Behälter B. Der Ausguß A liegt so hoch, daß keine Heberwirkung auf die Kreiselpumpe eintreten kann. Durch Anbringung eines Luftsaugers am Ausguß läßt sich das geförderte Wasser wirksam belüften.

Für diese Förderweise wird einer Mammutpumpe gegenüber als Vorzug in Anspruch genommen: Geringere Tiefe des Brunnens, weil keine erhebliche Eintauchtiefe für den Wasserheber erforderlich ist, deshalb und wegen der verhältnismäßigen Billigkeit der Kreiselpumpe: geringe Baukosten, Möglichkeit der Vermeidung der Vermischung des Wassers mit Luft bei beabsichtigter Verwendung als Trinkwasser, und Unmöglichkeit der Verschmutzung des geförderten Wassers durch Schmieröl.

Ausgeführt sind derartige Anlagen u. a. bei dem Elektrizitätswerk Blankenese, bei den Siemens-Schuckertwerken in Stettin und bei der Hannoverschen Portland-Zementfabrik A.-G. in Misburg bei Hannover.

Hydraulische Luftpumpen, Patent Scholl zur selbsttätigen Entlüftung von Saug- und Heberleitungen und zur Belüftung von Druckwindkesseln sind von Böckel & Co., G. m. b. H. in Mannheim, u. a. an die Badische und die Oldenburgische Staatsbahn und an verschiedene große Wasserwerke geliefert worden. Die Schollsche Luftpumpe wird durch Wasser aus der Druckleitung betrieben. Den Anbau der Pumpe an eine zu entlüftende Heberleitung zeigt Abb. 94a. Die Pumpe wird selbsttätig abgestellt, wenn die Luft aus der Leitung entfernt ist und beginnt ebenso selbsttätig wieder zu arbeiten, wenn wieder Luft in die Leitung eindringt. Das von der Luftpumpe abfließende Betriebswasser wird in die Heberleitung übergeführt. Eine Verunreinigung des Betriebswassers findet in der Pumpe nicht statt. Die Pumpe arbeitet ohne Kolben, Schieber und Stopfbüchsen und bedarf keiner Schmierung.

Wasserwerk in Nîmes mit 3 Dampfkolbenpumpen von je 190 PS und 3 elektrisch angetriebenen Kreiselpumpen (Gebr. Sulzer, Winterthur) mit senkrechter Achse und einer Leistung von 240 l/sek.

Erweiterung des Grundwasserwerks in Hannover mit 24000 cbm Tagesleistung und 80 Tiefbrunnen von 15 bis 20 m Wassertiefe. Reinigung durch Rieselanlage mit Koksfüllung. Wasserturm aus Eisenbeton mit Intze-Behälter von 4100 cbm Inhalt. Gesundheitsing. 1912, S. 577 bis 585.

Kostenvergleich und Betriebsergebnisse von Kreiselpumpen und Kolbenpumpen. Zeitschr. f. Turbinenwesen 1912, S. 255 bis 258.

Das neue Wasserwerk in Düsseldorf mit Dampfpumpen von 360 PS Leistung, Abnahmeversuche. Z. Ver. deutsch. Ing. 1912, S. 698 bis 706.

Durch Leuchtgas betriebene Pumpen von Humphrey, Smith und Badcock (Explosionspumpen). Betriebsergebnisse und rechnerische Ermittelungen. Elektr. Kraftbetr. u. Bahn. 1911, S. 686 bis 693.

Theorie und Berechnung der Humphrey-Gaspumpe. Z. Ver. deutsch. Ing. 1911, S. 1852 bis 1856; 1913, S. 885 bis 892 u. 942 bis 948.

Badcock-Zweitakt-Gaspumpe (einfache Steuerung). Engg. 1911, S. 584 bis 586.

„Rotoplunge"-Pumpe mit 2×6 Kolben in einem umlaufenden Pumpenkörper, Bewegung der Kolben mittels Nutenscheiben, Betriebsergebnisse. Engg. 1911, S. 742.

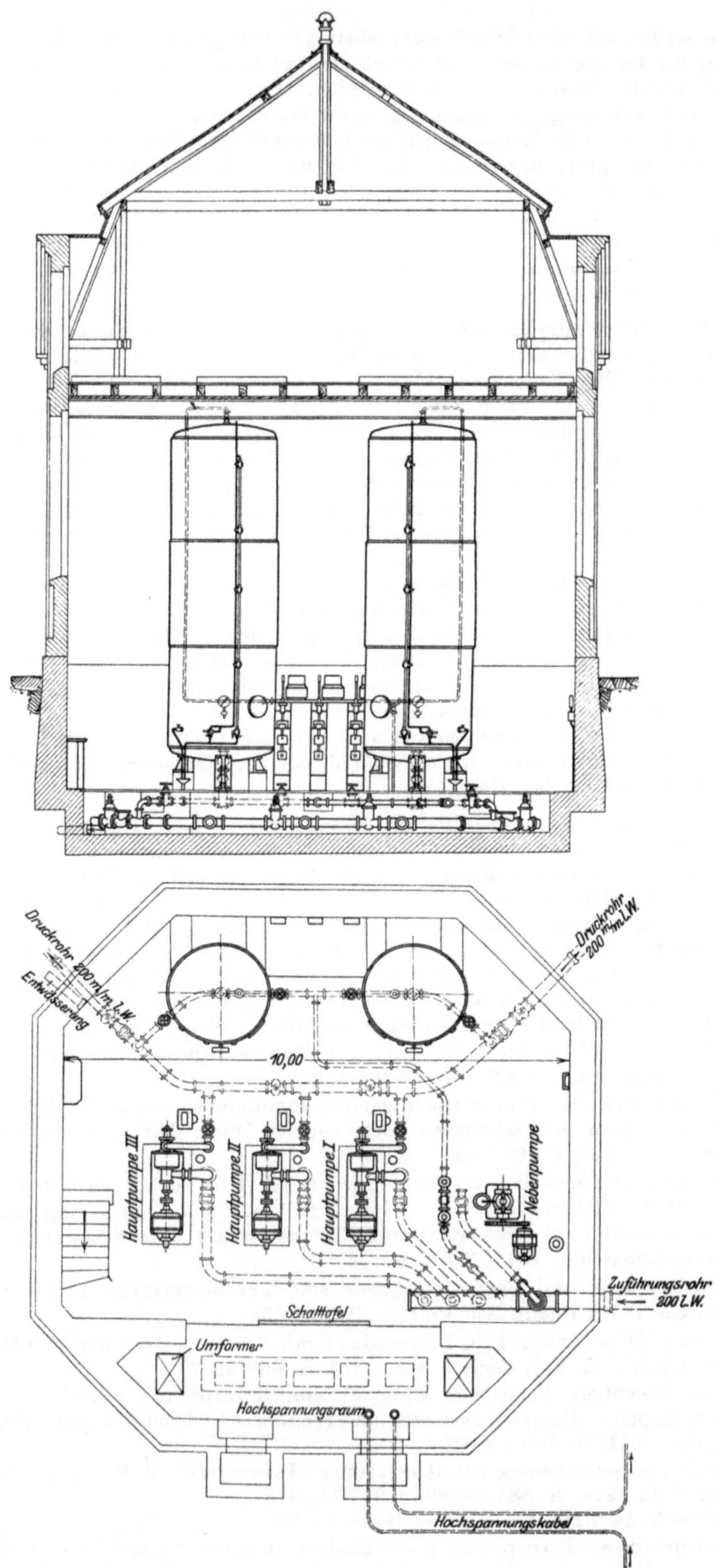

Abb. 92a. Delphinpumpwerk, Bauart Scheven.

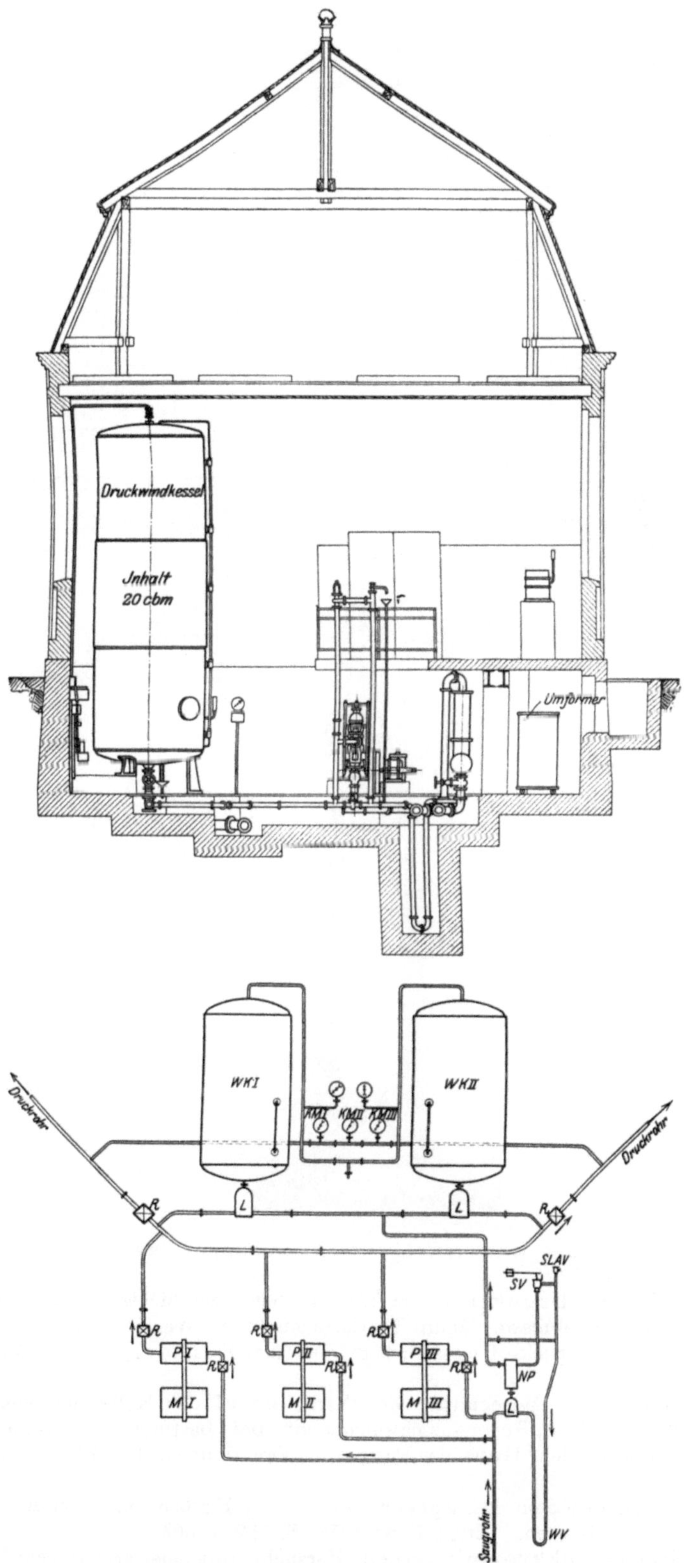

Grundlinien der Gesamtanordnung.
Abb. 92b. Delphinpumpwerk, Bauart Scheven.

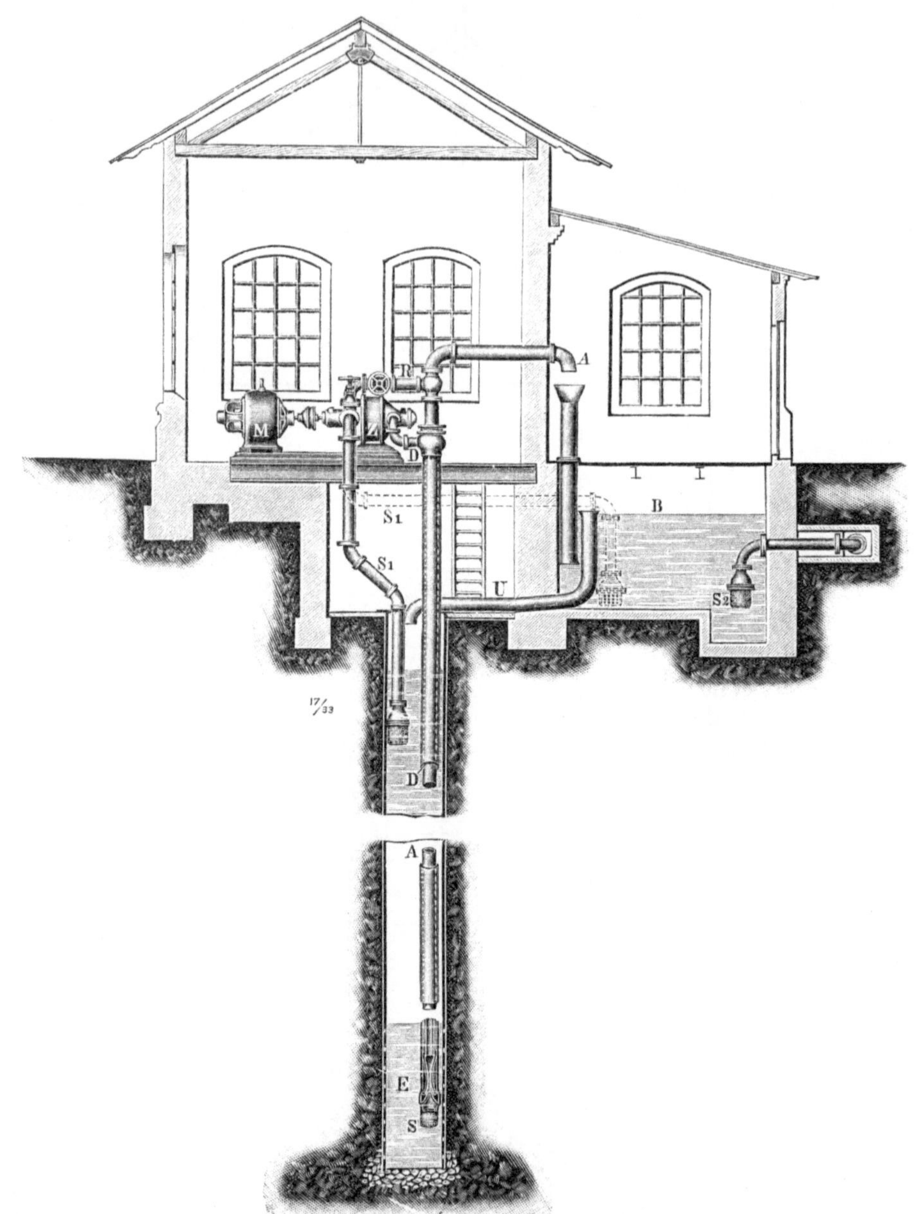

Abb. 93. Wasserstrahl-Tiefbrunnenpumpe, Bauart Körting.

Verwendung von **Druckluft** zum Wasserheben, geschichtliche Entwicklung, Berechnungen, Betriebsergebnisse. Journal f. Gasbeleucht. u. Wasserversorg. 1911, S. 527 ff. Strömungsvorgänge in Druckluftwasserhebern (Dr.-Ing. K. Höfer, Kiel), Z. Ver. deutsch. Ing. 1913, S. 1174/82.

Wirkungsweise und Berechnung der **Windkessel** von Kolbenpumpen, Versuche mit kleinen Windkesseln, „Resonanzschwingungen" bei bestimmtem Verhältnis der bewegten Wassersäule zu dem Hube der Pumpe. Z. Ver. deutsch. Ing. 1911, S. 842 bis 854, 888 bis 892.

Vergleich zwischen dem **Dampfverbrauch** von Kolben- und von **Kreiselpumpen** zugunsten der letzteren. Engg. News 1911, S. 562 u. 563.

Neuere **Hochdruckkreiselpumpen**, Versuche mit einer achtstufigen Pumpe von 79 % Wirkungsgrad. Z. Ver. deutsch. Ing. 1911, S. 786 u. 787. Vgl. 1913, S. 1856.

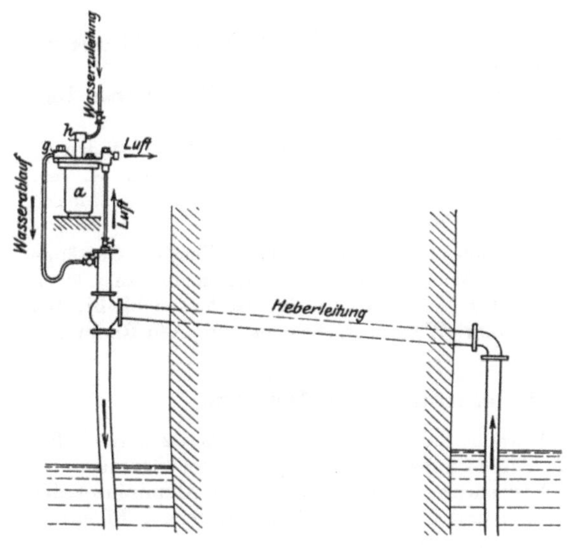

Abb. 94a. Entlüftung einer Heberleitung. Patent Scholl.

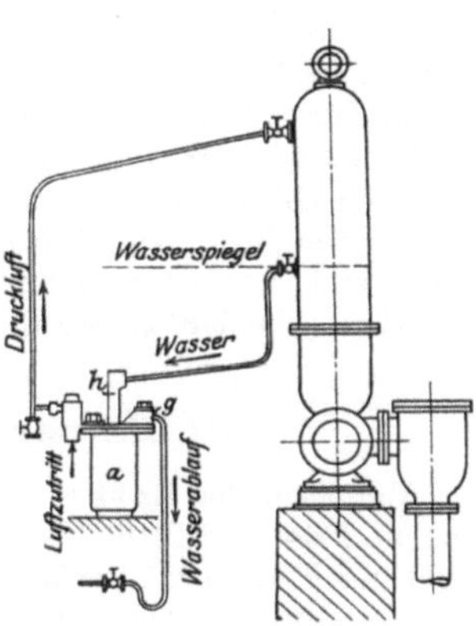

Abb. 94b. Belüftung eines Windkessels.

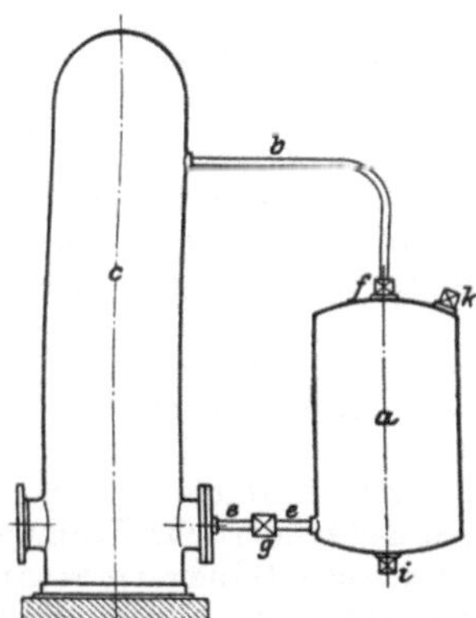

Abb. 94c. **Belüftung eines Windkessels (Annal. f. Gew. u. Bauw.).**
a **Luftschleuse,** *c* **Windkessel,** *i* **Wasserablaß,** *k* **Luftventil.**
Nach Ablassen des Wassers durch *i* **und Einlassen der Luft durch** *k* **wird** *f* **und** *g* **geöffnet.**

Bohrlochpumpen (Tiefbrunnenpumpen) verschiedener Bauart, mit bewegten Maschinenteilen unter Tage. Z. Ver. deutsch. Ing. 1911, S. 617 bis 625.

Wirtschaftlichkeit von Kreiselpumpen (Weise & Monski). Z. Ver. deutsch. Ing. 1911, S. 51 bis 57.

Hochdruckkreiselpumpen mit Förderhöhen von 58 bis 136 m für das Wasserwerk in Lyon, Wirkungsgrad der Pumpen 76 bis 72%. Antrieb durch Drehstrom von 3500 Volt Spannung. Z. Ver. deutsch. Ing. 1910, S. 1258 bis 1259. Génie civil Okt. 1910, S. 457 bis 460.

Vergleich zwischen Kolbenpumpen mit Verbunddampfmaschinen und Hochdruckkreiselpumpen mit Dampfturbinenantrieb bei Leistungen von 24 bis 40 cbm/min und 70 bis 104 m Förderhöhe. Journ. für Gasbeleucht. und Wasserversorg. 1910, S. 915 bis 922.

Betriebsergebnisse von Dieselmotoren mit Kreiselpumpen in Kopenhagen. Zeitschr. f. Turbinenwesen 1910, S. 421 bis 423.

Neuere Pumpmaschinen für Wasserwerke, Sauggas-, Dieselmaschinen und Dampfmaschinen, Dampfturbinen mit Kreiselpumpen, Wasserwerke in Cöln, Kiel, Aschaffenburg, Blankenstein, Köpenick, Johannistal, Dortmund, Hamburg, Dresden, Steele, Elberfeld, Charlottenburg u. a. Journal f. Gasbeleucht. u. Wasserversorg. 1911. S. 6 ff.

Kreiselpumpen mit hoher Regulierfähigkeit, für Drücke von 30 bis 74 m. Zeitschr. f. Turbinenwesen 1911, S. 151 u. 152.

Schnellaufende Pumpe mit Doppelfederventilen (A. Borsig). Z. Ver. deutsch. Ing. 1913, S. 74 u. 75.

Turbinenpumpen von C. H. Jäger & Co., für Niederdruck und für Hochdruck, bis zu 4500 Uml./min, 1000 m Gesamtförderhöhe und 1500 PS Einzelleistung. Z. Ver. deutsch. Ing. 1913, S. 1005 bis 1014 und 1052 bis 1061; desgl. von Weise & Monski, „Fördertechnik" (Wittenberg) 1913, S. 126 bis 130.

Spiraldrahtpumpe, Bauart Bessonnet-Favre, ohne Kolben, Ventile, Gestänge und Rohrleitungen, zur Förderung kleinerer Wassermengen aus Tiefen bis zu 100 m, mittels endlosen, umgetriebenen Spiraldrahtes, an dem das Wasser haften bleibt, um oben abgeschleudert zu werden (Maschinenfabr. Wwe. Joh. Schumacher, Cöln-Rhein).

III. Enthärtung und Reinigung des Wassers.

Vergleich der Entkeimungsverfahren für Trinkwasser mittels Ozon nach Siemens-de Frise und Otto; Verfahren von Puech-Chabal mittels ultravioletter Strahlen nach vorheriger Filterung. Verfahren von Desrumeaux und von Duyk mit Aluminiumsulfat (schwefelsaure Tonerde, Alaun), Ferrosulfat und Chlorkalk mit nachfolgender Filterung. Journal f. Gasbeleucht. und Wasserversorg. 1912, S. 1101 bis 1106.

Ozonwasserwerk von St. Petersburg (Siemens & Halske), mit vorhergehender Schnellfilterung und Vorklärung durch schwefelsaure Tonerde (Aluminiumsulfat). Gesundheitsing. 1911, S. 200 bis 205.

Entkeimung von Trinkwasser durch Chlorkalk, günstig ausgefallene Versuche im Hamburger Hygienischen Institut. Gesundheitsing. 1912, S. 256 bis 263.

Entkeimung (Sterilisation) durch ultraviolettes Licht nach Henri, Helbronner und v. Recklinghausen für große Wassermengen. Gesundheitsing. 1911, S. 166 bis 169.

Reinigung von Trinkwasser durch Chlorkalk in Nordamerika. Beschreibung der Anlage und der chemischen Vorgänge, Betriebsergebnisse und Kosten. Journal f. Gasbeleucht. u. Wasserversorg. 1910, S. 1119 bis 1122.

Tötung von Typhus-, Cholera- und andern Bakterien durch ultraviolette Strahlen (Quecksilberdampflampe). Elektrotechn. Zeitschr. v. 29. IX. 1910; Z. Ver. deutsch. Ing. 1910, S. 1797.

Rev. génér. d. chem. fer., Aug. 1912, S. 87 bis 90, mit Abbild. Entkeimung durch ultraviolette Strahlen, Wasser durch halbzylindrische Trommel geleitet, Quecksilberlampe im Mittelpunkt der Trommel. Selbsttätiges Öffnen eines Auslaßventils bei Stromunterbrechung. Gewöhnliches Glas verschluckt die ultravioletten Strahlen, Quarz läßt sie vollständig durch.

Permutit-Filter (Hagro-Filter von David Drove in Berlin) zur Entfernung von Säuren, Eisen, Kalk und Mangan aus dem Trinkwasser. Filterstoff künstlicher Zeolith (Tonerdesilikat). Enthärtung angeblich bis auf 0°; schneller Verlauf. Z. Ver. deutsch. Ing. 1910, S. 764.

Das in den Zeitschriften viel erwähnte Enthärtungsverfahren mit Permutit[1]) (künstlich hergestellter Zeolith, Hydrosilikat) hat den großen Nachteil, daß alle Kesselsteinbildner im Wasser gelöst bleiben. Das Wasser neigt deshalb sehr zum Schäumen, so daß das Verfahren für Lokomotivspeisewasser kaum anwendbar ist. Versuche in Halberstadt.

Entfernung von Mangansalzen durch Permanganatlösung und Filterung. Gesundheitsing. 1908, S. 629.

Einrichtung, Anlage- und Betriebskosten und Versuchsergebnisse des dreistufigen drehbaren Missongfilters. Journ. f. Gasbeleucht. u. Wasserversorg. 1912, S. 254 bis 262.

Wasserenthärtung nach Brazda durch Einleitung von Dampf in die Klärkessel, in denen sich ein großer Teil der festen Bestandteile als Schlamm absetzt; Verhinderung der Bildung festen Kesselsteins in den Betriebskesseln. Zeitschr. d. Dampfk.-Vers.-Ges. 1912, S. 4 bis 6.

Zusatz von Eisensulfat zu Kalk und Soda bei starker Trübung des Wassers. Betriebsergebnisse. Engg. Record. 1911, 2. Halbj., S. 706 bis 708.

---

[1]) Chemiker-Ztg. (Köthen, Anhalt) 1912, Nr. 81, S. 769 f.; Bayer. Ind.- u. Gewerbebl. 1912, S. 8 u. 426; 1909, S. 335; 1913, S. 66 u. 156.

Versuche mit Enteisenung und verschiedenen Filtern, Einfluß der Belüftung vor dem Filtern, ältere Einrichtungen von Österr und Amsterdam, neue Einrichtung des Wasserwerks in Wuhlheide (Berlin). Journal f. Gasbeleucht. u. Wasserversorg. 1911, S. 1034 bis 1041.

Schnellsandfilter nach Bollmann, Sandfüllung 2,8 × 1,6 m für je 50 cbm Wasser/St. (Schwentinetal, Kiel). Z. Ver. deutsch. Ing. 1911, S. 1009.

Vergleich der Leistungen verschiedener Filter. Engg. News. 1911, 1. Halbj., S. 532 bis 534.

Schnellfilteranlage der Jewell Export Filter Co. in Helsingfors, mit 8 Filtern von 5,2 m Durchmesser bei einer Leistung von 20000 cbm täglich. Betriebsergebnisse. Gesundheitsing. 1910, S. 863 bis 865.

Rieselanlage mit Koksfüllung zur Reinigung von Grundwasser in Hannover. Gesundheitsing. 1912, S. 577 bis 585.

IV. Aufspeicherung des Wassers.

Wassertürme und Hochbehälter aus Eisenbeton. Wasserturm in Ixelles nach dem Verfahren von Léon Monnoyer & fils in Brüssel („Hochbau", München 1910, S. 352). Die Turmwand besteht aus 80 bis 100 kg schweren und 25 cm hohen Formstücken von Beton, die durch Verankerungen verbunden werden. Schneller und einfacher Aufbau ohne Gerüst, Ersparnis an Gewicht und Baukosten. Génie civ. April 1910. Arm. Beton, Aug. 1910. Bauweise auch auf Schornsteine, Kaminkühler u. a. angewandt. Z. Ver. deutsch. Ing. 1908, S. 1696; Beton und Eisen, Jan. 1909.

Wassertürme mehrerer dänischer Städte von Christiani & Nielsen. Arm. Beton, 1910, S. 251.

43 m hoher Wasserturm in Singen. Beton und Eisen, 1910, S. 742.

Wasserturm im Rangierbahnhof Nürnberg. Behälterinhalt 480 cbm. Berechnungen, Bauausführung, Einzelheiten der Bauart. Beton und Eisen, 1912, S. 441 bis 443.

Wasserturm in Jekaterinodar (Wladikawkasbahn, 243 cbm, Intze, Eisenbeton), Bulletin du Congrès Internat. d. ch. d. fer, 1905, Nr. 2, S. 544/50; v. Stockert, Handb., II. Bd. S. 429.

Intzebehälter mit 380 cbm Inhalt aus Eisenbeton. Engg. Record, 1912, 1. Halbj., S. 607 u. 608.

Hochbehälter aus Eisenbeton mit 90 cbm Inhalt. Beton und Eisen, 1912, S. 32 bis 34.

Wassertürme aus Eisenbeton. The Engineer, 1911, 1. Halbj., S. 245 (90 u. 450 cbm, York).

Neuere Wasserbehälter in Eisenbeton von 100, 250, 300, 350, 500, 600, 1000 cbm Inhalt. Beton und Eisen, 1911, S. 28 ff.

v. Emperger, Handbuch f. Eisenbetonbau. 3. Bd. 2. T. (Berlin 1907), S. 442.
do. do. 5. Bd. 2. Aufl., S. 273. Behälter der ital. Staatsb. für 15 bis 500 cbm Inhalt. Ergänzbd. 1911: Prof. E. v. Mecenseffy (München): Die künstler. Gestaltung der Eisenbetonbauten. 210 S., 148 Textabb. Schlußurteil, von Prof. Franz (Charlottenburg) in Z. Ver. deutsch. Ing. 1911, S. 2025 bestätigt: „Hüten wir uns, das Auftreten des Eisenbetons als stilbeeinflussende Kraft zu überschätzen."

Hochbehälter aus Stampfbeton am Haidberg bei Kiel. Z. Ver. deutsch. Ing. 1911, S. 1014.

Wasserstandsfernzeiger nach Götz[1]). Der Wasserstandsfernzeiger von Gewerbeinspektor Dr. Götz (München) zeichnet sich durch gute Erkennbarkeit der Zeigerstellung auf große Entfernung aus und ist so eingerichtet, daß er gleichzeitig zur Anzeige nach zwei entgegengesetzten Richtungen dienen kann. Anstelle der gewöhnlichen, weit schwerer erkennbaren Zeiger treten schwarze oder rote Kreisausschnitte auf weißem Grunde (Abb. 95), die mittels zweier vom Rande bis zur Nabe geschlitzter Scheiben hergestellt werden, deren eine fest steht, während die andere sich auf einem Gewinde drehen kann. Die Scheiben greifen mit den Schlitzen so ineinander, daß beim Drehen der losen Scheibe von dem Schwimmer des Wasserbehälters aus, mittels Schnur-

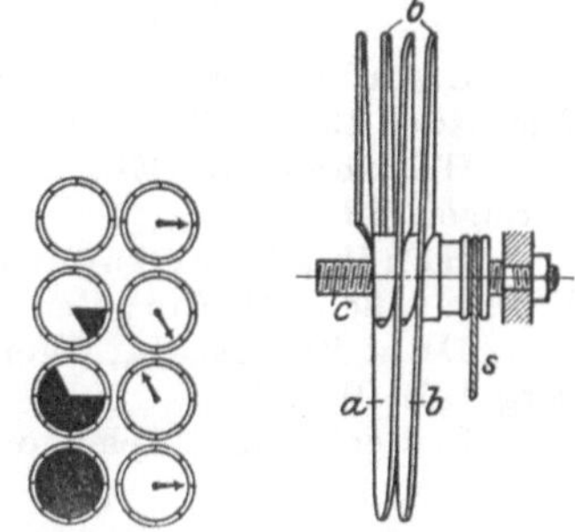

Abb. 95. Wasserstandsfernzeiger, Bauart Götz.

[1]) Bayer. Ind. u. Gewerbebl. (München) 1911, S. 165 u. 166.
[2]) Z. Ver. deutsch. Ing. 1906, S. 705, nach Electr. World.

oder Zahntriebs, Kreisausschnitte gebildet werden. Da nun die eine Scheibe, und zwar je nach Erfordernis auf beiden Seiten, rot oder schwarz, die andere weiß gefärbt ist, so entstehen deutliche rote oder schwarze Bilder auf weißem Grunde, oder auch umgekehrt. Der Scheitelwinkel des Kreisausschnittes entspricht der jeweiligen Höhe des Wasserspiegels im Behälter. Die Scheiben sind schraubenförmig gebogen, so daß beim Drehen der losen Scheibe kein Klemmen entsteht (Abb. 95). Die Einrichtung ist durch D.R.P. 185479 geschützt.

Gegen Einfrieren geschützte Schwimmervorrichtung. Als ein einfaches Mittel das Einfrieren eines Schwimmers zu verhüten, wird dessen Eintauchen in ein Ölbad empfohlen[2]). Zu diesem Zweck wird der Schwimmer in ein senkrechtes Rohr eingebaut, in das eine etwa 300 mm hohe Ölschicht eingefüllt wird, die den Schwimmer trägt.

V. Verteilung des Wassers.

Wasserversorgung in Leicester, Überführung einer Leitung über eine Eisenbahn. The Engineer, 1912, 2. Halbj., S. 646 bis 648.

Druckleitungen aus Eisenbeton, Bauart und Kosten. Deutsche Bauzeitung 1912, S. 177 bis 182.

Durchflußmenge und Druckverhältnisse in Zweigleitungen für einige besondere Fälle. Ermittelungen auf rechnerischem und zeichnerischem Wege. Zentralbl. d. Bauverw. 1911, S. 588 bis 591.

Berechnung von Rohrnetzen, Formeln und Beispiele nach Thiem, Dupuis und Mannes. Journal f. Gasbeleucht. u. Wasserversorg. 1911, S. 986 ff.

Zeichnerische Bestimmung der Rohrdurchmesser von Wasserleitungsnetzen. Zeitschr. d. österr. Ing.- u. Arch.-Ver. 1911, S. 353; The Engineer v. 2. VI. 11, S. 565 u. 566.

Tafeln zur Bestimmung der Rohrdurchmesser und Wassermengen. Journal f. Gasbeleucht. u. Wasserversorg. 1911, S. 355 bis 357.

Reinigung von Wasserleitungsrohren von 300 mm lichter Weite mittels einer kleinen Turbine und eines dadurch in Umdrehung gesetzten Kratzerkopfes. Journal f. Gasbeleucht. u. Wasserversorg. 1911, S. 1063 bis 1065.

Erfahrungen mit flußeisernen Rohren, im Vergleich zu gußeisernen; Rosterscheinungen und deren Verhütung. Engg. News, 27. X. 10, S. 438 bis 440.

Schutz der Leitungen gegen elektrische Erdströme durch Ablenkung mittels eines an die Leitung angeschlossenen elektrischen Stromes, durch den der abgeirrte Strom verhindert wird, aus der Leitung wieder auszutreten. Journal f. Gasbeleucht. u. Wasserversorg. 1910, S. 953; Z. Ver. deutsch. Ing. 1910, S. 1877.

In Frankreich und Italien sind Behälterkrane üblich, um an Bahnsteigen die Lokomotiven durchfahrender Züge schnell versorgen zu können ohne großer Leitungsdurchmesser zu bedürfen. Die Behälter stehen in unmittelbarer Nähe der Wasserkrane oder auf denselben oberhalb der Umgrenzungslinien des frei zu haltenden Raumes. Vgl. Dr. F. v. Emperger: Handbuch für Eisenbetonbau (Berlin 1907) Bd. 7, S. 203: Behälter in Eisenbeton d. österr.-ungar. Staatsb.

Trinkspringbrunnen zur Vermeidung der Ansteckung, Gesundheitsing. 1908, S. 57 u. 265, 1904, S. 64/65.

VI. Gesamtwerke über Wasserversorgung.

Eisenbahntechnik der Gegenwart, II. Bd., 3. Abschn., Bahnhofsanlagen, 2. Aufl. Wiesbaden 1910, C. W. Kreidels Verlag.

Handbuch des Eisenbahnmaschinenwesens (v. Stockert), Berlin 1908, Julius Springer, Bd. II.

Handbuch der Ingenieurwissenschaften, Leipzig 1914, Wilhelm Engelmann, V. Teil, 6. Bd., XII. Kap., Versorgung der Lokomotiven mit Wasser.

Dr. v. Pfuhlstein, Öffentliche Wasserversorgung und Entwässerung, 2. Aufl., Bromberg 1913, W. Johnes.

C. Beckmann, Telephon- u. Signalanlagen, Berlin 1914, Julius Springer.

Additional information of this book

(Neuere Wasserversorgungsanlagen der Preussisch-hessischen Staatseisenbahnen; 978-3-662-23244-6; 978-3-662-23244-6_OSFO1) is provided:

http://Extras.Springer.com

Additional information of this book

(Neuere Wasserversorgungsanlagen der Preussisch-hessischen Staatseisenbahnen; 978-3-662-23244-6; 978-3-662-23244-6_OSFO2) is provided:

http://Extras.Springer.com